普通高等教育系列教材

SolidWorks 2019 基础教程

江 洪 严传馨 李 付 等编著

机械工业出版社

SolidWorks 是一款非常优秀的三维机械设计软件，越来越受广大用户的欢迎，开设此门课的高等院校也越来越多。

本书用图表和实例生动地讲述了 SolidWorks 2019 常用的功能，使读者可以边看边操作，加深记忆和理解。每章都有上机练习题，便于读者巩固所学的知识。本书还附有上机练习题的答案，方便读者更好地学习。

本书可作为高等院校机械专业的 CAD/CAM 课程教材，也可作为广大工程技术人员的自学用书和参考书。

本书配套授课电子课件、源文件，需要的教师可登录 www.cmpedu.com 免费注册，审核通过后下载，或联系编辑索取（QQ：2850823885，电话：010-88379739）。

图书在版编目（CIP）数据

SolidWorks 2019 基础教程/江洪等编著. —北京：机械工业出版社，2020.5
（2023.6 重印）
普通高等教育系列教材
ISBN 978-7-111-65570-1

Ⅰ. ①S… Ⅱ. ①江… Ⅲ. ①机械设计-计算机辅助设计-应用软件-高等学校－教材 Ⅳ. ①TH122

中国版本图书馆 CIP 数据核字（2020）第 077949 号

机械工业出版社（北京市百万庄大街 22 号　邮政编码 100037）
策划编辑：胡　静　　责任编辑：胡　静
责任校对：张艳霞　　责任印制：邓　博

北京盛通商印快线网络科技有限公司印刷

2023 年 6 月第 1 版第 6 次印刷
184mm×260mm・15.25 印张・378 千字
标准书号：ISBN 978-7-111-65570-1
定价：49.90 元

电话服务　　　　　　　　　网络服务
客服电话：010-88361066　　机　工　官　网：www.cmpbook.com
　　　　　010-88379833　　机　工　官　博：weibo.com/cmp1952
　　　　　010-68326294　　金　书　网：www.golden-book.com
封底无防伪标均为盗版　机工教育服务网：www.cmpedu.com

前　　言

党的二十大提出，"加快建设制造强国"。实现制造强国，智能制造是必经之路。计算机辅助设计技术是智能制造的重要支撑技术之一，其推广和使用缩短了产品的设计周期，提高了企业的生产率，从而使生产成本得到了降低，增强了企业的市场竞争力，所以掌握计算机辅助设计对高等院校的学生来说是十分必要的。

SolidWorks 是一款非常优秀的三维机械设计软件，由于其易学易用，全中文界面、价格适中等特点，吸引了越来越多的工程技术人员和大中专院校的学生学习和使用。本书的目的是为初学者提供教材，使之能快速入门。

本书的第一个特点是简洁，用图表和实例生动地讲述了 SolidWorks 常用的功能。第二个特点是结合具体的实例来讲述，将重要的知识点嵌入到具体实例中，使读者可以随学随用，边看边操作，动眼、动脑、动手，符合教育心理学和学习规律。第三个特点是许多实例来源于工程实际，具有一定的代表性和技巧性。每章都有练习题，部分习题用二维工程图给出，既锻炼了看图能力，又培养了空间想象力，便于巩固所学的知识。本书还附有练习题的答案，方便读者更好地学习。第四个特点是符合时代精神，体现了创新教育常用的扩散思维方法，即一题多解及精讲多练。

本书提供的源文件、练习题答案等均在随书网盘中，读者可登录 www.cmpedu.com 下载，也可关注公众号"IT有得聊"后回复"65570"获取网盘地址。

书中数字单位均为毫米（mm）。若读者照着书中所讲创建模型时，中途做错了，重做时需要修改特征名。

SolidWorks 每个版本升级后一些命令的运算法则会改变，因此有可能出现在低版本中创建的模型，在高版本中只是打开，不做任何修改，在重新建模时也会出错。所以读者应该注意所使用软件的版本，当然也可以自己修改低版本的模型，使之能在高版本中通用。

本书保留了前5版的特点，对各章节均做了修改或重新编辑。

本次改版的指导思想是循序渐进地讲透基本知识，由建立简单模型到生产实际的复杂模型来增强动手能力，并适应当代企业的需求，培养读者的自学能力以及根据国家标准来绘制二维工程图。重新编写的内容反映了重创新、重基础、重理论的指导思想。

参加本书编写的人员有江洪、严传馨、李付、王崇成。

由于时间仓促，难免有疏漏之处，恳请广大读者批评指正。

编　者

目 录

前言
第1章 SolidWorks 基础 ······1
1.1 SolidWorks 基本操作 ······1
1.1.1 进入 SolidWorks 和新建文件 ······1
1.1.2 保存文件和打开文件 ······5
1.1.3 关闭文件和退出 SolidWorks ······6
1.2 SolidWorks 用户界面 ······7
1.2.1 菜单 ······7
1.2.2 命令面板 ······7
1.2.3 快捷键和鼠标 ······9
1.2.4 多窗口显示模型和任务窗格 ······11
1.3 模型显示 ······12
1.3.1 视图显示类型 ······12
1.3.2 模型编辑外观 ······16
1.4 思考与练习 ······18
第2章 草图 ······19
2.1 绘制草图的基本知识 ······19
2.1.1 草图的自由度 ······19
2.1.2 草图绘制过程 ······20
2.1.3 草图对象的选择和删除草图实体 ······23
2.2 草图绘制工具 ······24
2.2.1 直线和直线转到圆弧 ······24
2.2.2 常用草图绘制工具 ······27
2.2.3 草图几何约束 ······29
2.3 草图编辑工具 ······32
2.3.1 等距草图实体 ······32
2.3.2 镜像草图实体 ······33
2.3.3 常用草图编辑工具 ······34
2.4 草图的尺寸标注 ······35
2.4.1 基本尺寸标注方法 ······36
2.4.2 草图尺寸编辑修改 ······38
2.5 草图的合法性检查与修复 ······39
2.5.1 自动修复草图 ······39
2.5.2 检查草图合法性 ······40
2.6 草图实例 ······42
2.7 思考与练习 ······50
第3章 基准面\基准轴 ······52

3.1	基准面	52
	3.1.1 基准面基础知识	52
	3.1.2 创建基准面实例	53
3.2	基准轴	57
	3.2.1 基准轴基础知识	57
	3.2.2 创建基准轴实例	58
3.3	思考与练习	60

第4章 基本特征 61

4.1	倒角/异型孔	62
	4.1.1 倒角的基本知识	62
	4.1.2 异型孔的基本知识	64
	4.1.3 修改模型实例	64
4.2	拉伸/切除	69
	4.2.1 拉伸的三种类型	70
	4.2.2 编辑特征	72
	4.2.3 拉伸/切除实例	75
4.3	筋	83
	4.3.1 筋基础知识	83
	4.3.2 创建平行于草图的筋实例	83
4.4	旋转/切除旋转	85
	4.4.1 旋转/切除旋转的基本知识	85
	4.4.2 彩色球实例	90
4.5	实例	91
	4.5.1 撞块	91
	4.5.2 切割组合体	94
	4.5.3 综合组合体	96
	4.5.4 拉伸到斜面	102
4.6	思考与练习	107

第5章 零件常用设计方法 113

5.1	派生零件	113
5.2	标准件库	114
5.3	设计库	119
5.4	思考与练习	121

第6章 装配 123

6.1	装配体操作	123
6.2	配合方式	125
6.3	干涉检查	129
	6.3.1 干涉体积检查	129
	6.3.2 电动机转子装配干涉检查	130
	6.3.3 运动碰撞检查	131
6.4	装配体制作实例	132

6.5 创建爆炸视图 ······ 142
6.6 思考与练习 ······ 144

第 7 章 扫描
7.1 扫描的基本知识 ······ 152
　7.1.1 扫描路径 ······ 152
　7.1.2 随路径变化 ······ 155
　7.1.3 穿透和重合 ······ 160
　7.1.4 生成扫描的步骤 ······ 162
7.2 用一条引导线扫描 ······ 162
7.3 弹簧线 ······ 164
7.4 思考与练习 ······ 166

第 8 章 放样
8.1 放样的基本知识 ······ 171
8.2 放样凸台/基体 ······ 175
　8.2.1 四棱锥 ······ 175
　8.2.2 与面约束有关的放样 ······ 177
　8.2.3 中心线控制放样 ······ 180
8.3 放样切割 ······ 183
8.4 思考与练习 ······ 188

第 9 章 曲面
9.1 曲面的基本知识 ······ 190
　9.1.1 斑马条纹 ······ 190
　9.1.2 G0\G1\G2 简介 ······ 191
　9.1.3 曲率 ······ 192
9.2 曲面实例 ······ 193
　9.2.1 3D 构线 ······ 193
　9.2.2 篮球网 ······ 194
　9.2.3 圆周格栅网 ······ 198
9.3 思考与练习 ······ 201

第 10 章 工程图
10.1 工程图 ······ 203
10.2 装配图 ······ 213
10.3 工程图实例 ······ 219
10.4 思考与练习 ······ 225

第 11 章 综合应用
11.1 渲染 ······ 229
11.2 动画 ······ 233
　11.2.1 动画介绍 ······ 233
　11.2.2 动画实例 ······ 233
11.3 静力学分析 ······ 235
11.4 思考与练习 ······ 238

第 1 章　SolidWorks 基础

本章将介绍 SolidWorks 的一些基本操作，读者只有熟练地掌握这些基础知识，才能正确快速地掌握和应用 SolidWorks。这些基础知识包括：如何进入和退出 SolidWorks；如何新建文件、打开文件和保存文件；如何使用菜单栏、工具栏、快捷键和鼠标；如何设定多窗口环境；如何显示和控制模型；如何对模型进行外观编辑（颜色和纹理编辑）；如何使用过滤器选择对象等。

1.1　SolidWorks 基本操作

1.1.1　进入 SolidWorks 和新建文件

1．进入 SolidWorks

当正确地安装了 SolidWorks 2019 后，在 Windows 10 环境下双击计算机桌面上的 SolidWorks 2019 快捷图标，如图 1-1 所示；或者选择"开始"→"最近添加"→"SolidWorks 2019"命令，如图 1-2 中①②所示，系统启动 SolidWorks 2019。

图 1-1　双击桌面上的 SolidWorks 2019 快捷图标

图 1-2　启动 SolidWorks 2019

启动结束后系统进入 SolidWorks 2019 界面，如图 1-3 所示。

图 1-3　SolidWorks 2019 界面

2．新建文件

单击"新建"按钮，如图 1-4 中①所示；或者按组合键〈Ctrl+N〉。系统弹出"新建 SolidWorks 文件"对话框，在该对话框中有"零件""装配体""工程图"3 种格式的文件供选择，单击"零件"按钮，再单击"确定"按钮，完成新文件创建的操作，如图 1-4 中②③所示。

图 1-4　新建文件

SolidWorks 提供了 3 种基本文件格式：零件、装配体和工程图，在新建文件时要确定文件的类型，对这 3 种文件格式的说明见表 1-1。

表 1-1 新建文件的 3 种格式

文件类型	扩展名	说　明
零件	SLDPRT	建立零件模型
装配体	SLDASM	建立装配体零件，生成部件或整体模型
工程图	SLDDRW	生成工程图

（1）零件文件

SolidWorks 的 3 种文件格式提供了不同的操作环境和功能选项。在零件环境下可以建立产品零件的各种外观特征和结构特征，如图 1-5 中①所示。在零件环境中包括特征、曲面、钣金和模具等多种建模工具。

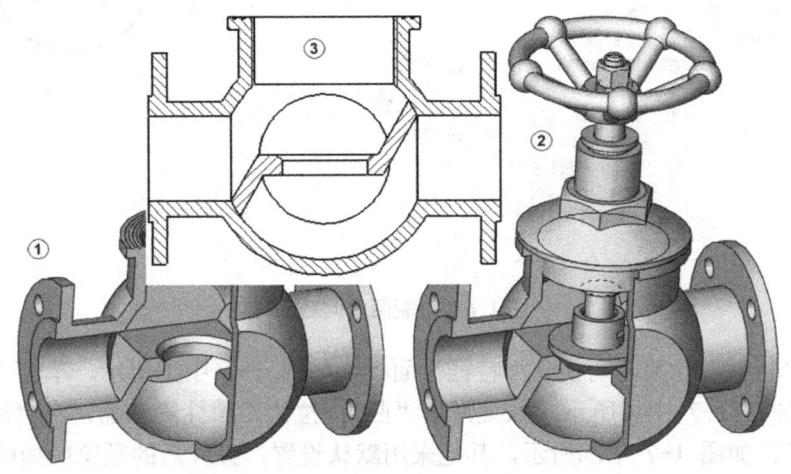

图 1-5　SolidWorks 的 3 种基本文件

（2）装配体文件

装配体操作环境的主要功能是将产品中独立的零件用配合关系组装在一起，成为一个整体，如图 1-5 中②所示。装配体环境中还提供了爆炸视图、焊接、管道等与装配相关的工程工具。

（3）工程图文件

工程图是三维模型的二维展示，可显示模型的尺寸公差、加工要求等信息，是企业产品信息的主要载体，如图 1-5 中③所示。SolidWorks 工程图与三维模型是相互关联的，二维工程图及其特征尺寸直接由三维模型转换而来。在工程图环境中提供了丰富的工程标注、材料明细表等工具。

3．建立圆筒模型

1）进入零件环境界面后，从特征管理器中选择"右视基准面"，再单击"正视于"按钮，如图 1-6 中①②所示。单击"草图"标签，切换到"草图"面板，如图 1-6 中③所示。单击"圆"按钮，如图 1-6 中④所示。在绘图区中单击圆心，如图 1-6 中⑤所示，向远离圆心的位置移动鼠标指针到一定的距离后单击，如图 1-6 中⑥所示，绘制出一个小圆。在绘图区中再次单击圆心，如图 1-6 中⑦所示，向远离圆心的位置移动鼠标指针，到一定的距离后单击，如图 1-6 中⑧所示，绘制出一个大圆。单击"确定"按钮，如图 1-6 中⑨所示。

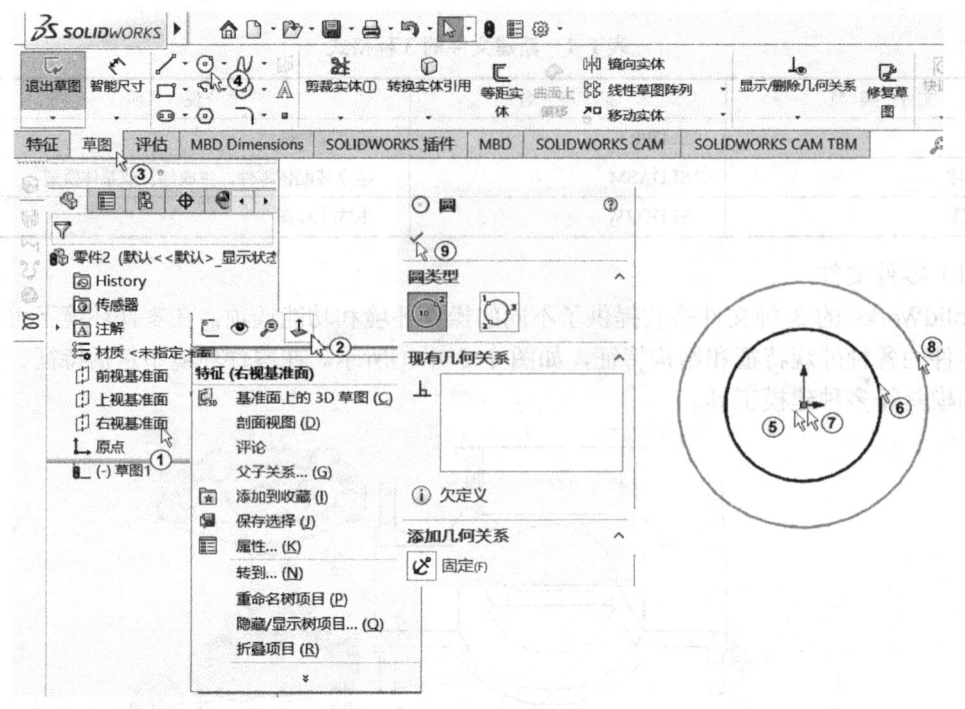

图 1-6 绘制两个同心圆

2) 单击"特征"标签，切换到"特征"面板，如图 1-7 中①所示。单击"拉伸凸台/基体"按钮，如图 1-7 中②所示。系统弹出"凸台-拉伸"属性管理器，在"深度"文本框中输入"40"，如图 1-7 中③所示，其他采用默认设置，拉伸后的预览图如图 1-7 中④所示。单击"确定"按钮，如图 1-7 中⑤所示，完成拉伸操作。

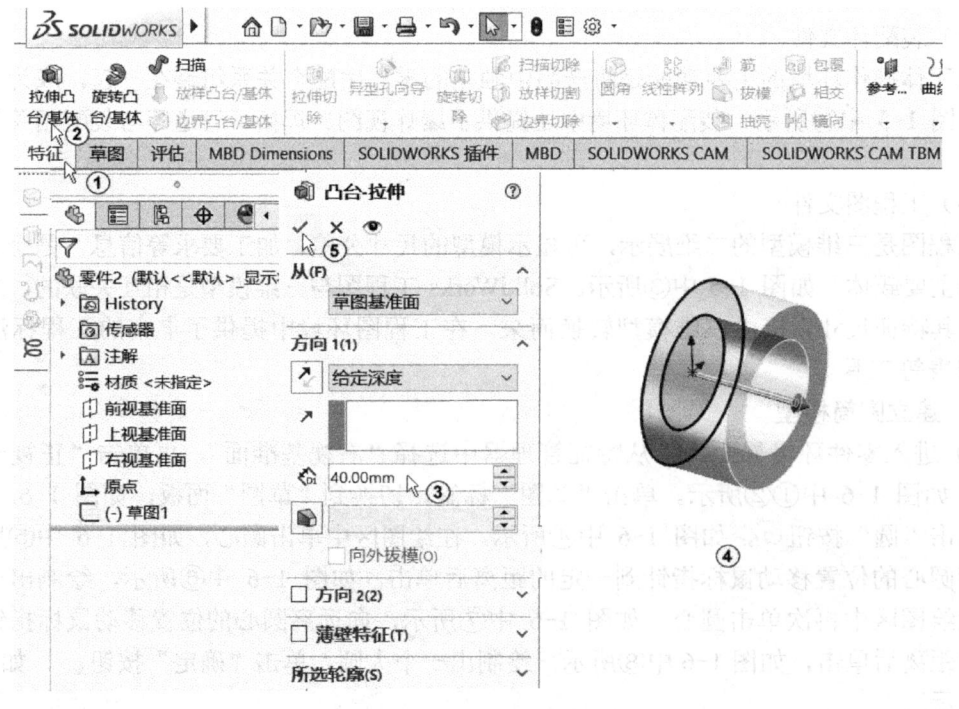

图 1-7 生成圆筒模型

1.1.2 保存文件和打开文件

1. 保存文件

对于已经编辑好的文件需要赋予适当的文件名进行保存。保存的方法是：单击工具栏上的"保存"按钮，如图1-8中①所示；或者按组合键〈Ctrl+S〉。系统弹出"另存为"对话框，单击级联按钮，如图1-8中②所示，选择想要保存文件的地方，如图1-8中③所示，在"文件名"文本框中输入想要保存文件的名称，如图1-8中④所示。然后单击"保存"按钮，如图1-8中⑤所示，完成对文件的保存。

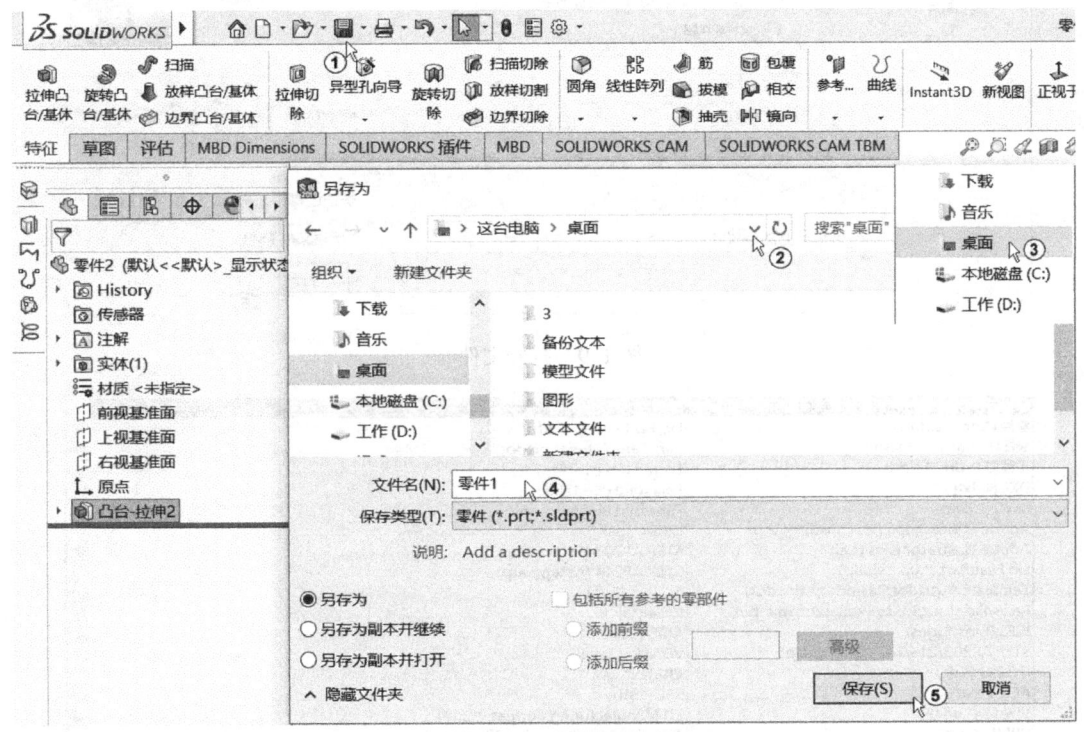

图1-8 保存文件

2. 打开文件

对于已存在的文件可以打开进行浏览和编辑。打开的方法：单击工具栏上的"打开"按钮，如图1-9中①所示；或者按组合键〈Ctrl+O〉。系统弹出"打开"对话框，单击级联按钮，如图1-9中②所示，选择文件所在的分区，在对话框中找到需要的文件，如图1-9中③所示，选择"显示预览窗格"选项可以预览要打开的文件，如图1-9中④所示。再单击"打开"按钮，如图1-9中⑤所示，选中的文件就可以进行浏览或编辑了。

3. 文件格式

SolidWorks提供了多种文件格式兼容性能，在打开或保存文件时都可以在"文件类型"或"保存类型"列表中选择打开或保存的文件类型。如图1-10中①所示列出了SolidWorks打开文件所支持的文件格式，保存文件所支持的格式如图1-10中②所示。

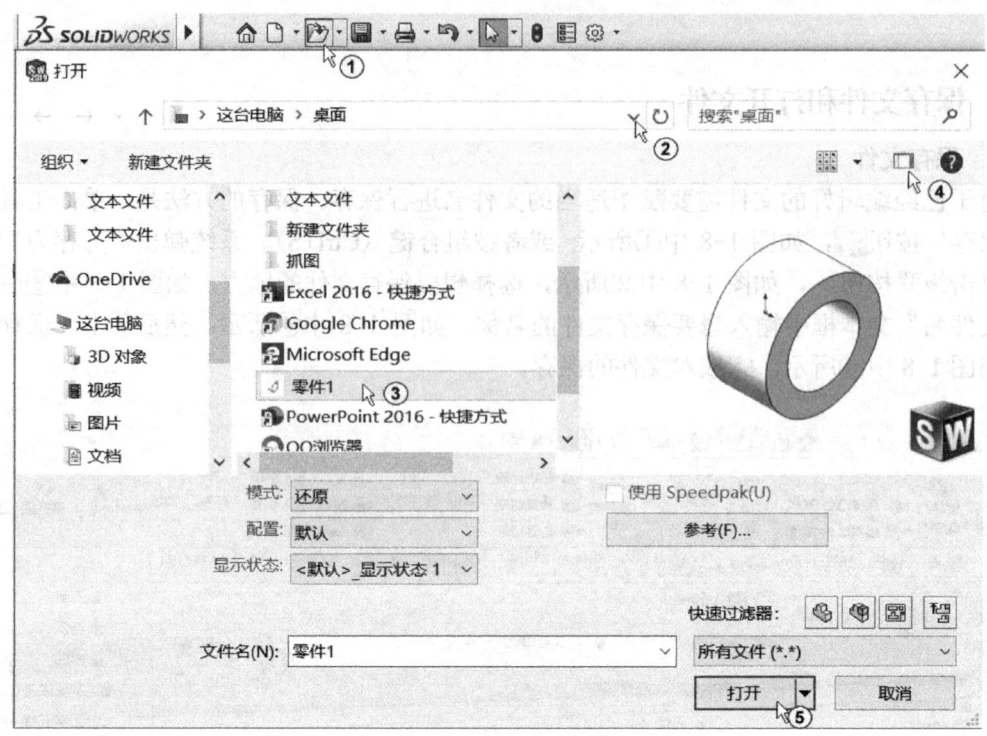

图 1-9 打开文件

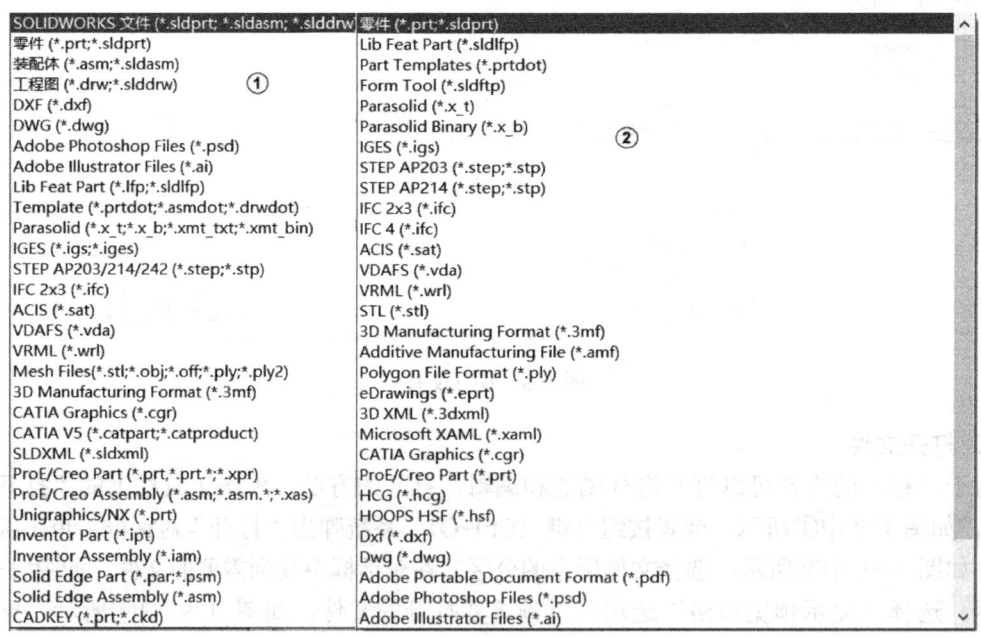

图 1-10 SolidWorks 支持的文件格式

1.1.3 关闭文件和退出 SolidWorks

1. 关闭文件

关闭文件的方法是单击绘图区中右上角的"关闭"按钮，或者按组合键〈Ctrl+W〉，如图 1-11 中①所示。

2．退出 SolidWorks

退出 SolidWorks 的方法是单击窗口右上角的"关闭"按钮⊠，如图 1-11 中②所示。或者单击窗口左上角的 SOLIDWORKS 按钮，如图 1-11 中③所示，在软件界面最上方显示出菜单栏。在菜单栏中单击"文件"，如图 1-11 中④所示。在弹出的下拉菜单中选择"退出"，如图 1-11 中⑤所示。

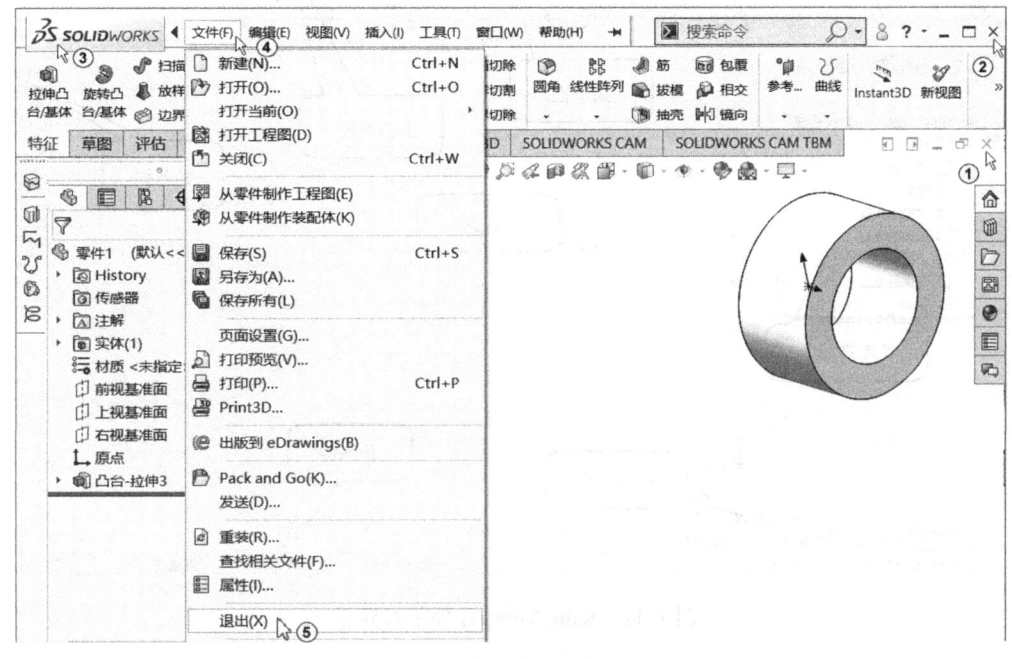

图 1-11　关闭文件和退出 SolidWorks

1.2　SolidWorks 用户界面

图 1-12 所示为选择了新建"零件"文件后，SolidWorks 的初始工作环境界面，其中包括了菜单栏、工具面板、状态栏等。在图形区中已经预设了 3 个基准面和位于 3 个基准面交点的原点，原点是固定不动的，是建立零件的基本参考点。

1.2.1　菜单

通过菜单可以找到建模的所有命令，默认时菜单处于隐藏状态，将鼠标指针悬停在软件界面左上角的 SolidWorks 徽标上，可显示菜单。单击➡按钮可以固定菜单，菜单栏一直固定在窗口顶端，按钮变为✶；若再次单击菜单栏右侧的✶按钮，则菜单栏又处于隐藏状态。

1.2.2　命令面板

通过单击命令面板中的工具按钮来调用命令是一种快捷方便的操作方法。但由于 SolidWorks 的命令很多，在正常情况下面板中很难涵盖所有的 SolidWorks 命令，用户可以调整面板中的命令按钮以适应日常工作的需要。

在面板中右击，弹出右键快捷菜单，如图 1-13 中①所示。在弹出的快捷菜单中，若左边的复选框被选中✓，系统将显示对应的工具栏；菜单左侧的按钮若被选中，如图 1-13 中②

7

所示，系统将显示对应的工具栏，如图 1-13 中③所示。再次在面板中右击，在弹出的快捷菜单中取消选中复选框，复选框中的勾消失，对应的工具栏将被隐藏。

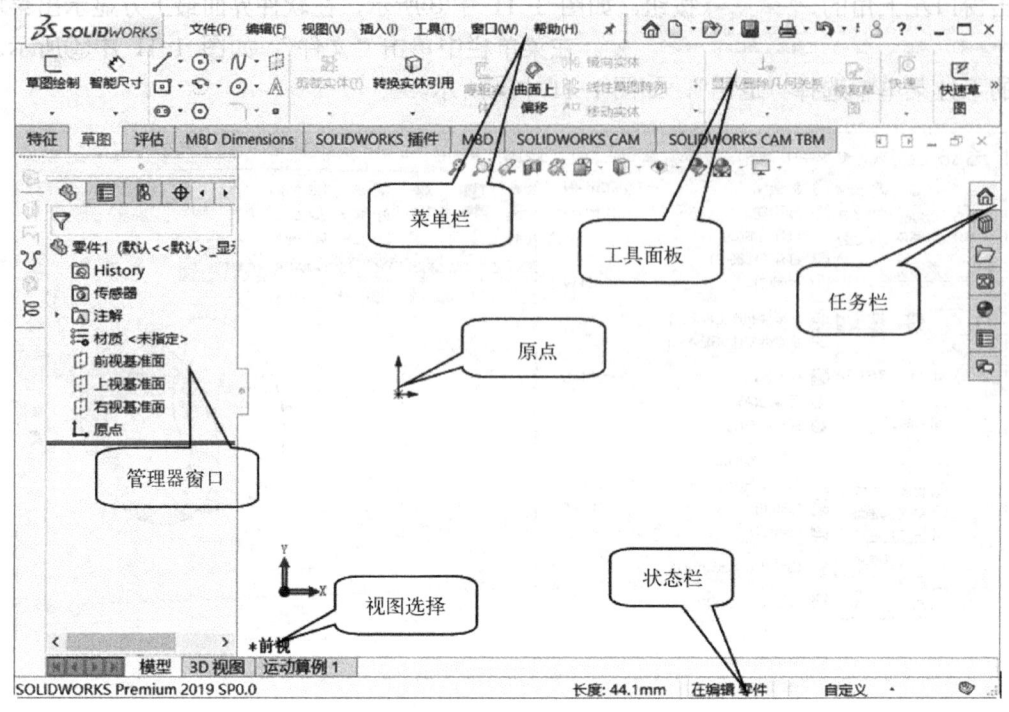

图 1-12 SolidWorks 零件基本界面

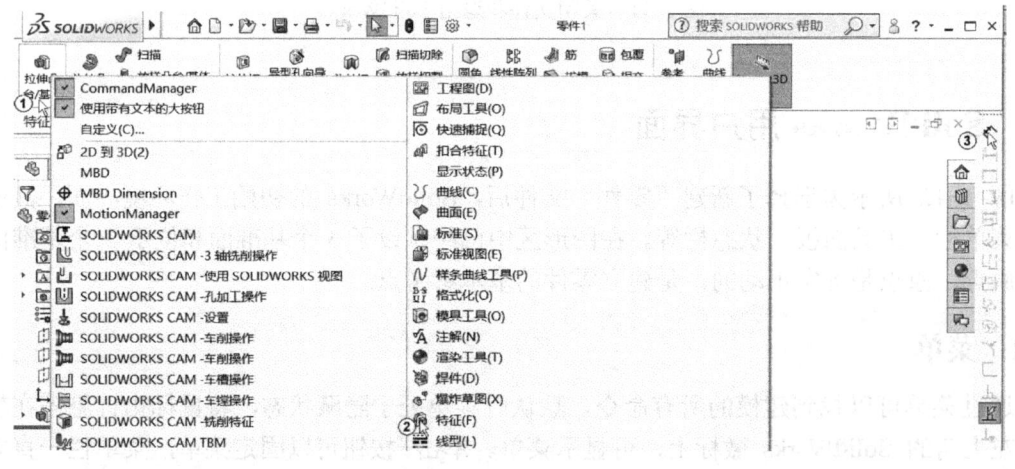

图 1-13 自定义工具栏

选择"工具"→"自定义"命令，如图 1-14 中①②所示。在弹出的"自定义"对话框中已默认选中了"工具栏"选项卡，选择欲显示的工具栏（如标准视图）后，如图 1-14 中③④所示，在窗口中会显示该工具栏，单击"确定"关闭对话框，如图 1-14 中⑤⑥所示。这种方法对于自定义、菜单、鼠标笔势、快捷方式栏等同样有效。

工具栏可依个人操作习惯自由摆放。拖动工具栏的起点或边沿，如图 1-15 中所示，可移动工具栏。若想将工具栏移回到其先前位置，双击起点或标题栏。

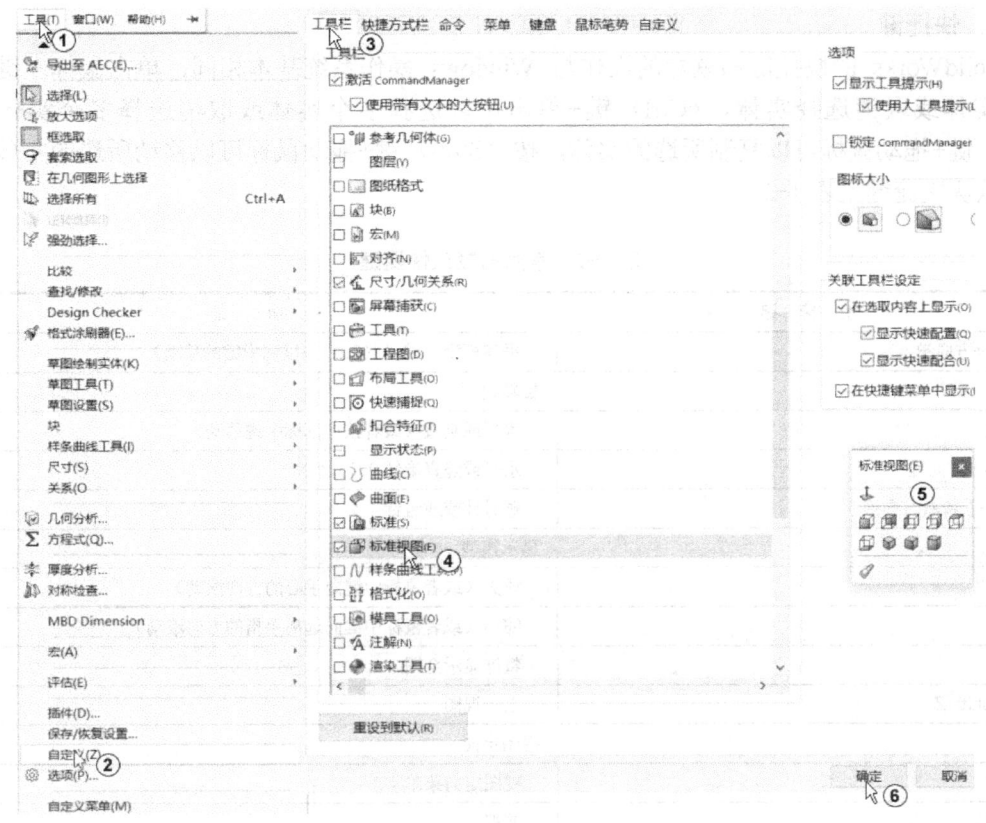

图 1-14 显示工具栏

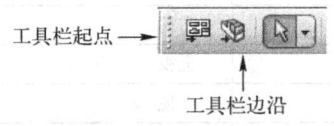

图 1-15 移动工具栏

1.2.3 快捷键和鼠标

1. 鼠标

（1）鼠标左键

单击时用于选择对象、菜单项目、图形区域中的实体；双击则对操作对象进行属性管理。

（2）鼠标中键

1）旋转：按住中键，光标变为 ，拖动鼠标可旋转画面（在工程图中为平移画面）。

2）平移：先按住〈Ctrl〉键，再按住中键，光标变为 ，拖动鼠标可平移画面（待光标改变后，即激活了平移功能，此时松开〈Ctrl〉键即可）。

3）缩放：滚动中键即可实现画面的缩放，向前滚动为缩小画面，向后滚动为放大画面（缩放画面是以鼠标指针位置为中心，因此要近距离观察目标时，尽量使鼠标指针置于目标位置处）。

4）居中并整屏显示：双击中键即可。

（3）鼠标右键用于选择关联的快捷菜单。

2. 快捷键

SolidWorks 的快捷键和鼠标的操作与 Windows 操作系统基本相同，单击鼠标左键即可选择实体或取消选择实体，〈Ctrl〉键+单击可以选择多个实体或取消选择多个实体，按〈Ctrl〉键+拖动鼠标可以复制所选的实体，按〈Shift〉键+拖动鼠标可以移动所选的实体。常用的默认快捷键见表 1-2。

表 1-2 常用的默认快捷键

快 捷 键	功 能
〈Ctrl〉+方向键	平移模型（或者〈Ctrl〉+鼠标中键的移动）
	旋转模型
方向键	水平或竖直（或者按住鼠标中键移动）
〈Shift〉+方向键	水平或竖直旋转 90°
〈Alt〉+左或右方向键	顺时针或逆时针
	显示模型
〈Shift+Z〉	放大（或者鼠标中键向手心的方向滚动）
〈z〉	缩小（或者鼠标中键向远离手指的方向滚动）
〈f〉	整屏显示全图
〈Ctrl+Shift+Z〉	上一视图
	视图定向
空格键	视图定向菜单
〈Ctrl+1〉	前视
〈Ctrl+2〉	后视
〈Ctrl+3〉	左视
〈Ctrl+4〉	右视
〈Ctrl+5〉	上视
〈Ctrl+6〉	下视
〈Ctrl+7〉	等轴测
	文件菜单项目
〈Ctrl+N〉	新建文件
〈Ctrl+O〉	打开文件
〈Ctrl+W〉	从 Web 文件夹打开
〈Ctrl+S〉	保存
〈Ctrl+P〉	打印
	额外快捷键
〈F1〉	在 PropertyManager 或对话框中访问在线帮助
〈F2〉	在 FeatureManager 设计树中重新命名一项目（对大部分项目适用）
〈Ctrl+Tab〉	在打开的 SolidWorks 文件之间循环
〈a〉	直线到圆弧/圆弧到直线（草图绘制模式）
〈Ctrl+z〉	撤销
〈Ctrl+x〉	剪切
〈Ctrl+c〉	复制
〈Ctrl+v〉	粘贴
〈Delete〉	删除

1.2.4 多窗口显示模型和任务窗格

1. 多个窗口显示模型

SolidWorks 的界面可像 Windows 软件一样分割成多个不同的界面显示。实现多窗口显示模型的方法如下。

打开 1.1.1 节生成的圆筒零件。单击窗口左上角的 SOLIDWORKS 徽标，如图 1-16 中①所示。选择"窗口"→"视口"→"四视图"，如图 1-16 中②③④所示。分割后的各绘图窗口的视角方向及模型显示方式都互相独立，互不影响。可以分别设置各种不同的显示方式及观察方向。在某一窗口绘制的图形，将同时出现在各个窗口中。

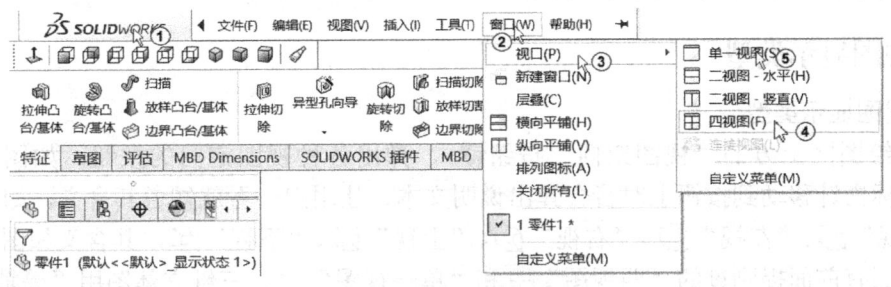

图 1-16 四视图菜单

系统将以选中的显示方式显示出模型视图，如图 1-17 所示。选择"窗口"→"视口"→"单一视图"，如图 1-16 中②③⑤所示，系统回到打开圆筒零件时的状态。

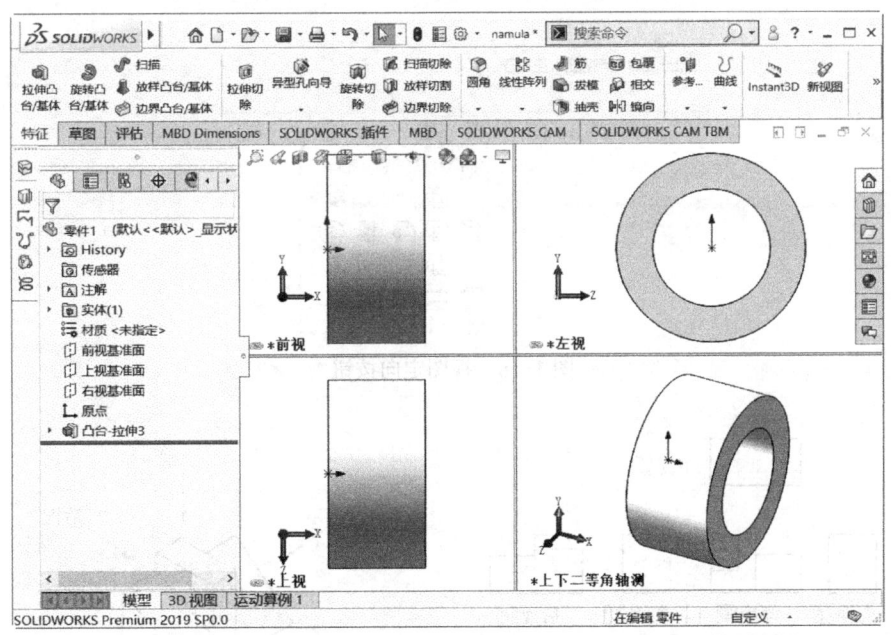

图 1-17 四视图窗口显示模型

2. 任务窗格

打开或新建 SolidWorks 2019 文件时，默认状态会出现任务窗格，它位于软件界面的右侧。任务窗格中有 7 个图标，分别是"SolidWorks 资源"、"设计库"、"文件探索器"、"视图调色板"、"外观、布景和贴图"、"自定义属性"和"SolidWorks

Forum" 。分别单击任务窗格中不同的图标，对应展开不同的内容。在绘图区中任意位置单击，会折叠任务窗格显示的内容。

1.3 模型显示

在 SolidWorks 中选择合适的方式显示几何模型是展开工作的重要环节，因此掌握和控制模型的显示方式是重要的操作任务。本节介绍模型基本操作的两个方面。

1）视图的显示控制，调整模型的显示形态。

2）模型的外观（上色与纹理）设定。

1.3.1 视图显示类型

1. 视图显示类型

单击绘图区上方的"视图定向"按钮，弹出各种视图定向的按钮，如图 1-18 所示。当鼠标指针移动到按钮上时皆会弹出说明文本，让用户一看就知道其含义，如"前视"、"后视"、"左视"、"右视"、"上视"、"下视"，其含义如图 1-19 所示。其中还有前面提到过的"四视图"和"单一视图"。三维立体图用"等轴测"、"上下二等角轴测"、"左右二等角轴测"来显示。SolidWorks 中术语是按照第三视角的习惯定义的，与我国国家标准（GB）第一视角的叫法有些区别，例如，"前视"对应国家标准中的"主视"，"上视"对应"俯视"。

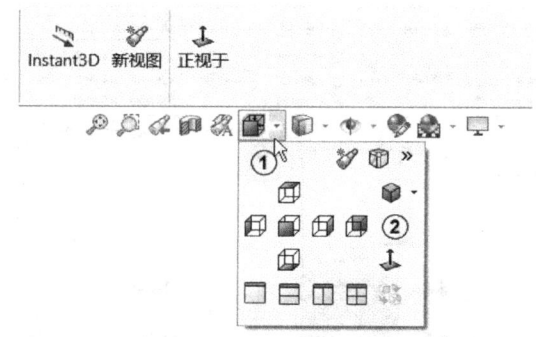

图 1-18 视图定向按钮

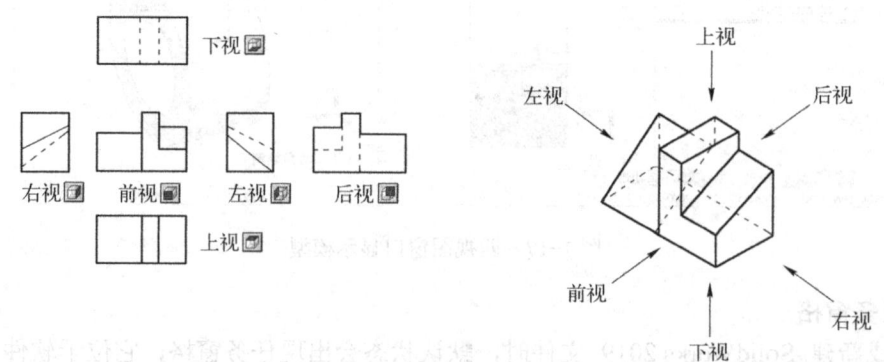

图 1-19 各视图方向示意

2. 正视于

必须先选取一个要从该面的垂直方向观看的模型平面或基准面,"正视于"按钮↧才呈可选状态。在视图定向中有一个"正视于"按钮↧,当选择模型的一个平面后,单击"正视于"按钮,选中的模型平面就会调整为平行于屏幕而面向读者,读者可以从正面观察模型的平面;再次单击"正视于"按钮↧,则变成从背面观察模型的平面,这是一个很好的观察模型的命令。

@经验 选择模型表面后,第一次单击"正视于"按钮,将使该模型表面的正面面向用户,再次单击"正视于"按钮,将调整为模型表面的反面面向用户。

可以用"正视于"按钮将模型定向显示,选择要定向模型的前面和上视面,选择时按住〈Ctrl〉键,然后单击"正视于"按钮,系统将调整模型,以先选择的面为前视的方向,后选择的面为上视方向显示模型,如图 1-20 所示。

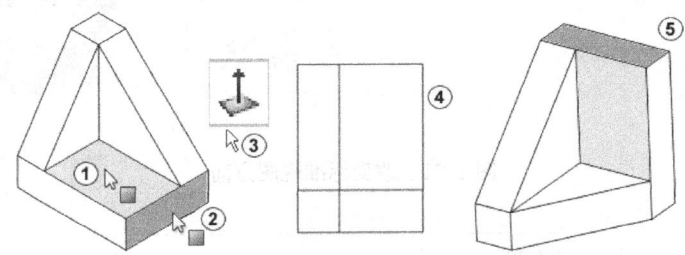

图 1-20 用"正视于"命令定向视图

3. 改变标准视图定向

在建好模型后,常常发现视图的方向不是所需要的方向,怎么改变标准视图方向,使其成为想要的视图方向呢?用"方向"对话框中的"更新标准视图"按钮可以达到这个目的。

重新打开 1.1.1 节生成的圆筒零件,拟将模型的"右视"方向改为"前视"方向。操作步骤为:单击圆筒的右端面,再单击"正视于"按钮↧,如图 1-21 中①②所示,结果如图 1-21 中③所示。按空格键,在弹出的"方向"对话框中将鼠标指针放在"更新标准视图"按钮上,系统弹出提示,如图 1-21 中④⑤所示。单击"前视"按钮(不要双击),如图 1-21 中⑥所示,系统弹出"SolidWorks"对话框,单击"是"按钮,标准视图将对应于此视图并全部更新,按〈Ctrl+7〉组合键后可看到结果,如图 1-21 中⑦⑧所示。单击界面最上方的"另存为"按钮,在"文件名"文本框中输入"零件 1-2.SLDPRT",单击"保存"按钮。

再按空格键,在弹出的"方向"对话框中单击"重设标准视图"按钮,弹出"SolidWorks"对话框,单击"是"按钮可以恢复默认设定,所有改变后的标准模型视图方向恢复为刚开始的默认设定,如图 1-22 所示。按〈Ctrl+7〉组合键后可看到结果。若单击"否"按钮则关闭对话框且不恢复默认设定。

4. 视图调整

在建模过程中需要经常通过不同的角度或比例来观察模型,这就需要不断地对视图进行调整操作。在绘图区任意位置右击,在弹出的快捷菜单中选择"平移"选项,按住鼠标左键不放拖动鼠标,则模型随之平移,如图 1-23 中①②所示。单击"选择"按钮或"重建模型"按钮可退出平移状态,如图 1-23 中③④所示。旋转等操作与平移操作类似。

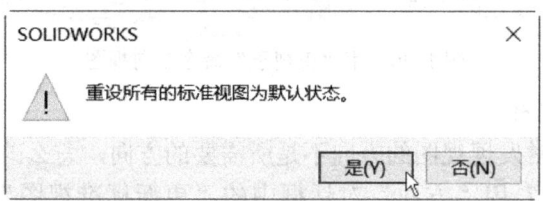

图 1-21 改变标准视图方向

图 1-22 重设标准视图方向

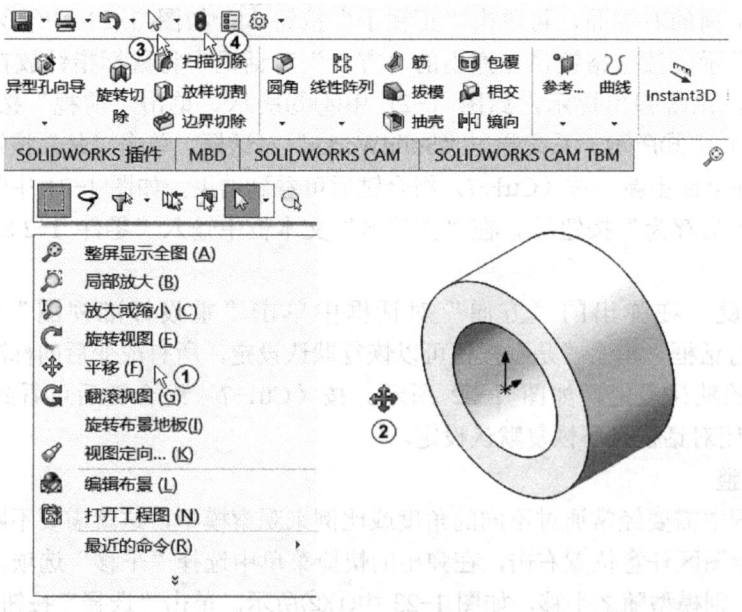

图 1-23 移动视图

14

常用的调整视图的工具分别是：上一视图、整屏显示全图、局部放大、放大或缩小、旋转模型和平移模型。调整视图的工具及功能见表1-3。

表1-3 调整视图的工具及功能

工具图标	名 称	功 能
	上一视图	显示上一视图
	整屏显示全图	在图形区整屏显示模型全图
	局部放大	放大鼠标指针拖动选取的范围，如单击左下角一点（按住不放），然后拖到右上角一点后放开鼠标，则矩形框内的模型被放大到全屏
	动态放大/缩小	动态缩放，按住鼠标左键向上，则视图连续放大；向下则连续缩小
	旋转	单击"旋转视图"按钮 后，按住鼠标左键不放拖动鼠标，则模型随之旋转
	平移	单击"平移视图"按钮 后，按住鼠标左键不放拖动鼠标，则模型随之平移

除了使用上述工具对视图进行操作外，还可以利用鼠标加键盘组成的快捷键对视图进行操作。

5．模型显示方式

单击绘图区上方的"显示样式"按钮，弹出展开的5种视图显示样式，如图1-24所示。

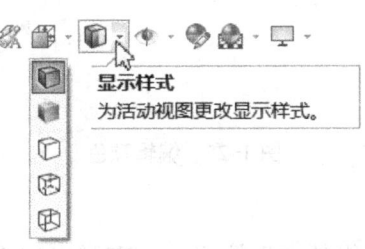

图1-24 视图显示样式

模型的显示方式见表1-4。

表1-4 模型的显示方式

显示方式	显示效果	显示方式	显示效果
线架视图		隐藏线可见	
消除隐藏线		带边线上色	
上色视图		剖面视图	

1.3.2 模型编辑外观

1. 编辑颜色

在 SolidWorks 中可以单击"编辑外观"按钮 对模型整体或模型表面进行颜色和纹理编辑。

重新打开 1.1.1 节生成的圆筒零件,单击绘图区上方的"编辑外观"按钮 ,如图 1-25 中①所示。系统弹出"颜色"属性管理器,选择"基本"选项卡,再选择一种颜色,如图 1-25 中②③所示。然后单击"确定"按钮 ,如图 1-25 中④所示,即可看到模型的颜色发生了变化。

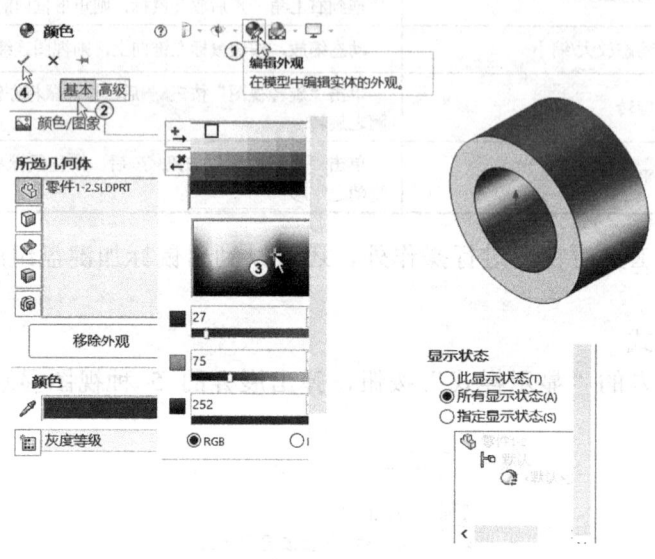

图 1-25 编辑颜色

2. 编辑图案

1)单击绘图区上方的"编辑外观"按钮 ,在弹出的"颜色"属性管理器中选择"高级"选项卡,此时系统默认选择了"颜色/图像"㊀,如图 1-26 中①②所示,还可以对"照明度""表面粗糙度"等进行编辑。在"外观"选项组中单击"浏览"按钮,如图 1-26 中③所示。

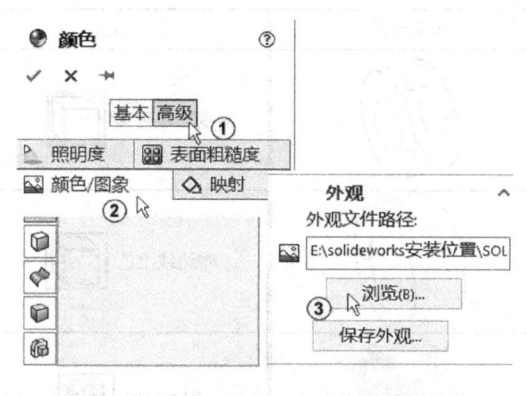

图 1-26 选择模型外观中的高级选项

㊀ 图像在 SolidWorks 2019 中为图象。

2）系统弹出"打开"对话框，单击"本地磁盘（C:）"，如图 1-27 中①所示；单击"文件名"后的按钮，选择"JPEG 图像文件（*.jpg；*.jpeg）"，如图 1-27 中②所示；选择"零件 2.JPG"文件，单击"打开"按钮，如图 1-27 中③④所示。

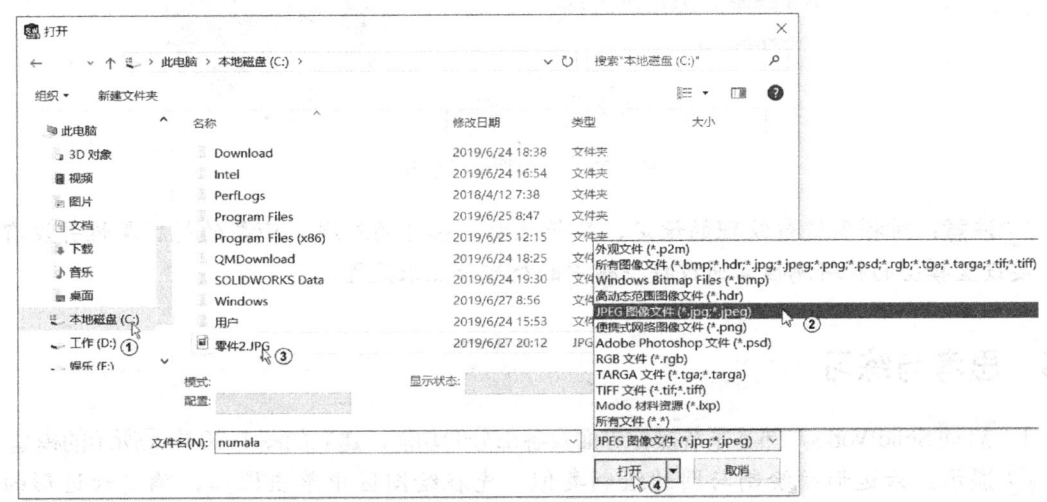

图 1-27　查找外观图像文件

3）这时在模型上显示出比例拖动框，将鼠标指针移到框的角上，鼠标光标变成十字形，向外拖动图案纹理变粗，向内拖动图案纹理变细，拖动鼠标将图案纹理调整到合适大小，然后单击"确定"按钮，系统弹出"另存为"对话框，单击"保存"按钮，如图 1-28 所示。

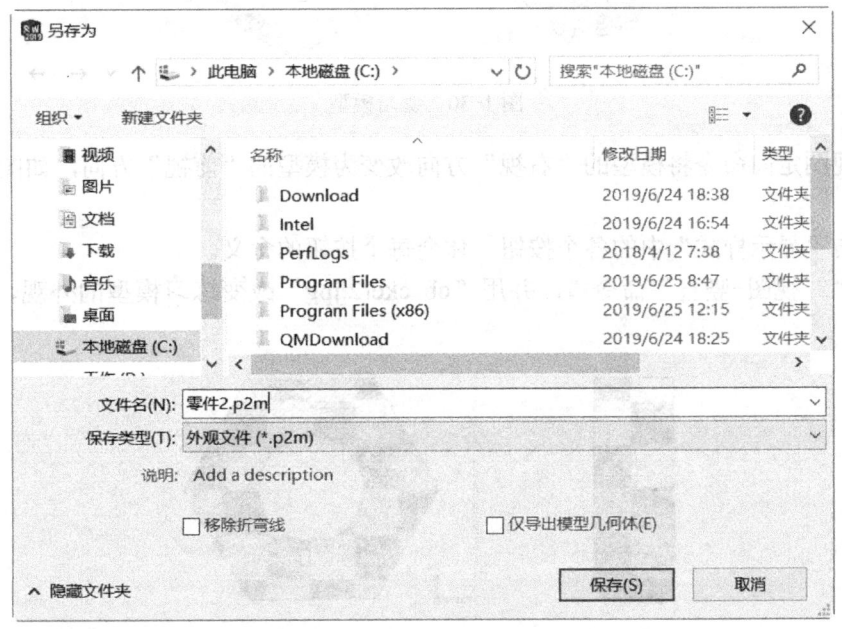

图 1-28　"另存为"对话框

接着系统又弹出如图 1-29 所示的对话框，单击"是"按钮完成对模型赋予外观（纹理）的操作。

17

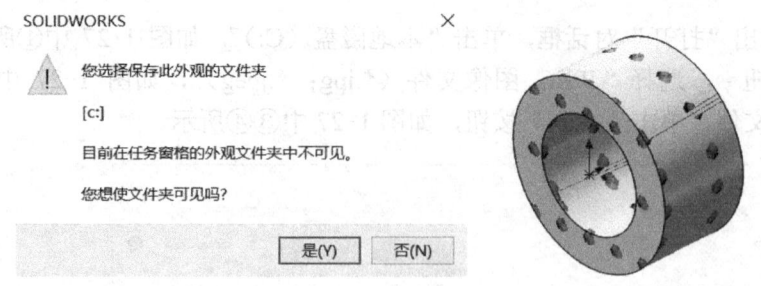

图 1-29　对模型赋予纹理

注意：对模型进行纹理的设定，只是改变了模型的外观，模型的材料属性并没有改变，要设置模型的材料属性需通过特征树中的材质节点来设置。

1.4　思考与练习

1．启动 SolidWorks，熟悉系统操作界面及各部分的功能，建立如图 1-30 中①所示的模型。

提示：六边形的绘制与圆的绘制类似，先在绘图区中单击圆心，确定六边形的中心，然后向屏幕外移动鼠标指针到适当的位置单击，即可绘出六边形。

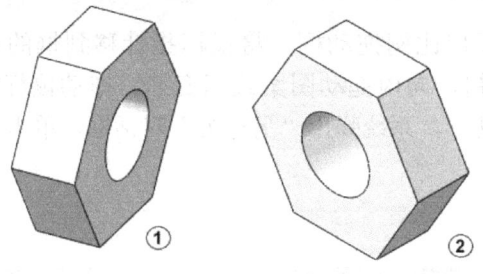

图 1-30　练习模型

2．用视图定向命令将模型的"右视"方向改变为模型的"前视"方向，如图 1-30 中②所示。

3．单击"显示样式"中的各个按钮，体会每个按钮的含义。

4．用"二视图-竖直"命令，并用"checker2.jpg"改变练习模型的外观，如图 1-31 所示。

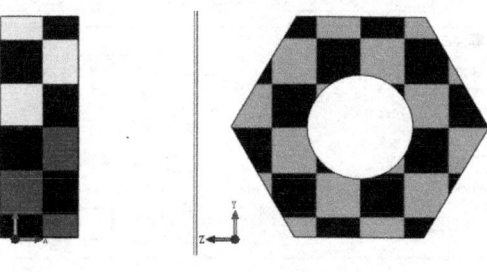

图 1-31　二视图-竖直

第2章 草　　图

草图是由点、直线、圆弧等基本几何元素构成的封闭的或不封闭的几何形状。草图中包括形状、几何关系和尺寸标注三方面的信息。草图分为 2D 和 3D 两种。大部分 SolidWorks 的特征都是从 2D 草图绘制开始。草图是三维设计的基础，必须十分熟练地掌握。

2.1 绘制草图的基本知识

在介绍具体的草图绘制方法之前，先对草图绘制的基本概念进行必要的说明，再对草图绘制中要用到的专门术语进行解释。这样有利于读者领会，加快掌握草图绘制知识。

2.1.1 草图的自由度

在机械类产品中，基本构架支撑运动部件，运动部件完成产品功能。运动和固定的主要知识基础是约束度和自由度。约束度与自由度是相对的概念。一个物体的约束度与自由度之和等于 6。完全自由的空间物体有 6 个方向的自由度，即 3 个坐标方向的移动自由度和围绕 3 个坐标轴的旋转自由度。

通常在平面上绘制直线、矩形、圆弧等（可将这些对象称为草图实体）。平面上的草图实体只有 3 个自由度，即沿着 X 和 Y 轴的移动及图形可变的大小。图形具有的自由度与对图形所附加的控制条件有关。添加了控制条件的图形自由度会减少。通常在参数化软件中用以限制图形自由度的方法是标注尺寸和添加几何约束。

1. 点的自由度

点包括平面上任意的草图点、线段端点、圆心点或图形的控制点等。坐标原点（3 个坐标平面的共有点）是系统默认的固定点，如图 2-1 中①所示。其他没有任何限制的点可以沿水平方向和垂直方向任意移动，如图 2-1 中②所示。若要限制点的移动，可以添加水平约束或标注垂直方向的尺寸（点只能沿水平方向移动），如图 2-1 中③④所示；若同时标注垂直和水平方向的尺寸，则点被固定，自由度为 0，如图 2-1 中⑤所示。

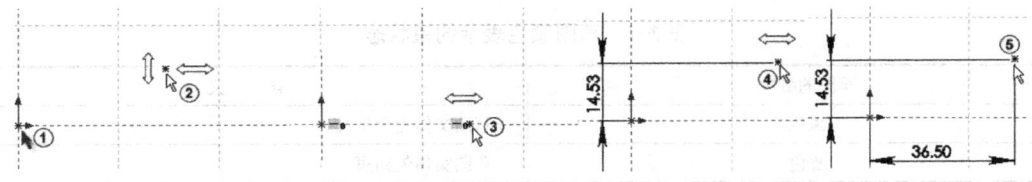

图 2-1　点的自由度

2. 直线的自由度

没有任何限制的直线可以沿水平方向和垂直方向任意移动、旋转及沿长度方向伸缩，如图 2-2 中①所示。固定一个端点后，直线只能旋转和伸缩，如图 2-2 中②所示。若给定角度，直线只能伸缩，如图 2-2 中③所示；若给定长度，直线只能旋转，如图 2-2 中④所示；

若给定长度和角度，直线被完全固定，自由度为 0，如图 2-2 中⑤所示。若固定两端点，直线被完全固定，如图 2-2 中⑥所示。

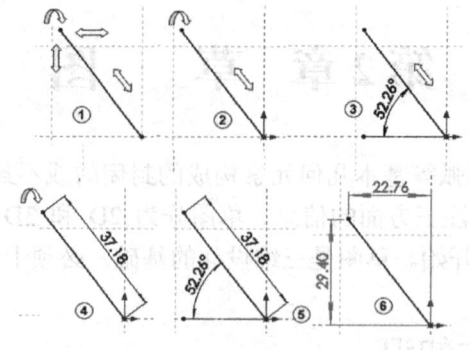

图 2-2 直线的自由度

3．圆的自由度

没有任何限制的圆可以沿水平方向和垂直方向任意移动，也可以任意调整圆的大小，如图 2-3 中①所示。添加直径后，圆只能任意移动圆心，如图 2-3 中②所示。再固定圆心后，圆被完全固定，如图 2-3 中③所示。

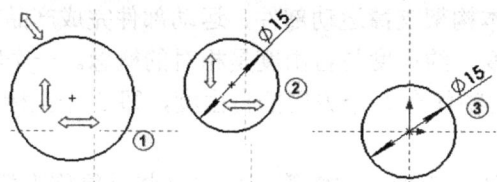

图 2-3 圆的自由度

传统参数化造型中的草图必须是完全定义的，即草图实体的平面位置和角度都必须完全确定。变量化技术解决了完全定义草图的难题。当然变量化技术并不是帮助人们自动地为草图添加尺寸和几何约束，而是将没有明确定义的草图尺寸当作变量存储起来，暂时以当前的绘制尺寸赋值，这样不影响利用草图生成特征，以及其后的装配工作。

SolidWorks 软件支持变量化设计。利用变量化设计可以有效地提高几何建模的速度，方便易用。绘制草图时，尽量将草图中的某点与固定不动的坐标原点重合，尽量将草图完全定义，以避免在后续的编辑操作中产生无法预知的结果或操作失败。在 SolidWorks 草图环境中，草图通过不同的颜色显示其约束状态，见表 2-1。

表 2-1 草图颜色表示约束状态

草图的颜色	含 义
黑色	草图实体完全定义
蓝色	草图实体欠约束
红色	过约束，存在重复或矛盾的约束

2.1.2 草图绘制过程

SolidWorks 中的草图绘制极为方便快捷，支持参数化，同时支持变量设计，从而可以通过几何关系和尺寸改变草图形状。为了发挥变量化的灵活性，在 SolidWorks 中只需绘制出尺寸大致相当的图形，再标注合适的尺寸，然后添加几何约束就可以完成图形的精确设定。草图绘制的基本过程为：选择绘制草图的面→绘制图形→添加几何关系→标注尺寸→检查草图合法性→修复草图，如图 2-4 中①～⑥所示。如果模型简单或者是熟练的高手，常常会省去第⑤和第⑥步。

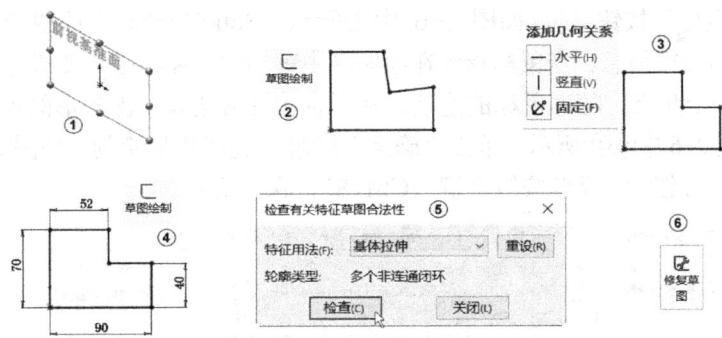

图 2-4 绘制草图的步骤

绘制一个矩形的过程如下。

（1）新建文件

启动 SolidWorks 后，单击"新建"按钮□或者按下组合键〈Ctrl+N〉，在弹出的"新建 SolidWorks 文件"对话框中选择"零件"，单击"确定"按钮完成新文件创建的操作。

（2）指定草图绘制平面

SolidWorks 提供了一个初始的绘图参考体系，包括一个原点和 3 个坐标平面。对于新建的零件，可以利用 3 个基准平面中的任意一个作为草图绘制的参考平面。在建模过程中还有 3 个平面可以作为草图绘制基准平面：一是已有模型的平面；二是创建出的基准平面；三是拉伸出来的直线曲面。

单击"草图"选项卡，再单击"草图绘制"按钮，如图 2-5 中①②所示。系统提示选择绘制草图的基准平面，选择"前视基准面"后即进入草图绘制界面，如图 2-5 中③④所示。

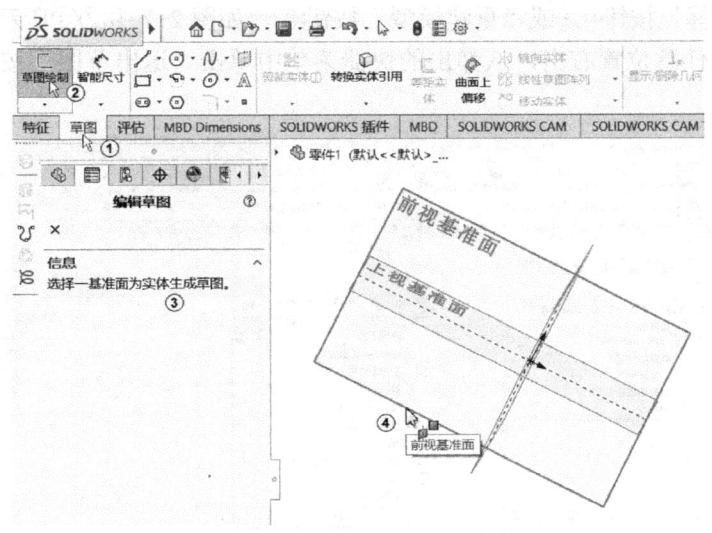

图 2-5 选择绘草图基准平面

（3）绘制草图几何形状

SolidWorks 提供了非常实用的草图实体绘制工具和草图实体编辑工具，这些命令集中于

21

"草图"工具栏中。绘制时可以用"草图"工具栏中的工具绘制,也可以用"工具面板"中的草图工具绘制。

初始环境中的坐标原点在草图绘制环境下显示为红色,可作为草图绘制的原点。

单击"边角矩形"按钮□,如图 2-6 中①所示。SolidWorks 为草图绘制过程提供了许多智能化、直观的反馈信息。当鼠标指针在绘图区中移动时,鼠标指针变成形状,单击原点来确定矩形的第一个角点;随着鼠标的拖动,在鼠标指针旁边显示出矩形的尺寸,单击确定矩形的另一点,如图2-6 中②③所示。单击"确定"按钮✓完成矩形绘制,如图2-6 中④所示。

单击"保存"按钮或者按组合键〈Ctrl+S〉,保存文件。

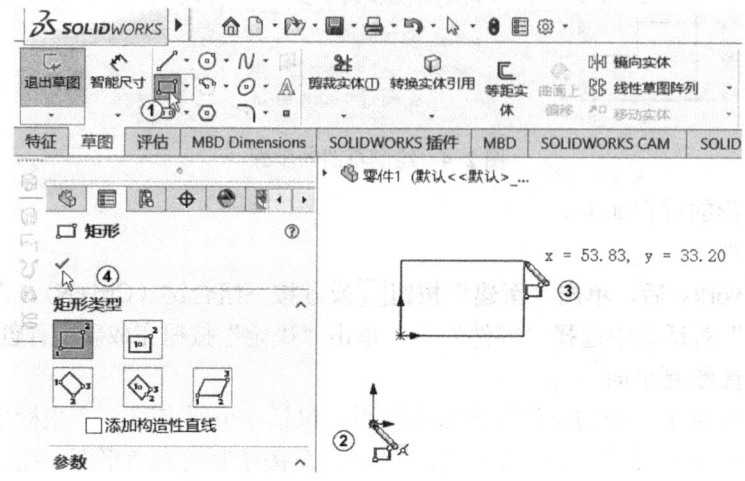

图 2-6 绘制矩形

(4) 结束草图绘制

草图绘制完毕后,结束草图绘制的方式如下。

1) 单击"退出草图"按钮,如图 2-7 中①所示。

2) 单击"选择"按钮或"重建模型"按钮,如图 2-7 中②③所示。

3) 在绘图区任意位置右击,从弹出的快捷菜单中单击"退出草图"按钮,如图 2-7 中④所示。

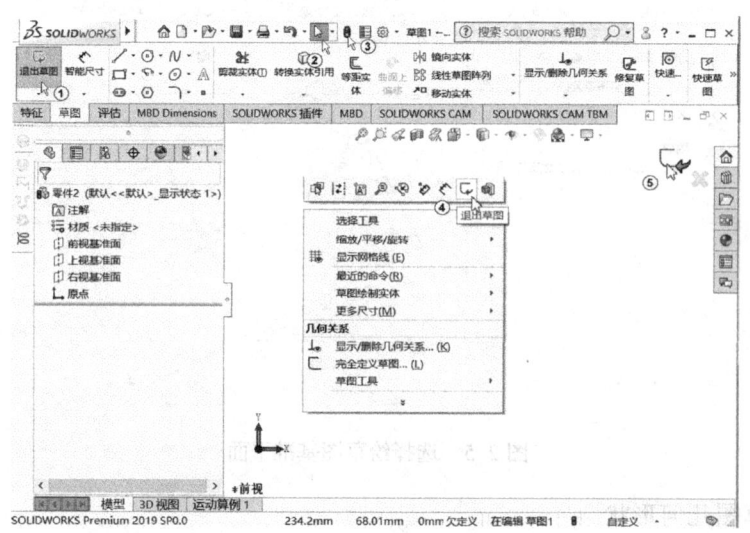

图 2-7 退出草图

22

4）单击绘图区域右上角的按钮，如图 2-7 中⑤所示。

5）可按〈Esc〉键。

6）选择"插入"→"退出草图"命令。

2.1.3 草图对象的选择和删除草图实体

1. 草图对象的选择

选择是 SolidWorks 默认的工作状态，草图环境也不例外。进入草图绘制环境后，"选择"按钮处于激活状态（呈按下状态），鼠标指针形状为，只有在选择其他命令后，选择按钮才暂时关闭。

（1）选择预览

当鼠标指针接近被选择的对象时，该选择对象改变颜色，说明鼠标已拾取到对象，这种功能称为选择预览。此时单击鼠标左键就可以选中对象，选中对象后对象会变为另一种颜色，说明此对象已被选中。当选择不同类型的对象时，鼠标指针就会显示出不同的形状。草图实体对象类型与鼠标指针的对应关系见表 2-2。

表 2-2 草图实体对象类型与鼠标指针的对应关系

选择对象类型	鼠标指针	选择对象类型	鼠标指针
直线		抛物线	
端点		样条曲线	
面		圆和圆弧	
椭圆		点和原点	
基准面		草图文字	

（2）选择多个操作对象

很多操作需要同时选择多个对象，可以采用两种选择方法。

1）按住〈Ctrl〉键不放，依次选择多个草图实体。

2）按住鼠标左键不放，拖拽出一个矩形，矩形所包围的草图实体都将被选中。

第一种方法的可控性较强，而第二种方法更为快捷。若要取消已经选择的对象，使其恢复到未选择状态，同样可以在按住〈Ctrl〉键的同时再次选择要取消的对象即可。

注意：框选对象时，根据鼠标指针的拖动方向可分为两种情况：

1）由左向右拖动鼠标框选草图实体，选择框显示为实线，选择的草图实体只有完全被框选住才能被选中，如图 2-8 中①~③所示；

2）由右向左拖动鼠标框选草图实体，选择框显示为虚线，只要草图实体有一部分在选择框内，该草图实体即被选中，如图 2-8 中④~⑦所示。

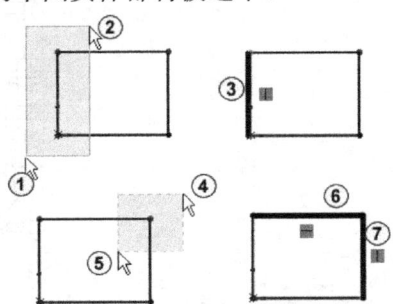

图 2-8 不同框选方向的不同结果

2. 删除草图实体的 3 种方法

1）选择草图实体后右击，从弹出的快捷菜单中选择"删除"命令，如图 2-9 中①②所示。结果如图2-9中③所示。

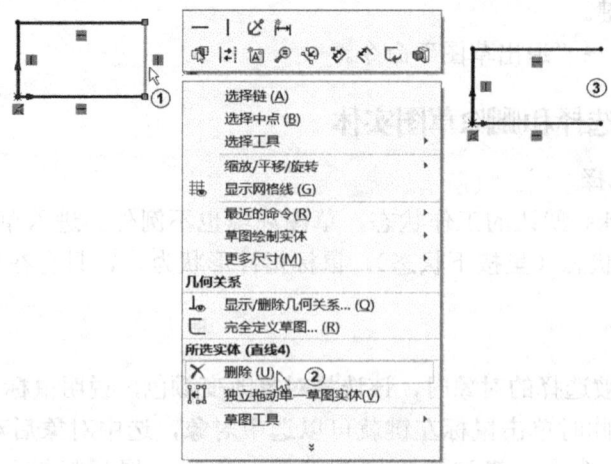

图2-9 用快捷菜单删除草图实体

2）选择实体，按〈Delete〉键，可直接删除。

3）单击"草图"面板中的"剪裁实体"按钮，从弹出的"剪裁"属性管理器中选择最后一项"剪裁到最近端"，如图2-10中①②所示。选中要删除的实体，如图2-10中③所示。结果如图2-10中④所示。单击"确定"按钮，如图2-10中⑤所示。

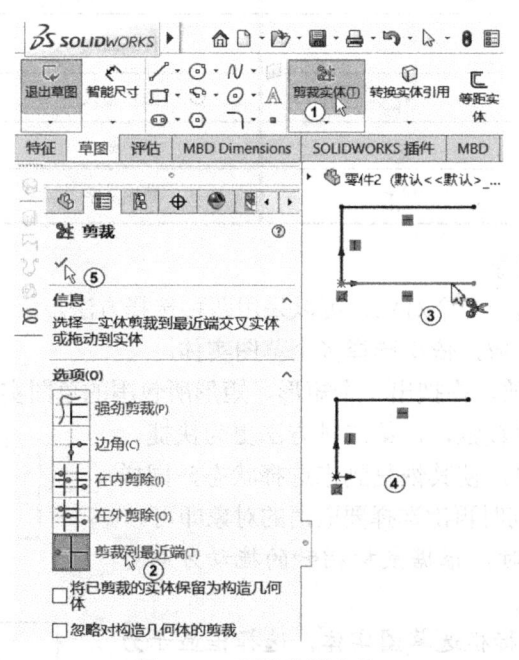

图2-10 删除草图实体

2.2 草图绘制工具

2.2.1 直线和直线转到圆弧

绘制一个由直线组成的草图的过程如下。

（1）新建文件

启动 SolidWorks 后，单击"新建"按钮 或者按下组合键〈Ctrl+N〉，在弹出的"新建 SolidWorks 文件"对话框中选择"零件" ，单击"确定"按钮完成新文件创建的操作。

（2）指定草图绘制平面

单击"草图"面板，再单击"草图绘制"按钮 ，选择"前视基准平面"后即进入草图绘制界面。

（3）绘制草图几何形状

单击"直线"按钮 ，如图 2-11 中①所示。软件界面左方弹出"插入线条"属性管理器，鼠标指针变为 ，在绘图区移动鼠标指针到原点后单击确定起点（注意一定要出现锁点图标 后再单击才能保证选到原点），松开鼠标后水平移动鼠标指针到另一位置后单击（注意一定要出现锁点图标 后再单击才能保证绘出的是水平线），松开鼠标后向上移动鼠标指针到另一位置后再次单击（注意一定要出现锁点图标 后再单击才能保证绘出的是竖直线），如图 2-11 中②~④所示。松开鼠标后向左下方移动鼠标指针到另一位置后单击，松开鼠标后向左上方移动鼠标指针到另一位置后再次单击，如图 2-11 中⑤⑥所示。向左移动鼠标指针画出一条水平线，向下移动鼠标指针画出一条竖直线，如图 2-11 中⑦⑧所示。按〈Esc〉键结束绘制直线，单击"确定"按钮 ，如图 2-11 中⑨所示，关闭"插入线条"属性管理器。

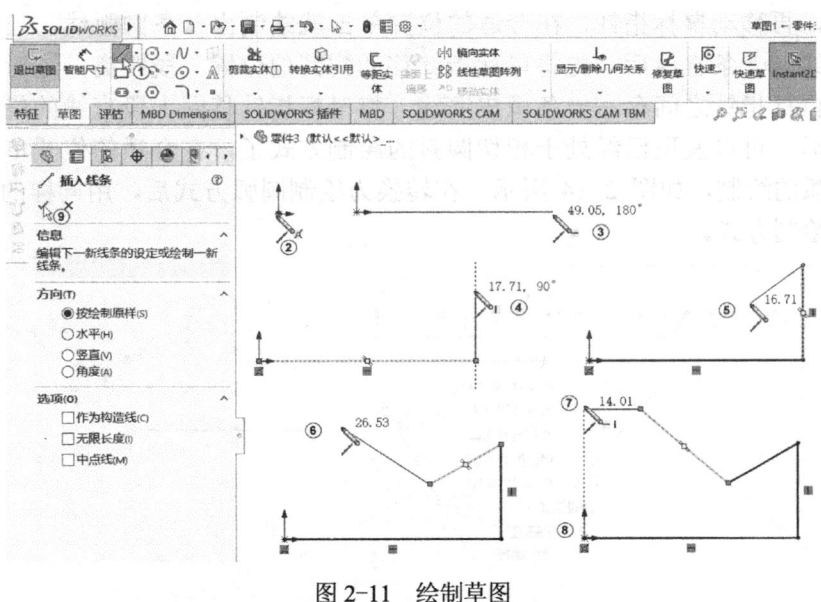

图 2-11 绘制草图

（4）保存文件

单击"保存"按钮 或者按下组合键〈Ctrl+S〉，保存文件。

（5）线条属性

选择刚绘制的最下方的水平直线，如图 2-12 中①所示。在系统弹出的"线条属性"属性管理器中显示了各种控制直线的选项，如呈现直线的各种几何约束状态，如图 2-12 中②所示，以及直线的角度和长度参数值、直线的额外参数等。还可以将直线设为水平、竖直、固定等几何约束关系，也可以将直线转换为构造几何线，如图 2-12 中③④所示，或者将直线设为无限长度的线条。

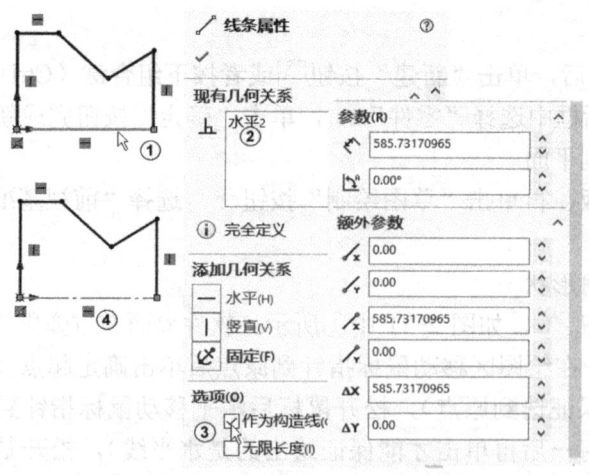

图 2-12 "线条属性"属性管理器

（6）直线转到圆弧绘制

为了提高草图绘制效率，SolidWorks 在草图中还提供了直线绘制与圆弧绘制自动转换的功能。在绘制直线时可以直接切换到圆弧绘制，而不需要在工具栏中选择圆弧绘制工具。如图 2-13 所示，当完成一段直线绘制后，右击并在弹出的快捷菜单中选择"转到圆弧"命令，再移动鼠标指针，在合适的位置单击就绘制出一条圆弧线。还有一种切换的方法是在绘制一条直线后，先将鼠标指针移动到其他位置一段距离，这时在已绘制直线的终点与鼠标指针之间存在一条橡皮筋线，将鼠标指针移回上段直线的终点，再次移开鼠标指针后，可以发现已经处于相切圆弧的绘制方式了，在合适的位置单击，就可以完成相切圆弧的绘制，如图 2-14 所示。在转换为绘制圆弧方式后，用同样的方法还可以转回到直线绘制方式。

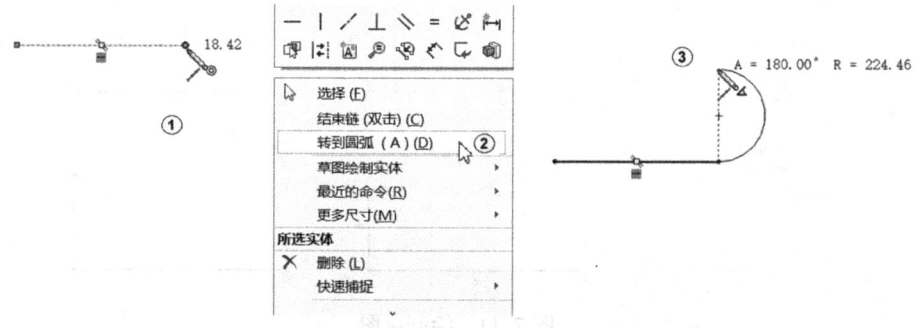

图 2-13 直线转到圆弧的第一种方法

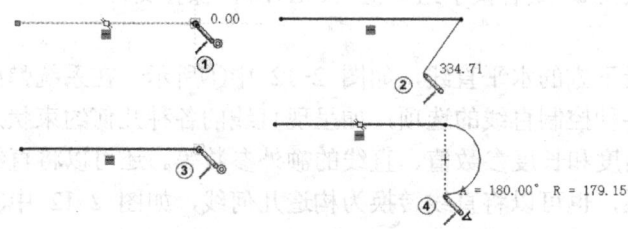

图 2-14 直线转到圆弧的第二种方法

2.2.2 常用草图绘制工具

常用草图绘制工具的使用方法见表 2-3。

表 2-3 常用草图绘制工具的使用方法

草图工具	几何图形	鼠标指针	绘制步骤	绘制方法
■	点		单击	单击"草图"绘制工具栏上的"点"按钮,或选择"工具"→"草图绘制实体"→"点"命令,在图形区域单击以放置点
	直线			单击"草图"绘制工具栏上的"直线"按钮 / 或选择"工具"→"草图绘制实体"→"直线"命令,在图形区域单击,确定方向和长度
	中心线			用法同直线一样。中心线不能用于建立特征,可用于定位、制作对称的草图实体、镜像草图和旋转轴等辅助线
	圆		R = 139.36	单击"草图"绘制工具栏中的"圆"按钮 ⊙ 或选择"工具"→"草图绘制实体"→"圆"命令,在图形区域单击确定圆心,拖动或移动指针来设定半径
	圆心/起/终点画弧		R = 176.57	单击"草图"绘制工具栏上的"圆心/起/终点画弧"按钮 或选择"工具"→"草图绘制实体"→"圆心/起/终点画弧"命令。在图形区域单击确定圆弧圆心,移动鼠标指针到圆弧开始点的位置单击,拖动鼠标至圆弧的终点单击
	切线弧			单击"草图"绘制工具栏上的"切线弧"按钮 或选择"工具"→"草图绘制实体"→"切线弧"命令。在直线、圆弧、椭圆或样条曲线的端点处单击,拖动鼠标到圆弧的终点单击
	三点圆弧			单击"草图"绘制工具栏上的"三点圆弧"按钮 或选择"工具"→"草图绘制实体"→"三点圆弧"命令。单击圆弧的起点位置,再单击圆弧的结束位置,拖动鼠标确定圆弧的半径再单击
	矩形			单击"草图"绘制工具栏上的"边角矩形"按钮 或选择"工具"→"草图绘制实体"→"边角矩形"命令。单击确定矩形的第一个角点,拖动鼠标后再单击确定矩形的另一点
	平行四边形			单击"草图"绘制工具栏上的"平行四边形"按钮 或选择"工具"→"草图绘制实体"→"平行四边形"命令。单击确定平行四边形的第一个角点,拖动鼠标确定四边形一边的方向,单击确定边长;拖动鼠标确定另一边方向,单击确定边长

(续)

草图工具	几何图形	鼠标指针	绘制步骤	绘制方法
⬡	多边形			单击"草图"绘制工具栏上的"多边形"按钮 ⬡ 或选择"工具"→"草图绘制实体"→"多边形"命令。在特征管理区中为边数指定数值,单击图形区域以定位多边形中心,然后拖动鼠标确定多边形内切圆或外切圆半径
C	部分椭圆			单击"草图"绘制工具栏上的"部分椭圆"按钮 C 或选择"工具"→"草图绘制实体"→"部分椭圆"命令。单击图形区域以放置椭圆的中心,拖动一段距离并单击来定义椭圆的一个轴,再拖动鼠标一段距离并单击来定义第二个轴。绕圆周拖动指针来定义椭圆的范围,然后单击来完成椭圆的绘制
⊙	椭圆			单击"草图"绘制工具栏上的"椭圆"按钮 ⊙ 或选择"工具"→"草图绘制实体"→"椭圆"命令。单击图形区域来放置椭圆中心,拖动鼠标一段距离并单击以设定椭圆的长轴,再拖动鼠标一段距离并再次单击以设定椭圆的短轴
U	抛物线			单击"草图"绘制工具栏上的"抛物线"按钮 U 或选择"工具"→"草图绘制实体"→"抛物线"命令。单击第①点,确定抛物线的中心点;单击第②点,确定其焦距;单击第③点,确定其起始点;单击第④点,确定其终止点
A	文字			单击"草图"绘制工具栏上的"文字"按钮 A 或选择"工具"→"草图绘制实体"→"文字"命令。选择一条曲线作为路径,其名称出现在"曲线" U 列表框中,在"文字"文本框中输入文字,编辑文字属性,单击"确定"按钮 ✓
N	样条曲线			单击"草图"绘制工具栏上的"样条曲线"按钮 N 或选择"工具"→"草图绘制实体"→"样条曲线"命令。单击起始点,向上拖动鼠标一段距离单击,向下拖动鼠标一段距离单击,向上拖动鼠标一段距离双击
🖼	草图图片			单击"草图"绘制工具栏上的"草图图片"按钮 🖼 或选择"工具"→"草图绘制工具"→"草图图片"命令,在弹出的"打开"对话框中找到需要的图片,单击"打开"按钮

28

2.2.3 草图几何约束

在 SolidWorks 中可以通过尺寸和几何约束共同完成草图的约束定义。为草图添加几何关系可以很容易地控制草图形状，表达造型与设计意图。草图实体之间的几何约束类型见表 2-4。

表 2-4 草图实体之间的几何约束类型

	点	直 线	圆或圆弧
点	水平、竖直、重合	中点、重合	同心、重合
直线	中点、重合	水平、竖直、平行、垂直、相等、共线	相切
圆或圆弧	重合、同心	相切	全等、相切、同心、相等

1．建立几何约束

1）单击"草图"面板上的"显示/删除几何关系"按钮下的级联按钮 ，从弹出的菜单中选择"添加几何关系" ，如图 2-15 中①②所示。或者选择"工具"→"几何关系"→"添加"命令。

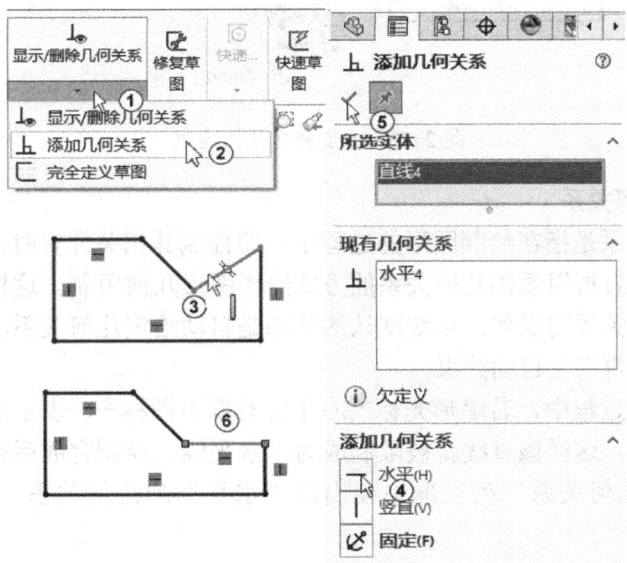

图 2-15 添加水平几何约束

2）系统弹出"添加几何关系"属性管理器，在绘图区中选择要添加几何关系的草图实体，如图 2-15 中③所示。

3）在"添加几何关系"属性管理器中选择"水平"约束，如图 2-15 中④所示。

4）单击"确定"按钮 ，结果如图 2-15 中⑤⑥所示。

①注意：

在为直线建立几何关系时，此几何关系相对于无限长的直线，而不仅仅是相对于草图线段或实际边线。因此，在希望一些项目互相接触时，它们可能实际上并未接触到。同样地，当生成圆弧或椭圆弧段的几何关系时，几何关系是对于整圆或椭圆的。

如果为不在草图基准面上的项目建立几何关系，则所产生的几何关系应用于此项目在草图基准面上的投影。

5）在绘图区中选择要添加几何关系的草图实体，单击"添加几何关系" ，如图 2-16 中①②所示。

6）在"添加几何关系"属性管理器中选择"竖直"约束，单击"确定"按钮 ，结果如图 2-16 中③～⑤所示。

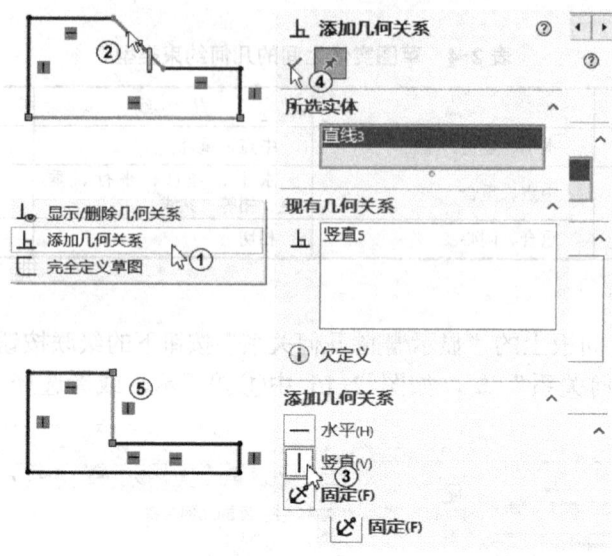

图 2-16　添加竖直几何约束

2．自动给定几何关系

自动给定几何关系是指在绘制图形的过程中，即控制其相关位置时，系统会自动赋予其几何意义，不需要读者再用添加几何关系的方式给予图形几何限制。这样可免去用户对每个绘制的图元添加几何关系的操作。系统默认的状态是自动给定几何关系，只要在绘图时按住〈Ctrl〉键，系统将不再产生自动约束。

在绘制水平线的过程中，若笔形光标的右下方有锁点图标 ，表示系统会自动给该直线赋予一个水平的约束，这样该直线就被限制成为一水平线。绘制完成后在"线条属性"属性管理器中的"现有几何关系"列表框中会出现"水平"的几何关系，如图 2-17 中①②所示。

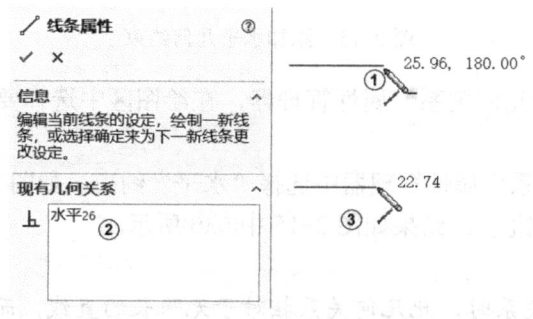

图 2-17　水平自动约束

如果取消选择"自动几何关系"，则在绘图过程中没有锁点图标 ，绘制时系统并未真正赋予草图几何关系，如图 2-17 中③所示。

3. 清除草图几何关系

系统默认的状态是显示草图几何关系，如图 2-18 中①所示。当草图很复杂时，会显得比较乱，清除草图上的几何关系的操作过程是：

单击窗口左上角的按钮 ，在菜单栏中选择"视图"→"隐藏/显示"→"草图几何关系"命令，如图 2-18 中②~⑤所示。结果如图 2-18 中⑥所示。

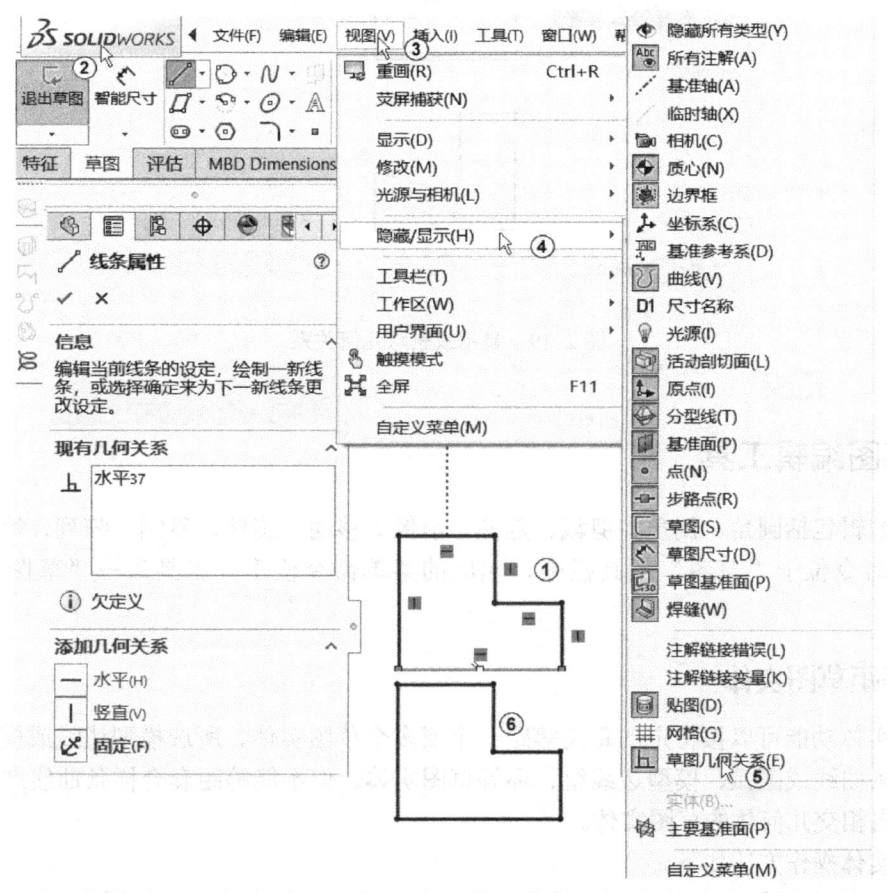

图 2-18 清除草图上的几何关系

4. 显示和删除几何关系

1）在绘图区选择某一个草图实体后，如图 2-19 中①所示。单击"草图"面板上的"显示/删除几何关系"按钮 ，或者选择"工具"→"关系"→"显示/删除"命令，在"显示/删除几何关系"属性管理器中列出了选中草图实体的几何关系，如图 2-19 中②③所示。

2）选中要删除的几何关系，然后单击"删除"按钮 ，如图 2-19 中④⑤所示。

3）单击"确定"按钮 完成删除几何关系操作。为了验证确实不存在水平约束了，可在绘图区选择角点后按住鼠标不放进行拖动，结果如图 2-19 中⑥⑦所示。

4）连续单击"撤销"按钮 或者按组合键〈Ctrl+Z〉，可依次取消上一步的操作。

5）若在绘图区没有选择任何草图实体，单击"尺寸/几何关系"工具栏中的"显示/删除几何关系"按钮 ，在"显示/删除几何关系"属性管理器中列出了当前草图的全部几何关系。可在属性管理器中选择想要删除的几何关系后单击"删除"按钮删除。

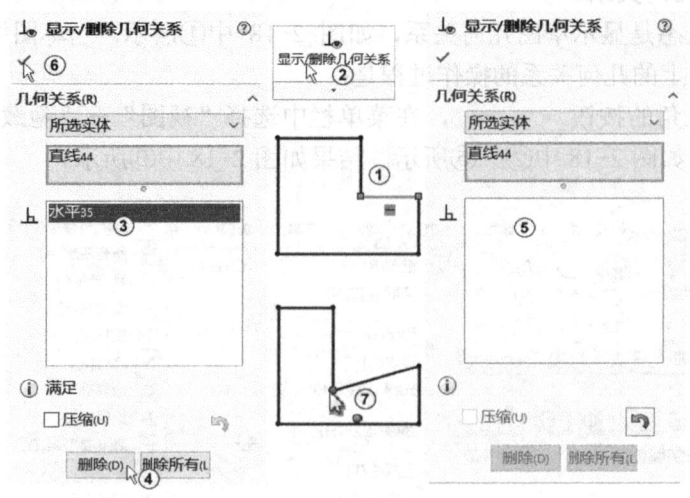

图 2-19 显示或删除几何关系

2.3 草图编辑工具

草图编辑包括圆角、倒角、剪裁、延伸、镜像、移动、旋转、复制、阵列、等距和分割等。编辑命令位于"草图"工具栏中,相应的菜单命令位于"工具"→"草图工具"子菜单中。

2.3.1 等距草图实体

等距实体功能可以按特定的距离等距一个或多个草图实体、所选模型边线或模型面,也可等距样条曲线或圆弧、模型边线组、环等草图实体。但不能等距套合样条曲线产生的曲线或会产生自相交几何体的草图实体。

等距实体操作方法如下。

1)在打开的草图中,选择一个或多个草图实体或一条模型边线,如图 2-20 中①所示。

2)单击"草图"面板上的"等距实体"按钮 ,或选择"工具"→"草图工具"→"等距实体"命令,如图 2-20 中②所示。

3)在"等距实体"属性管理器设定等距参数,如图 2-20 中③所示。

- 等距距离 :设定草图实体等距数值。可动态预览,按住鼠标左键并在图形区域中拖动鼠标。释放鼠标左键时,等距实体完成。
- 添加尺寸:在草图中显示等距距离尺寸。
- 反向:更改单向等距的方向。
- 选择链:生成所有连续草图实体的等距。
- 双向:双向生成等距实体。
- 顶端加盖:通过选择双向并添加一顶盖来延伸原有非相交草图实体。可将圆弧或直线生成为延伸顶盖类型。

4)单击"确定"按钮 ,完成等距操作,如图 2-20 中④⑤所示。

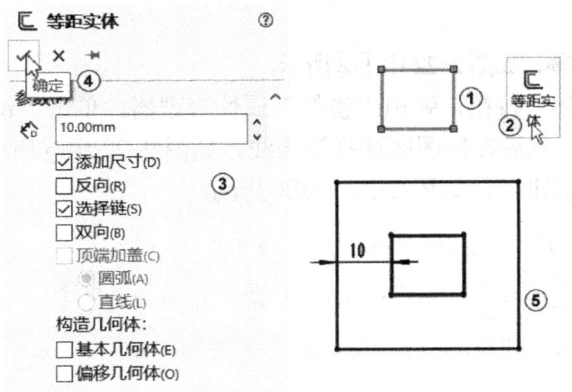

图 2-20　等距实体

2.3.2　镜像[○]草图实体

镜像的功能包括：镜像出新的草图实体将原有实体删除；当选择"复制"选项时，镜像后保留原有的实体；镜像部分或所有草图实体；沿任何类型的直线来镜像；沿工程图、零件、装配体边线镜像。

生成镜像实体时，会在每一对相应的草图点之间产生对称关系，如果更改被镜像的实体，则其镜像实体也会随着更改。镜像在 3D 草图中不可使用。

1. 绘制中心线

1）单击"撤销"按钮 或者按组合键〈Ctrl+Z〉，取消等距的实体，恢复一个矩形的状态，如图 2-21 中①所示。

2）单击"草图"面板上"直线"按钮旁的级联按钮 ，再单击"中心线"按钮 ，如图 2-21 中②③所示。用绘制直线的方法绘制出一条垂直的中心线，如图 2-21 中④⑤所示。双击鼠标，单击"确定"按钮 ，如图 2-21 中⑥所示。

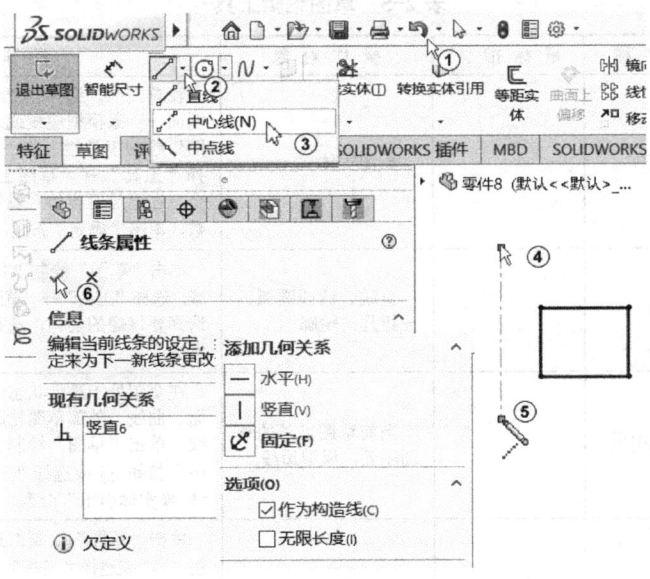

图 2-21　绘制中心线

[○] 软件中的"镜向"应为"镜像"。

2. 建立镜像

1）选择矩形草图实体，如图 2-22 中①②所示。

2）单击"镜像实体"按钮，弹出"镜像"属性管理器。单击"镜像轴："下的列表框，如图 2-22 中③④所示，然后在绘图区选择镜像线，如图 2-22 中⑤所示。

3）单击"确定"按钮 ✓，如图 2-22 中⑥⑦所示。

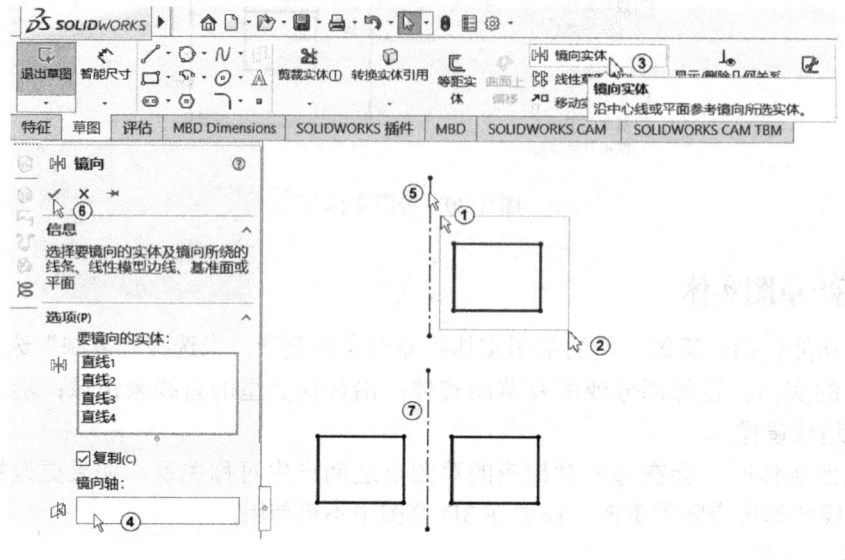

图 2-22 镜像草图

2.3.3 常用草图编辑工具

常用的草图编辑工具的功能见表 2-5。

表 2-5 草图编辑工具

图 标	工具名称	鼠标指针	操作对象	操作方法
⌐	等距实体		草图实体	在草图中，选择一个或多个草图实体、一个模型面、一条模型边线或外部草图曲线，单击"草图"绘制工具栏上的"等距实体"按钮 ⌐ 或选择"工具"→"草图工具"→"等距实体"命令。在"等距实体"属性管理器中，设置各项参数，单击"确定"按钮 ✓ 或在图形区域中单击
ⵙ	镜像		直线、圆或圆弧、一组几何轮廓	单击"草图"绘制工具栏上的"镜像"按钮 ⵙ 或，选择"工具"→"草图工具"→"镜像"命令，选择要镜像的实体，选择镜像线，单击"确定"按钮 ✓
⌂	转换实体引用		当前草图以外的草图图元，模型边线	在草图处于激活状态时，单击模型边线、环、面、曲线、外部草图轮廓线、一组边线或一组曲线。单击"草图"绘制工具栏上的"转换实体引用"按钮 ⌂ 或选择"工具"→"草图工具"→"转换实体引用"命令
⌐	分割实体		草图实体	单击"草图"绘制工具栏上的"分割实体"按钮 ⌐，或选择"工具"→"草图工具"→"分割实体"命令，或右击草图实体，在弹出的快捷菜单中选择"分割实体"，单击草图实体上的分割位置即可。单击分割点，然后按〈Delete〉键，可将两个被分割的草图实体合并成一个实体

(续)

图标	工具名称	鼠标指针	操作对象	操作方法
 T	延伸实体		草图实体	单击"草图"绘制工具栏上的"延伸实体"按钮 T 或选择"工具"→"草图工具"→"延伸"命令,将指针移到要延伸的草图实体上(如直线、圆弧或中心线),单击草图实体即可
	剪裁实体		草图实体	单击"草图"绘制工具栏上的"剪裁实体"按钮 或选择"工具"→"草图工具"→"剪裁"命令。选择剪裁方式,在草图上移动指针,直到要剪裁(删除)的草图线段以红色高亮显示,然后单击
	构造几何线		草图实体	单击"草图"绘制工具栏上的"构造几何线"按钮,选择一个或多个草图实体,在图形区域中单击
	绘制圆角		两个相交的草图实体	选择要做圆角的两个草图实体或两个草图实体的交点,单击"草图"绘制工具栏上的"圆角"按钮 或选择"工具"→"草图工具"→"圆角"命令。在属性管理器中,设置草图圆角参数,单击"确定"按钮
	绘制倒角		两个相交的草图实体	选择要做倒角的两个草图实体,单击"草图"绘制工具栏上的"倒角"按钮 或选择"工具"→"草图工具"→"倒角"命令。在属性管理区中,设置草图倒角参数,单击"确定"按钮
	圆周阵列		草图实体	选择草图实体,然后单击"草图"绘制工具栏上的"圆周阵列"按钮 或选择"工具"→"草图工具"→"圆周阵列"命令。设置半径、角度、中心、数量、间距、总角度值,单击"确定"按钮 完成草图圆周阵列
	线性阵列		草图实体	选择草图实体,然后单击"草图"绘制工具栏上的"线性阵列"按钮 或选择"工具"→"草图工具"→"线性阵列"命令。设置实例总数(包括原始草图在内)、间距、角度值,单击"确定"按钮 完成草图实体的线性阵列
	交叉曲线		模型的平面或曲面	选择交叉项目,单击"草图"绘制工具栏上的"交叉曲线"按钮 或选择"工具"→"草图工具"→"交叉曲线"命令,在图形区域中单击
	套合样条曲线		草图实体	单击"草图"绘制工具栏上的"套合样条曲线"按钮 或在激活的草图中选择"工具"→"样条曲线工具"→"套合样条曲线"命令,选择要套合到样条曲线的连续草图实体。设置参数,为公差设置数值,单击"确定"按钮
	制作路径		两圆弧和直线相连的草图实体	单击"草图"绘制工具栏上的"制作路径"按钮 或在激活的草图中选择"工具"→"草图工具"→"制作路径"命令,选择要制作路径的圆弧和直线组成的链,单击"确定"按钮

2.4 草图的尺寸标注

绘制好的草图轮廓需要进行几何形状和位置尺寸的标注。通常使用的尺寸标注命令是"智能尺寸",它可以根据所标注的尺寸类型来自动调整其标注的方式。可以用以下方法之一来调出"智能尺寸"命令。

1）单击"草图"面板中的"智能尺寸"按钮，如图2-23中①所示。

2）右击图形区域，然后从弹出的快捷菜单中选择"智能尺寸"命令，如图2-23中②所示。

3）选择"工具"→"尺寸"→"智能尺寸"命令，如图2-23中③~⑤所示。

图2-23 调出"智能尺寸"命令

尺寸标注工具的功能见表2-6。

表2-6 尺寸标注工具的功能

名　　称	按　　钮	功　　能
智能尺寸		可标注大部分尺寸的智能工具
水平尺寸		标注水平方向的距离
竖直尺寸		标注竖直方向的距离
路径长度尺寸		可帮助约束带和链装配体或滑轮系统
尺寸链		采用同一基准标注尺寸的方法
水平尺寸链		在水平方向采用同一基准标注尺寸
竖直尺寸链		在竖直方向采用同一基准标注尺寸
完全定义草图		对选择的草图实体自动加上几何形状和位置约束
添加几何关系		添加草图实体之间的几何约束关系
显示/删除几何关系		查看草图实体的几何约束关系

2.4.1 基本尺寸标注方法

单击"智能尺寸"按钮后，鼠标指针变为，选择要标注的对象，然后拖动鼠标至放置尺寸的位置单击。常用尺寸标注方法见表2-7。

表2-7 常用尺寸标注方法

尺寸类型	标注示例	说　　明
直线长度		选择直线，拖动鼠标至放置尺寸的位置单击

(续)

尺寸类型	标注示例	说　明
直线高度	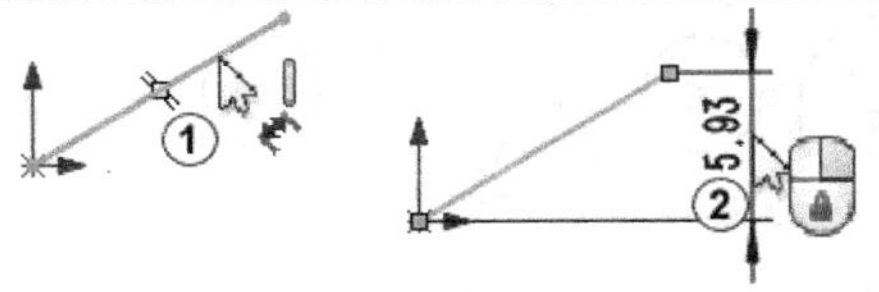	选择直线，移动鼠标指针向水平方向拖动至尺寸放置位置单击
直线宽度	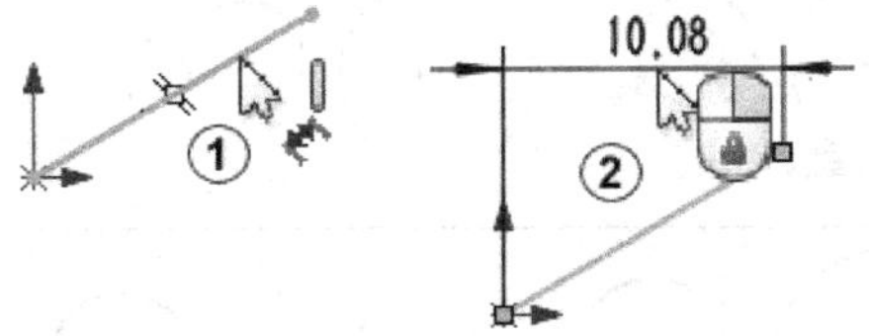	选择直线，移动鼠标指针向竖直方向拖动至尺寸放置位置单击
圆直径	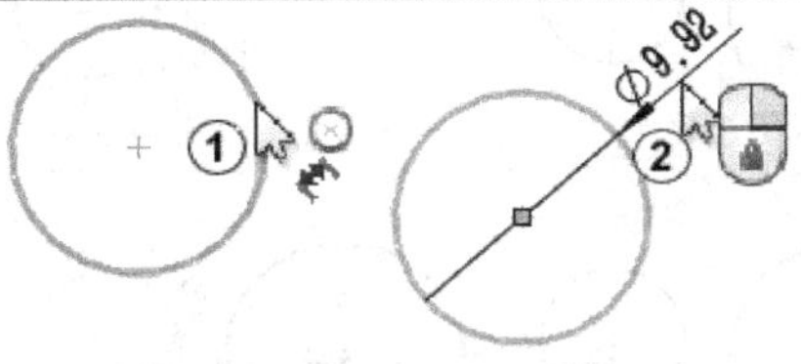	选择圆，移动鼠标指针至尺寸放置位置单击
圆弧半径	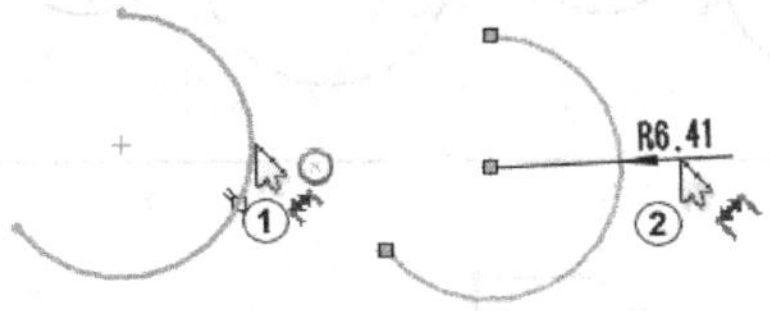	选择圆弧，移动鼠标指针至尺寸放置位置单击
角度	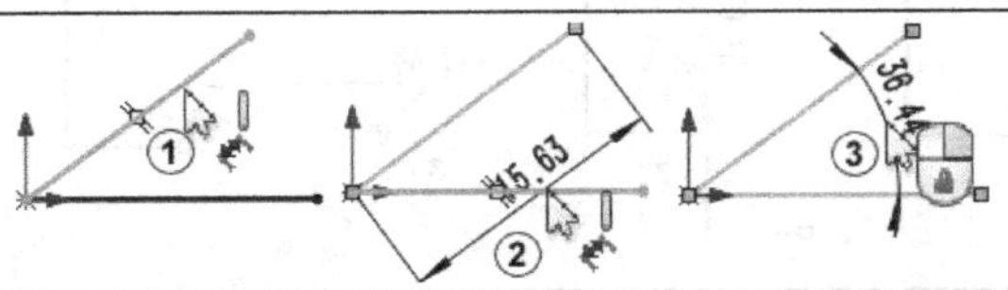	分别选择两条直线，移动鼠标指针至尺寸放置位置单击
平行线距离	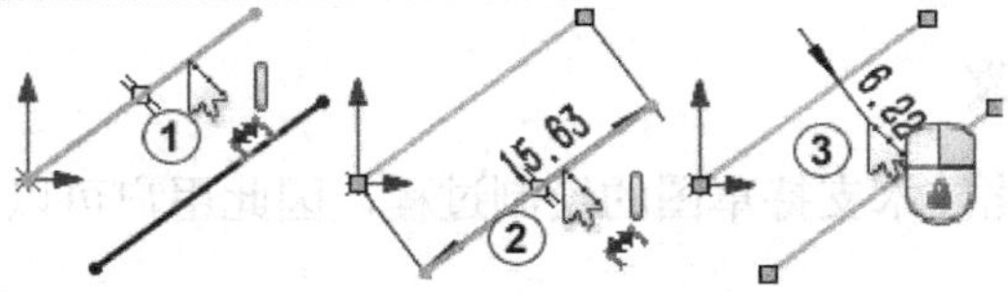	分别选择两条直线，移动鼠标指针至尺寸放置位置单击
点到线的距离	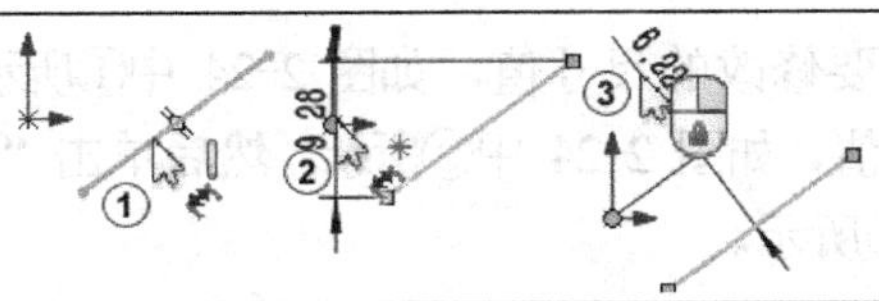	分别选择直线和点，移动鼠标指针至尺寸放置位置单击
圆弧长度	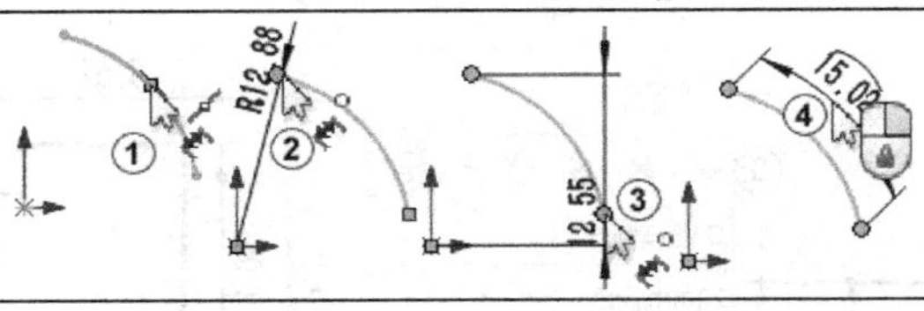	选择圆弧，再分别选择圆弧的两个端点，移动鼠标指针至尺寸放置位置单击
两圆之间的圆心距离	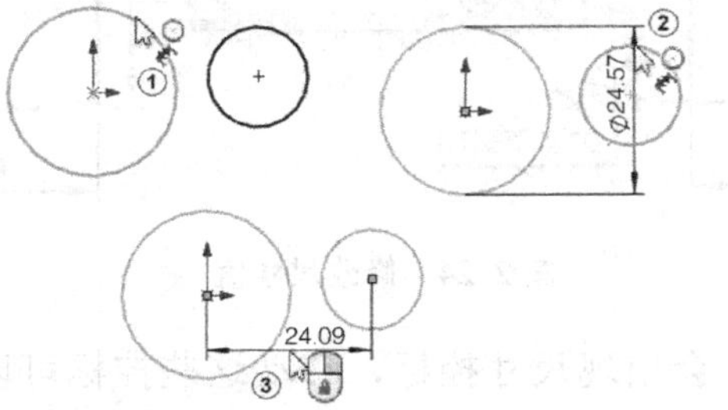	分别选择两个圆，移动鼠标指针至尺寸放置位置单击

37

(续)

尺寸类型	标注示例	说 明
两圆之间的最大距离		在标注出两个圆心尺寸的基础上，单击尺寸，尺寸和尺寸线变成蓝色，移动鼠标指针至尺寸线端部，当鼠标指针变成箭头和水平尺寸符号时，单击并向外拖动尺寸线至圆边线上，用同样的方法操作第二条尺寸线
两圆之间的最小距离		在标注出两个圆心尺寸的基础上，单击尺寸，尺寸和尺寸线变成蓝色，移动鼠标指针至尺寸线端部，当鼠标指针变成箭头和水平尺寸符号时，单击并向内拖动尺寸线至圆边线上，用同样的方法操作第二条尺寸线
对称尺寸		选择中心线和直线，移动鼠标指针至中心线和直线外侧并单击

2.4.2 草图尺寸编辑修改

SolidWorks 采用变量化技术支持草图的绘制过程，因此用户可以随时对草图进行编辑修改，修改的方法如下。

在编辑草图环境中，双击要修改的尺寸值，如图 2-24 中①所示。系统弹出尺寸"修改"对话框，在对话框中输入修改值，如图 2-24 中②所示。然后单击"确定"按钮 ✓ 完成对尺寸的修改，结果如图 2-24 中③④所示。

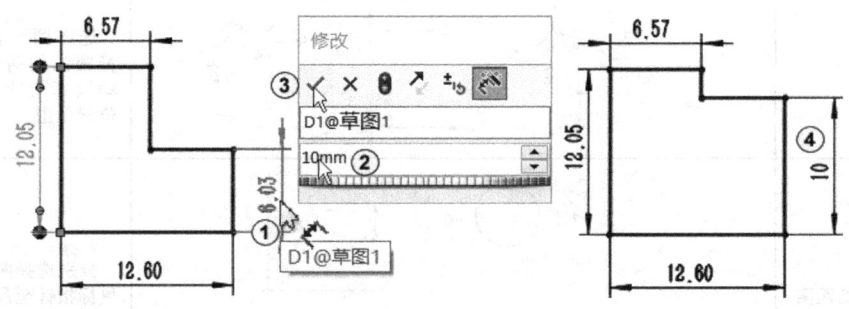

图 2-24　修改尺寸值

选择标注好的尺寸值，会出现尺寸控标，移动这些控标可以改变尺寸标注的结果，如图 2-25、图 2-26 所示。

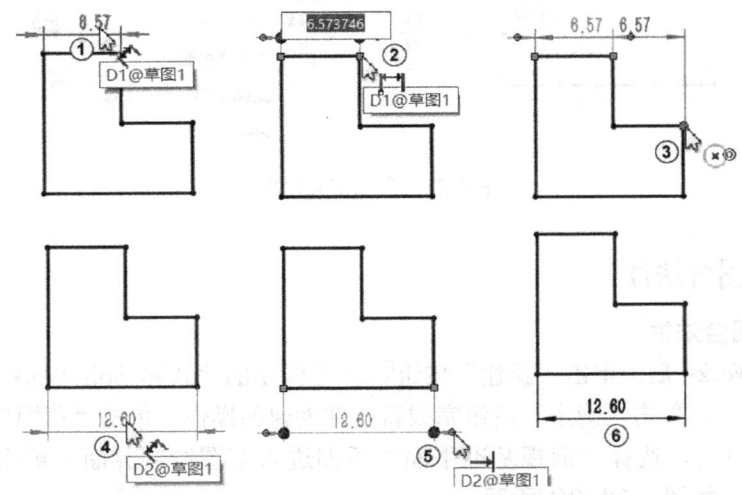

图 2-25　改变箭头方向和标注位置

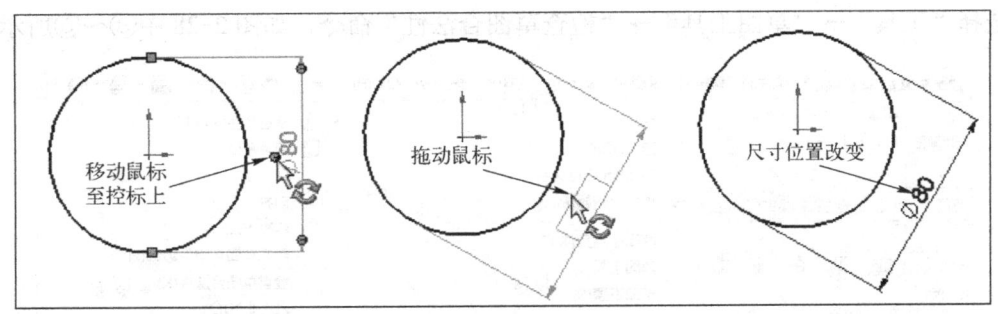

图 2-26　改变尺寸位置

2.5　草图的合法性检查与修复

在草图生成特征的过程中经常会出现错误信息提示，这主要是因为草图轮廓没有闭合，或者存在重叠，或者存在开环轮廓。为解决这个问题，SolidWorks 提供了特征检查功能。

2.5.1　自动修复草图

对于草图线条重叠的问题，SolidWorks 提供了"修复草图"命令加以解决。该命令位于"草图"面板中。"修复草图"命令 可将重叠的线条加以合并，可将共线相连的多段线条合并成一段线条。此外，"修复草图"命令还能弥补草图线条之间小于 0.00001mm 的缝隙，消除零长度线条等。

自动修复草图的操作方法如下。

1）在草图环境中，绘制两条重叠的水平线，选择其中的一条，如图 2-27 中①所示。

2）单击"草图"面板中的"修复草图"按钮 ，或选择"工具"→"草图工具"→"修复草图"命令，草图中重叠部分将自动修复，如图 2-27 中②③所示。

3）单击"修复草图"对话框右上角的"关闭"按钮 ，如图 2-27 中④所示。

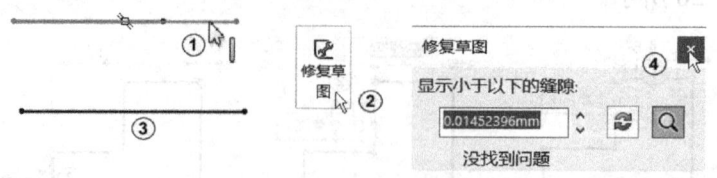

图 2-27 自动修复草图

2.5.2 检查草图合法性

1. 检查草图合法性

启动 SolidWorks 后,单击"新建"按钮,在弹出的"新建 SolidWorks 文件"对话框中选择"零件",单击"确定"按钮完成新文件创建的操作。单击"草图"面板,再单击"草图绘制"按钮,选择"前视基准平面"后即进入草图绘制界面。单击"直线"按钮,绘制出草图,如图 2-28 中①所示。

单击窗口左上角的按钮 SOLIDWORKS,如图 2-28 中②所示。在软件界面最上方显示出菜单栏,选择"工具"→"草图工具"→"检查草图合法性"命令,如图 2-28 中③~⑤所示。

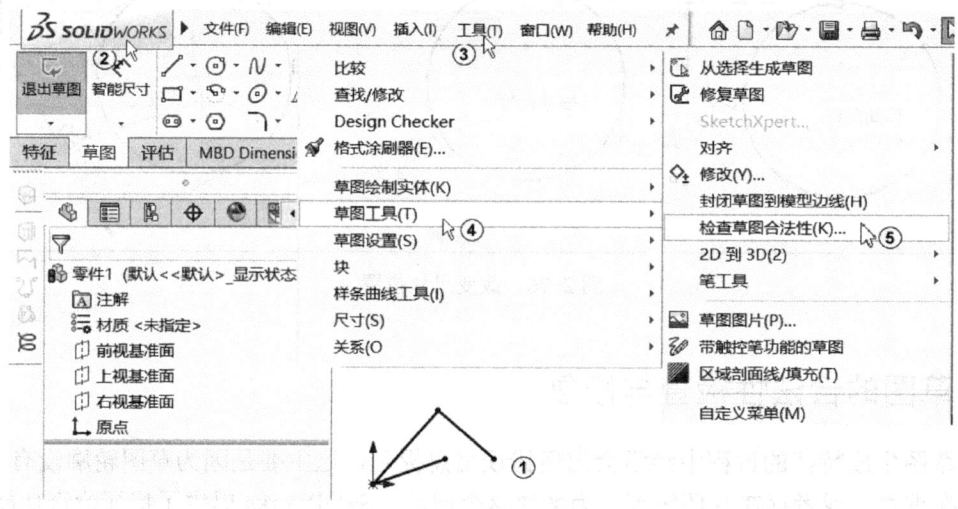

图 2-28 检查草图合法性菜单

系统弹出"检查有关特征草图合法性"对话框,单击"特征用法"下拉列表框的级联按钮,在列表中选择一种特征用法,这里选择"基体拉伸",如图 2-29 中①②所示。单击"检查"按钮,系统弹出检查结果对话框。检查结果显示"此草图含有一个开环轮廓线",单击"确定"按钮,如图 2-29 中③④所示。系统弹出"修复草图"对话框,单击对话框右上角的"关闭"按钮,在开环处系统以另一种颜色显示出来,如图 2-29 中⑤⑥所示。

2. 延伸草图实体

延伸实体功能可增加直线、中心线、圆弧的长度;可将草图实体延伸到与另一个草图实体相交。

1)单击"草图"面板中的"延伸实体"按钮,或选择"工具"→"草图工具"→"延伸实体"命令,如图 2-30 中①②所示。

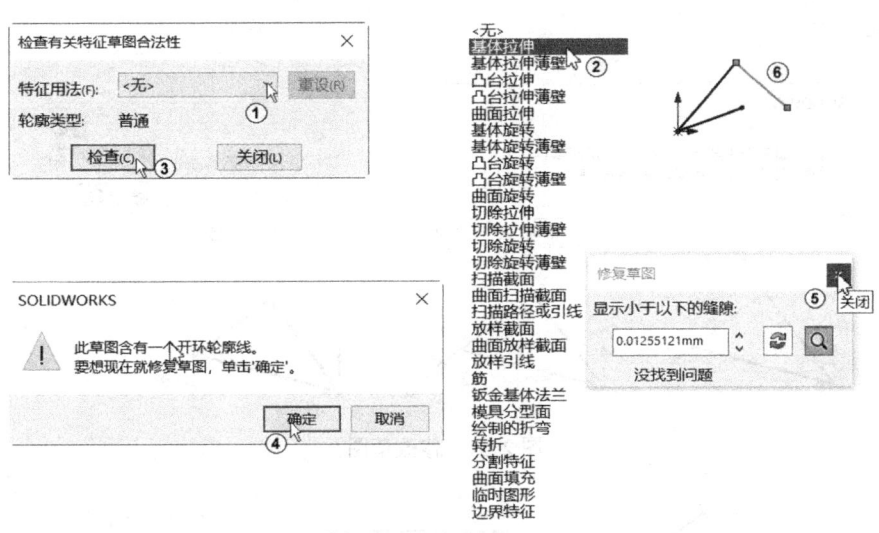

图 2-29 检查草图合法性

2）将鼠标指针移动到要延伸的草图实体上，所选实体以红色显示，可以预览到延伸实体的方向也以红色显示。如果预览到延伸方向错误，将鼠标指针移到直线或圆弧的另一半上，如图 2-30 中③所示。

3）单击草图实体完成延伸，如图 2-30 中④所示。单击"选择"按钮 退出延伸实体操作，如图 2-30 中⑤所示。

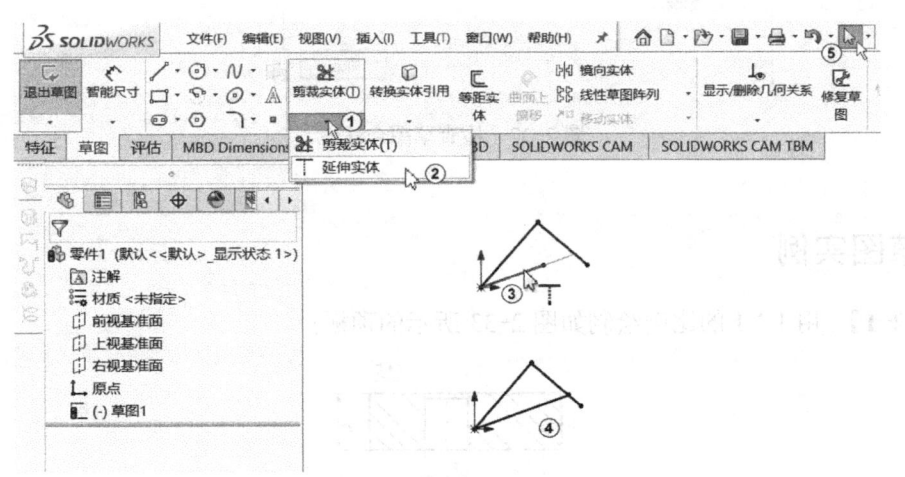

图 2-30 延伸实体

3. 修改草图

对"基体拉伸"特征再次进行草图合法性检查，系统弹出检查结果对话框，单击"确定"按钮，单击"修复草图"对话框右上角的"关闭"按钮 ，如图 2-31 中①②所示。系统以另一种颜色显示出有问题的直线，如图 2-31 中③所示。选择有问题的直线的端点，按住鼠标左键不放，将该点拖到另一点，如图 2-31 中④⑤所示。

4. 再次检查草图合法性

再次选择"基体拉伸"特征，单击"检查有关特征草图合法性"对话框中的"检查"按钮，系统弹出检查结果对话框，单击"确定"按钮，单击"关闭"按钮，如图 2-32 中

①～③所示。

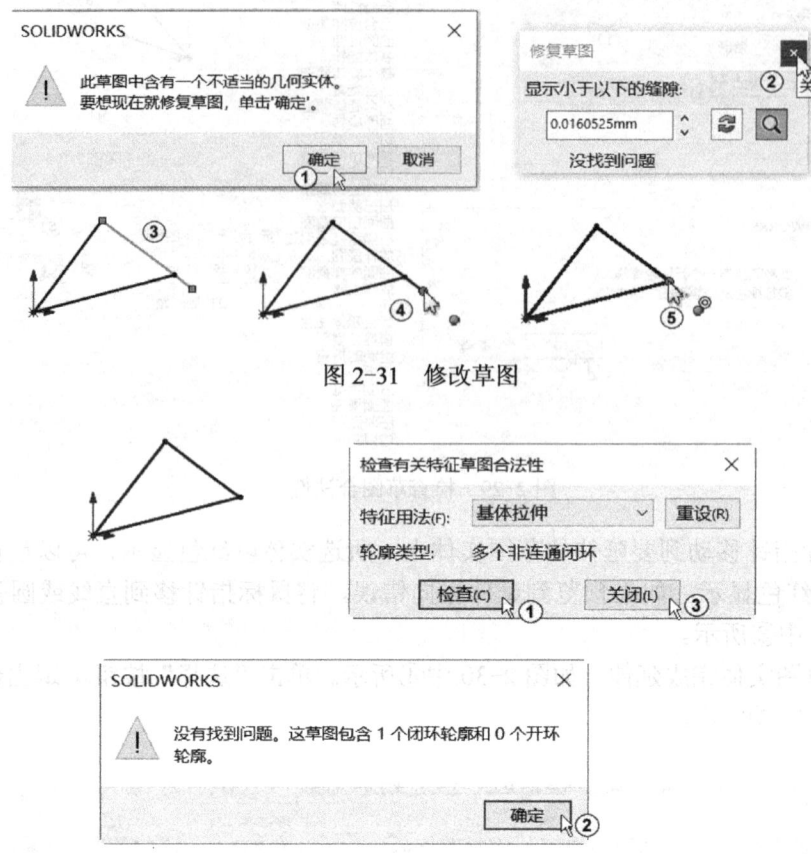

图 2-31　修改草图

图 2-32　检查草图合法性

2.6　草图实例

【例 2-1】　用 1∶1 的比例绘制如图 2-33 所示的顶板。

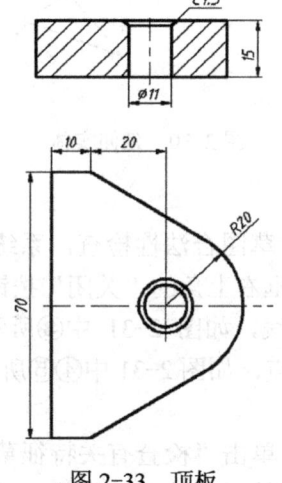

图 2-33　顶板

分析：在绘制一些较复杂的草图时，常绘制一条或多条参照线，以便更好、更快地调整草图。

1）单击"新建"按钮，在"新建 SolidWorks 文件"对话框中选择"零件"，单击"确定"按钮。

2）从特征管理器中单击"前视基准面"，单击"正视于"按钮，单击"草图"，切换到"草图"面板。单击"圆"按钮⊙和"中心线"按钮，绘制出圆心在原点的一个圆和两中心线，单击"边角矩形"按钮□ 绘制出一个矩形，单击"智能尺寸"按钮，对草图尺寸进行标注，如图 2-34 ①～⑨所示。

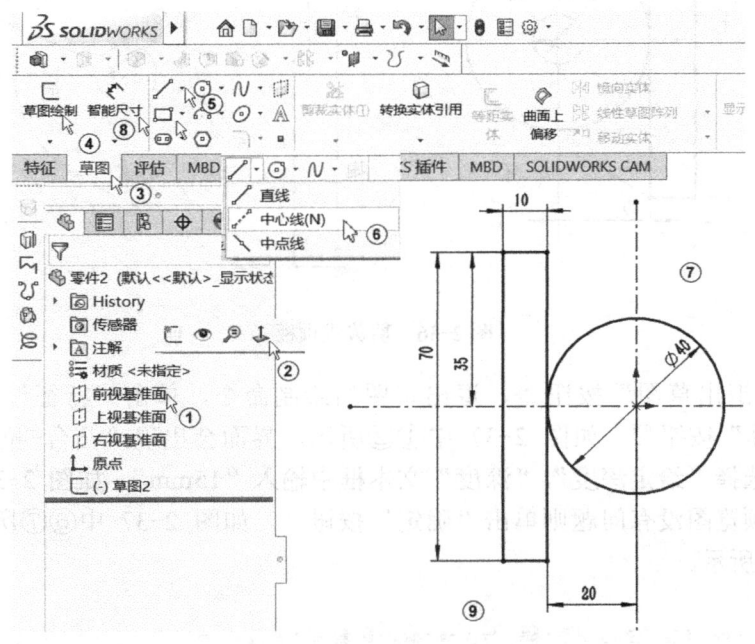

图 2-34　绘制圆和矩形

3）单击草图中的"直线"按钮，在绘图区绘制一条一个端点和矩形重合的斜线。单击"添加几何关系"按钮，选择直线和圆，再选择"相切"约束，如图 2-35 中①②③所示。最终结果如图 2-35 中④所示。

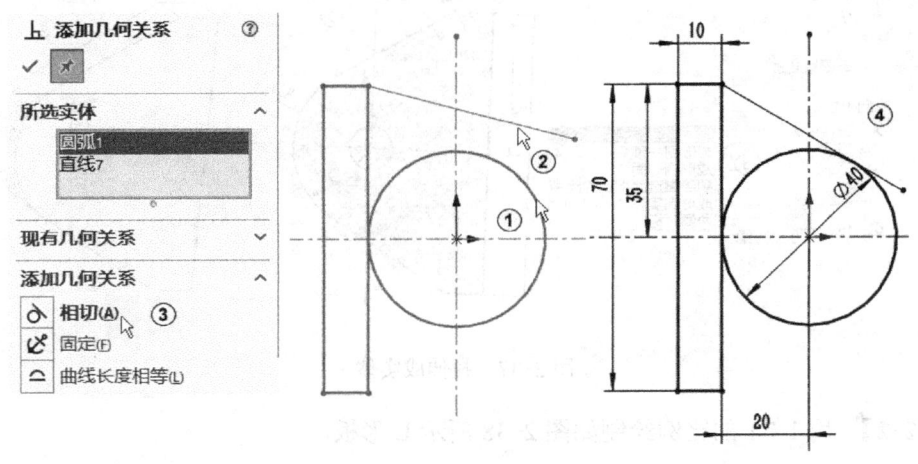

图 2-35　相切约束

4）单击"剪裁实体"按钮" ",对多余的线段进行剪裁。以同样的方法处理另一条直线，然后绘制出小圆，如图 2-36 中①所示。对草图进行剪裁，形成最终草图，结果如图 2-36 中②所示。

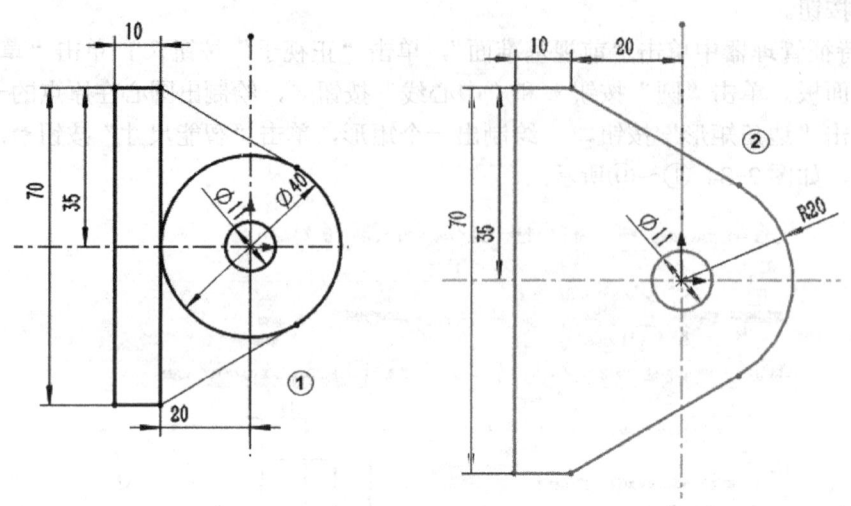

图 2-36 剪裁成顶板

5）单击"退出草图"按钮 ，退出草图的绘制命令，单击"特征"面板，再单击"拉伸凸台/基体"按钮 ，如图 2-37 中①②所示。界面会出现"凸台-拉伸"属性管理器，终止条件选择"给定深度"，"深度"文本框中输入"15mm"，如图 2-37 中③④⑤所示，拉伸结束预览图没有问题则单击"确定"按钮 ，如图 2-37 中⑥⑦所示，拉伸结果如图 2-37 中⑧所示。

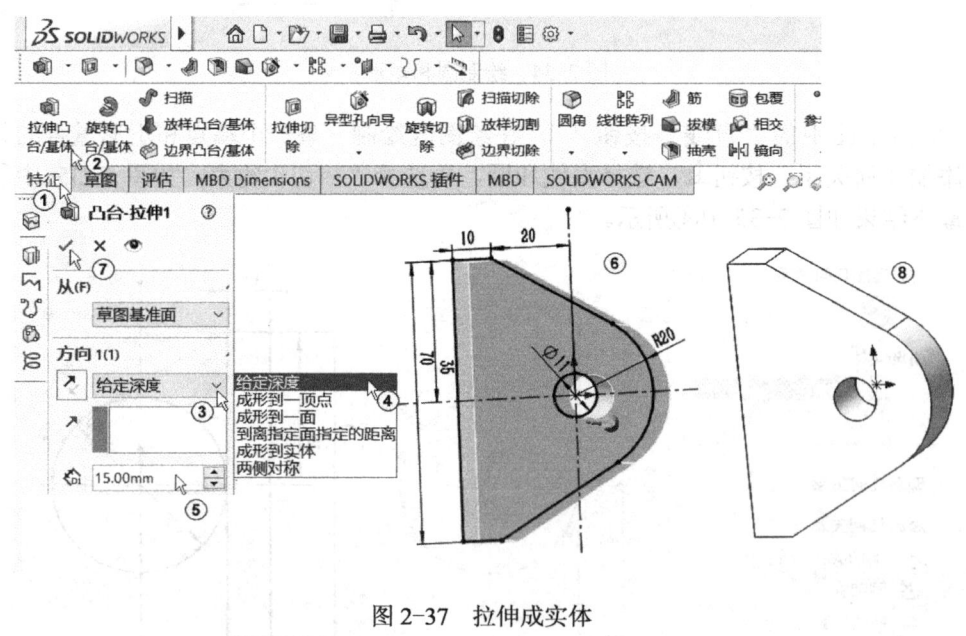

图 2-37 拉伸成实体

【例 2-2】 用 1∶1 的比例绘制如图 2-38 所示 L 形板。

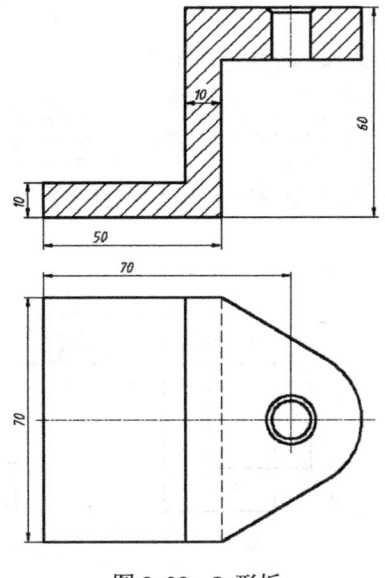

图 2-38　L 形板

分析：图样上的 L 形板在原有顶板的基础之上绘制。

1）打开"顶板"文件，单击"上视基准面"，再单击"正视于"按钮 ，然后单击"草图绘制"按钮 ，进入草图绘制界面，如图 2-39 中①~④所示。

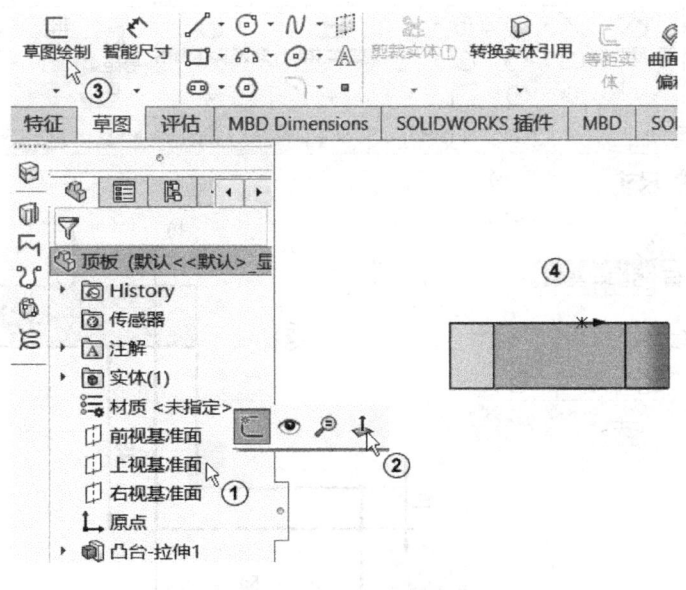

图 2-39　正视图

2）单击"边角矩形"按钮 ，绘制出两个相交的矩形，如图 2-40 中①~⑤所示。单击"剪裁实体"按钮 ，系统弹出"剪裁"属性管理器，在"选项"列表中选择"剪裁到最近端"，如图 2-40 中⑦⑧所示。对多余的草图线段进行剪切，剪裁结束单击"确定"按钮 ，如图 2-40 中⑨所示。

3）单击"草图"面板中的"智能尺寸"按钮 ，标注出尺寸，标注完成，单击"确定"按钮 ，如图 2-41 中①②③所示。

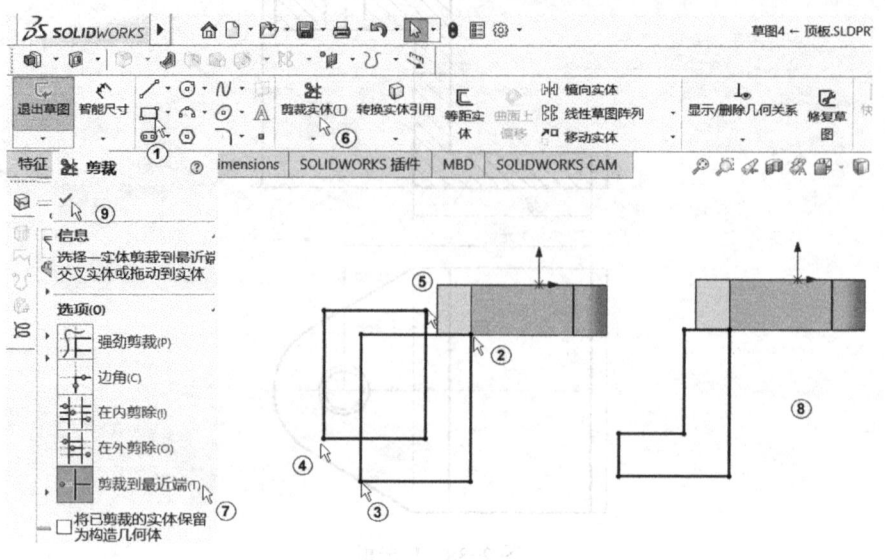

图 2-40 剪裁草图

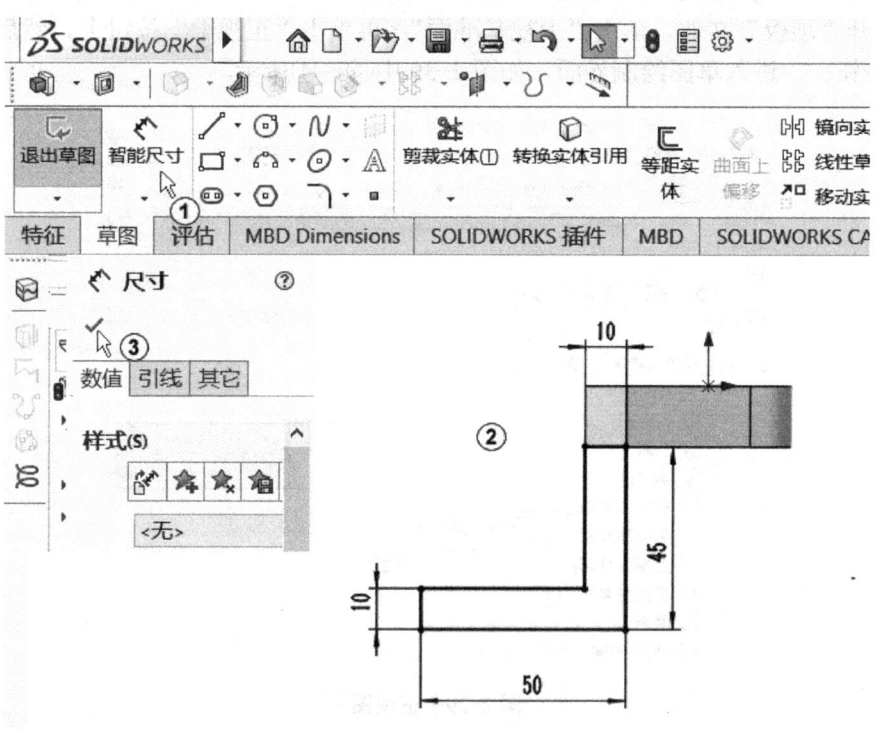

图 2-41 尺寸标注

4）单击"退出草图"按钮，退出草图的绘制命令，单击"特征"面板，选择"拉伸凸台/基体"按钮，如图 2-42 中①②所示。界面会出现"凸台-拉伸"属性管理器，终止条件选择"两侧对称"，在"深度"文本框中输入"70"，如图 2-42 中③④⑤所示，拉伸结束预览图没有问题就单击"确定"按钮，如图 2-42 中⑥⑦所示，拉伸结果如图 2-42 中⑧所示。单击"保存"按钮，在弹出的对话框中将"文件名"命名为"L 形板"。

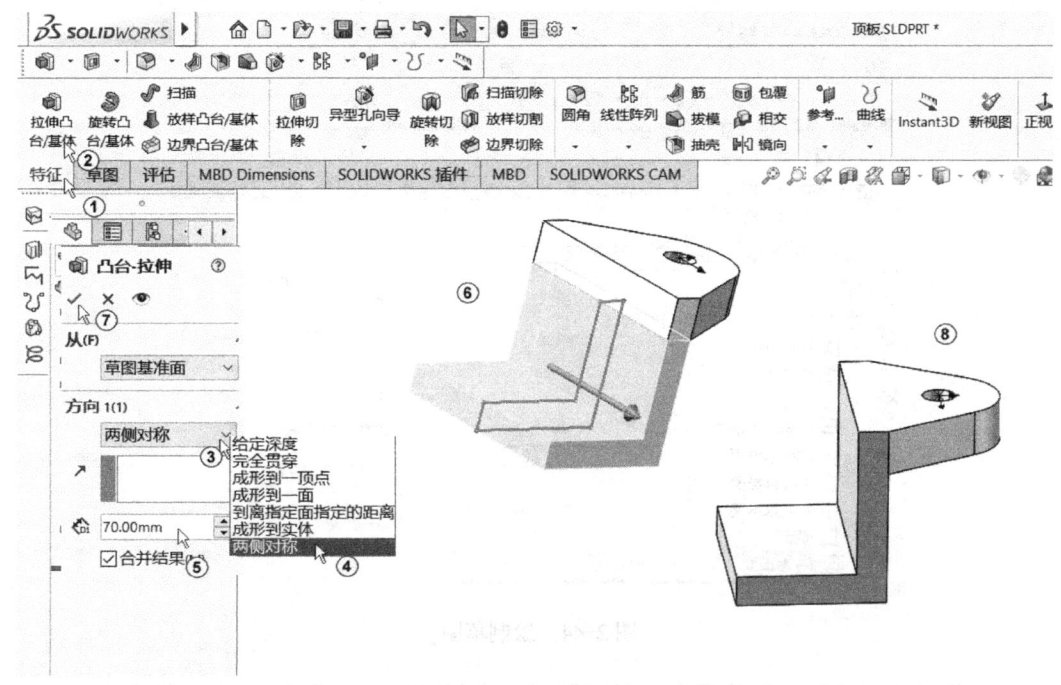

图 2-42 拉伸

【例 2-3】 用 1∶1 的比例绘制如图 2-43 所示的衬套。

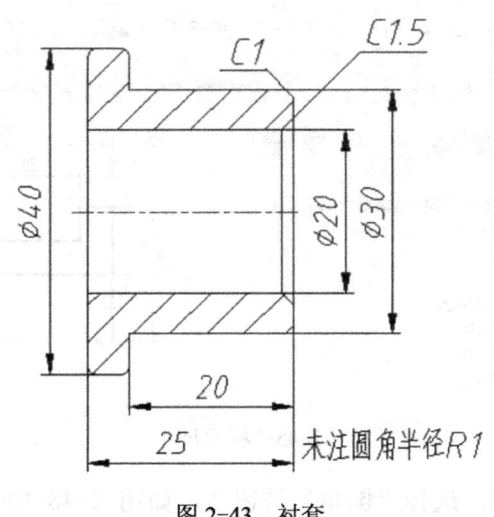

图 2-43 衬套

分析：绘制此类衬套零件草图需要一个中心旋转轴，作为之后绘制草图的依据和标准。

1）单击"新建"按钮，在"新建 SolidWorks 文件"对话框中选择"零件"，单击"确定"按钮。

2）从特征管理器中单击"前视基准面"，再单击"正视于"按钮，然后单击"草图"，切换到"草图"面板，单击"草图绘制"按钮。单击"中心线"按钮，绘制出一条过原点的水平参考线，如图 2-44 中①~⑤所示。然后单击"直线"按钮，最后的图形结果如图 2-44 中⑥所示。

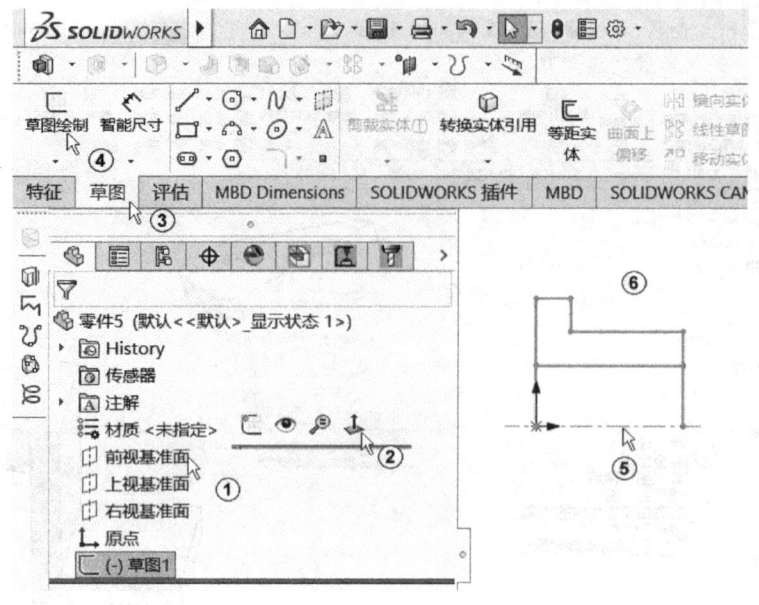

图 2-44 绘制草图

3）单击"智能尺寸"按钮，对草图尺寸进行标注，如图 2-45 中①②所示。

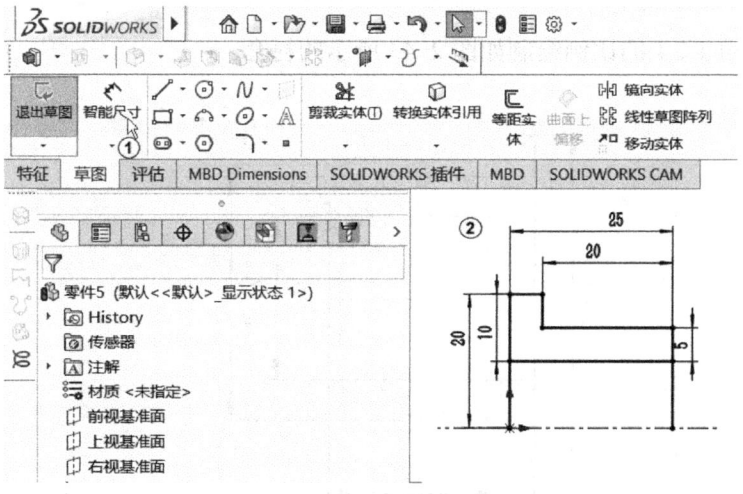

图 2-45 标注尺寸

4）单击"草图"面板，选择"倒角"按钮，如图 2-46 中①②所示。在系统弹出的"绘制倒角"属性管理器中选择"距离-距离"，再选中"相等距离"复选框，在"距离"文本框中输入"1"，如图 2-46 中③④⑤所示。选择需要倒角的顶点或者选择需要倒角的相邻两条直线，如图 2-46 中⑥所示。单击"裁剪实体"按钮，把多余的线条进行剪裁，最终的结果如图 2-46 中⑦所示。

5）单击"退出草图"按钮，选择"特征"，单击"旋转凸台/基体"按钮，如图 2-47 中①所示。系统弹出"旋转"属性管理器，"旋转轴"选择中心线，在"角度"文本框中输入"360 度"，"所选轮廓"选择"草图 1"，如图 2-47 中②~⑤所示，预览的效果图如图 2-47 中⑥所示，预览没有问题就单击"确定"按钮，如图 2-47 中⑦⑧所示。

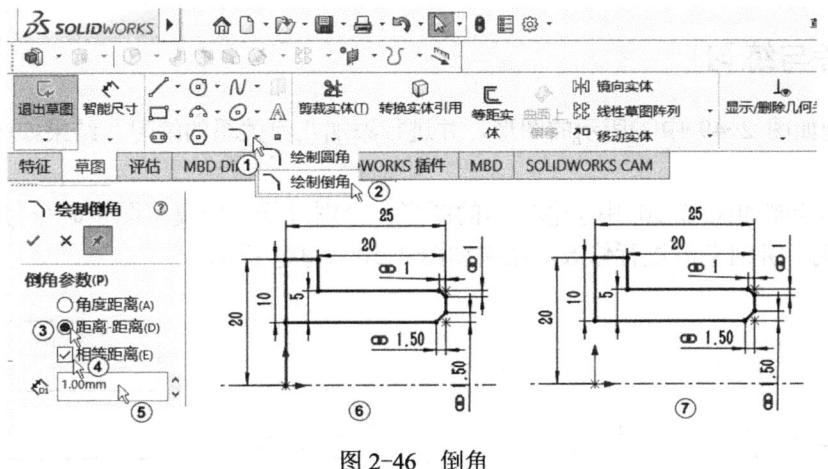

图 2-46 倒角

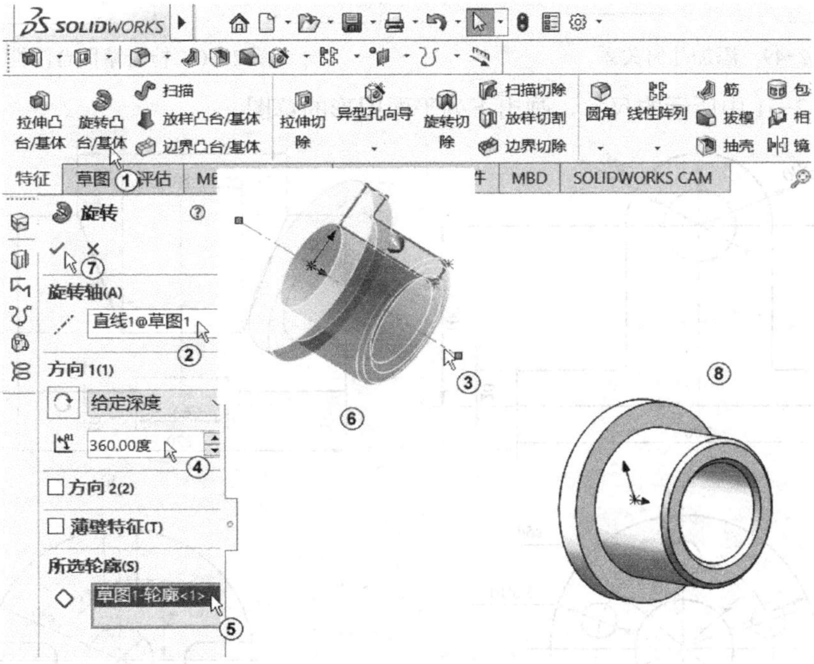

图 2-47 旋转

6）选择特征管理器，单击"圆角"按钮，圆角类型选择"恒定大小圆角"，"圆角参数"选择"对称"，在"半径"文本框中输入"1"，如图 2-48 中①～④所示，单击"要圆化的项目"选择"边线<1>""边线<2>"，单击"确定"按钮，如图 2-48 中⑥⑦⑧所示。单击"保存"按钮，在弹出的对话框中将"文件名"命名为"衬套"。

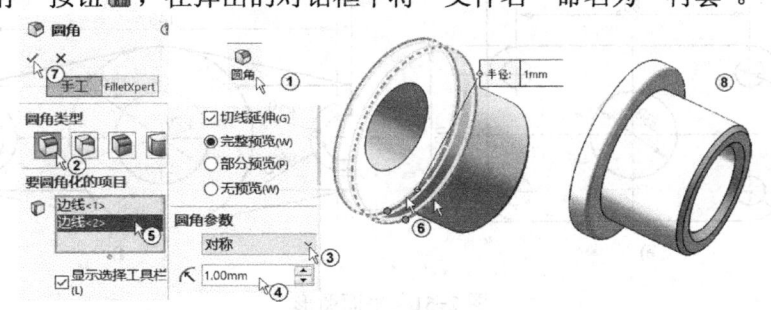

图 2-48 倒圆角

2.7 思考与练习

1. 绘制如图 2-49 中①所示的图形，并进行添加几何关系的练习，结果如图 2-49 中②所示。

2. 分别绘制如图 2-50 中①②所示的图形，分别进行"修复草图"命令和检查草图合法性的练习，并对草图进行修改，结果如图 2-50 中③④所示。

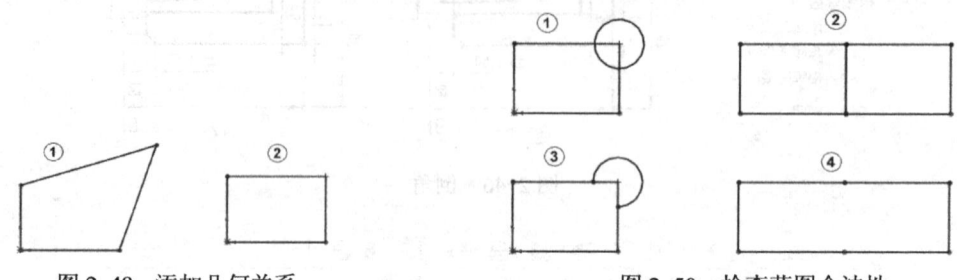

图 2-49　添加几何关系　　　　　　图 2-50　检查草图合法性

3. 按图 2-51 中所示的尺寸，画出下列平面图形的草图。

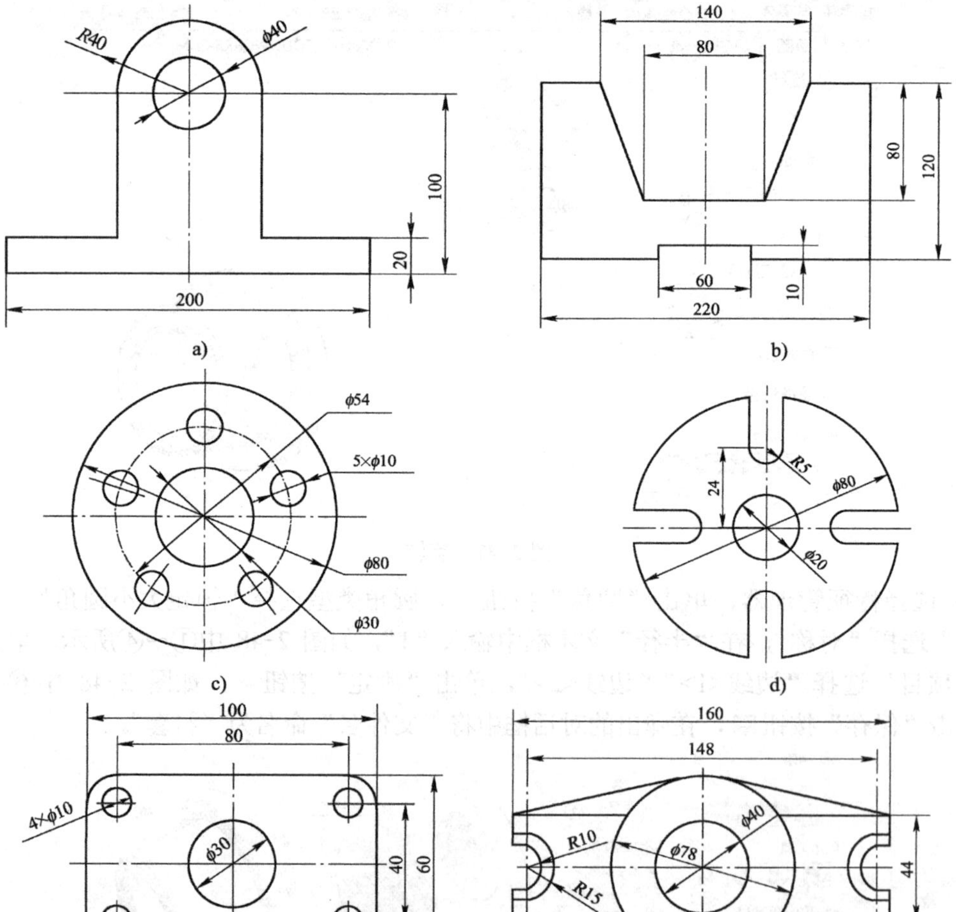

图 2-51　平面图形

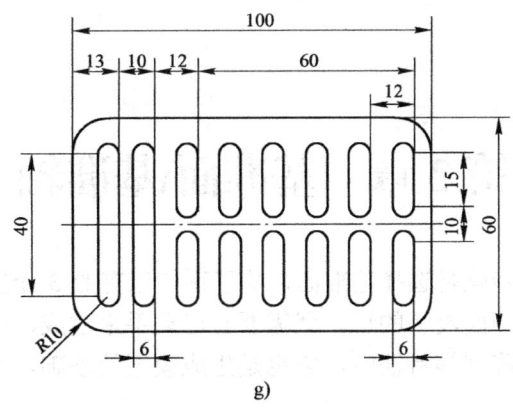

g)

图 2-51 平面图形（续）

4．按图 2-52 中所示的尺寸，画出下列圆弧连接的草图。

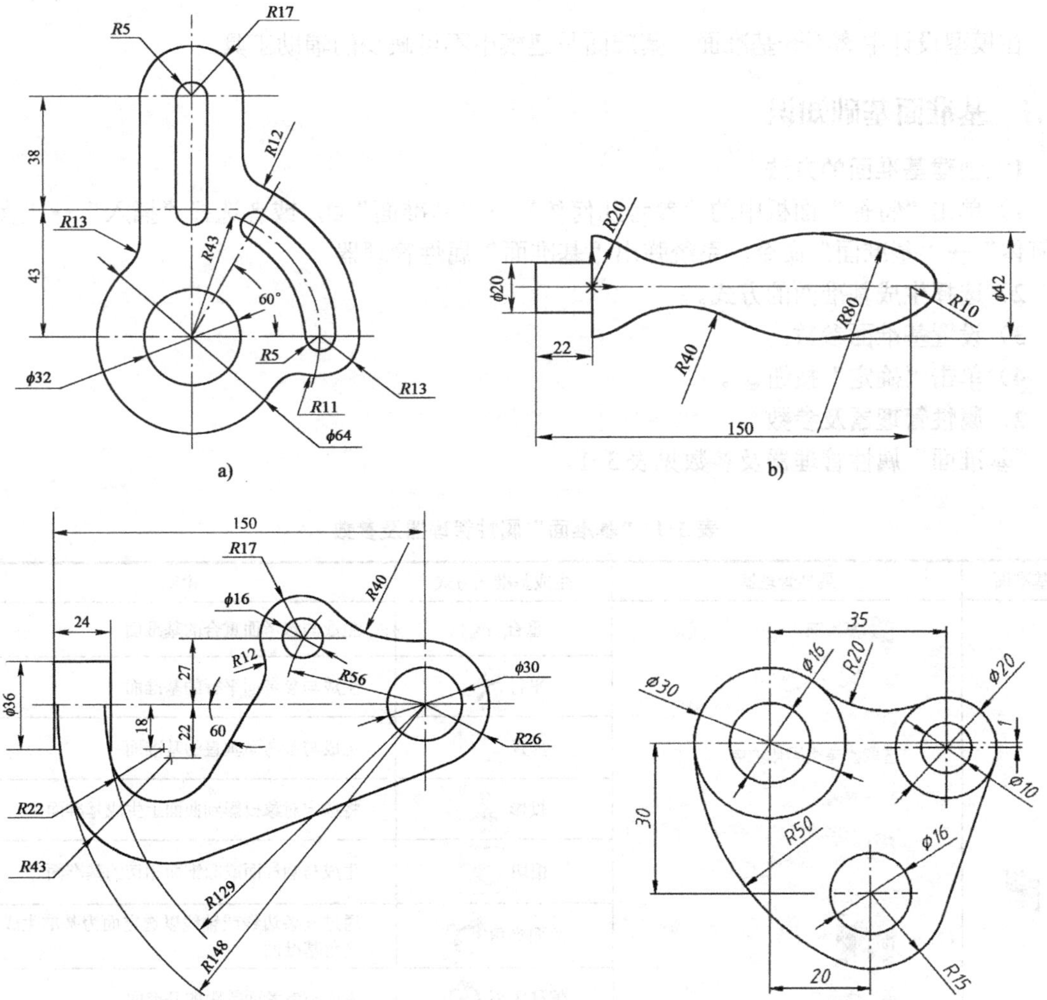

图 2-52 圆弧连接

第3章 基准面\基准轴

通常生成模型的第一步就是选择基准面,除了系统已有的3个默认的基准面外,还可选择模型上的面。如果想要的面没有的话,就需要自己动手来生成,可见基准面是生成模型的基础。基准轴常用于圆周阵列等特征中,它也是生成模型的基础。本章主要讲述如何生成基准面\基准轴。

3.1 基准面

在模型设计中离不开基准面,基准面是建模中不可缺少的辅助工具。

3.1.1 基准面基础知识

1. 创建基准面的方法

1)单击"特征"面板中的"参考几何体"→"基准面"，或者选择"插入"→"参考几何体"→"基准面"命令,系统弹出"基准面"属性管理器。
2)选择生成基准面的方式。
3)设置基准面参数。
4)单击"确定"按钮。

2. 属性管理器及参数

"基准面"属性管理器及参数见表3-1。

表3-1 "基准面"属性管理器及参数

基准面	属性管理器	生成基准面方式	说明
	基准面	重合	生成与参考面重合的基准面
	信息 选取参考引用和约束	平行	生成与参考面平行的基准面
	第一参考	垂直	生成与参考面垂直的基准面
		投影	将选定对象投影到曲面上生成基准面
	第二参考	相切	生成与圆柱面或圆锥面相切的基准面
		两面夹角	通过一条边线或轴线以选定面为基准生成一个夹角基准面
	第三参考	偏移距离	生成与参考面等距的基准面
	选项 反转法线	两侧对称	在参考面两侧生成对称基准面

3.1.2 创建基准面实例

1）选择"文件"→"新建"命令 ，在弹出的"新建 SolidWorks 文件"对话框中选择"零件" ，单击"确定"按钮。

2）从特征管理器中选择"前视基准面"→"正视于"按钮 ，单击"草图"切换到"草图"绘制面板，单击"边角矩形"按钮 ，在绘图区绘制一个矩形，如图 3-1 中①所示。

3）单击"特征"，切换到"特征"面板，单击"拉伸凸台/基体"按钮 ，系统弹出"凸台-拉伸"属性管理器，在"方向 1"下的"终止条件"下拉列表框中选择"两侧对称"，在"深度" 文本框中输入"30"，如图 3-1 中②③所示。其他采用默认设置，单击"确定"按钮 ，如图 3-1 中④⑤所示。

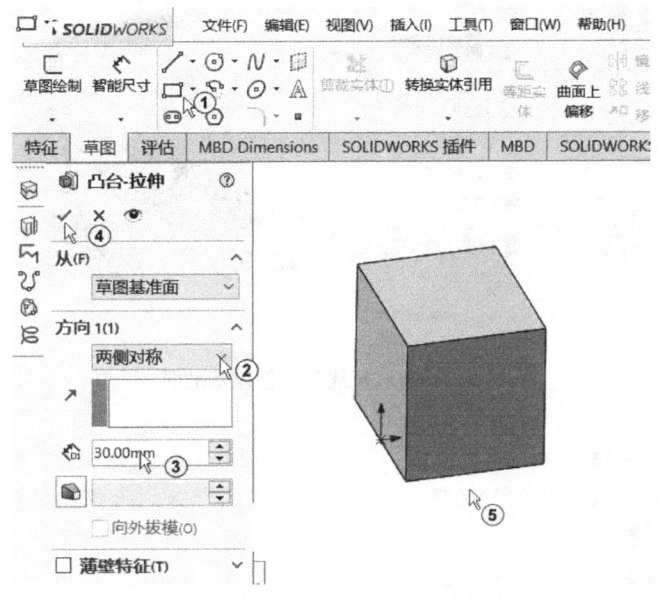

图 3-1 生成长方体

4）为了看得清楚些即将要建立的基准面，选择"显示样式" →"线架图" ，如图 3-2 中①②所示。

5）生成一通过边线（或轴、草图线）及点（或通过三点）的基准面。单击"特征"面板中"参考几何体"下方的级联按钮，如图 3-2 中③所示，在弹出的菜单中选择"基准面" ，如图 3-2 中④所示。系统弹出"基准面"属性管理器，移动鼠标指针在绘图区中选择模型的一条边，系统自动在"第一参考" 列表框中出现"边线<1>"，如图 3-2 中⑤所示。选择"重合"约束 ，如图 3-2 中⑥所示。移动鼠标指针在绘图区中选择模型的原点，系统自动在"第二参考" 列表框中输入"点 1@原点"，如图 3-2 中⑦所示。选择"重合"约束 ，如图 3-2 中⑧所示，其他采用默认设置。单击"确定"按钮 完成基准面创建操作，如图 3-2 中⑨所示。

6）单击"撤销"按钮 或者按组合键〈Ctrl+Z〉，取消上一步建立基准面的操作回到长方体状态。

7）生成一通过平行于基准面（或面）和点的基准面。单击"特征"面板中的"参考几何体"→"基准面" ，系统弹出"基准面"属性管理器，移动鼠标指针在绘图区中选择模型的最上面，系统自动在"第一参考" 列表框中出现"面<1>"，选择"平行"约束,如图 3-3 中①②所示。移动鼠标指针在绘图区中选择模型的原点,系统自动在"第二参考" 列表框中输入"点 1@原点",选择"重合"约束 ,如图 3-3 中③④所示,其他采用默认设置。单击"确定"按钮 完成基准面创建操作,如图 3-3 中⑤所示。

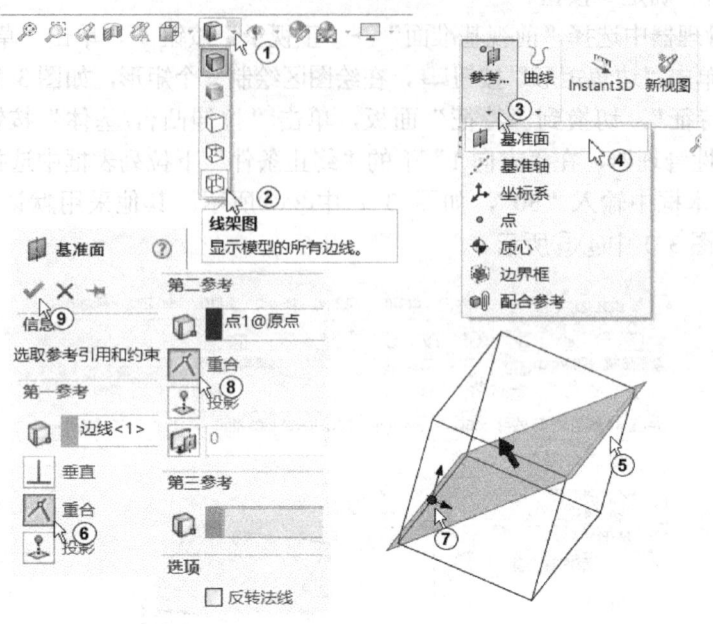

图 3-2 通过直线和点创建基准面

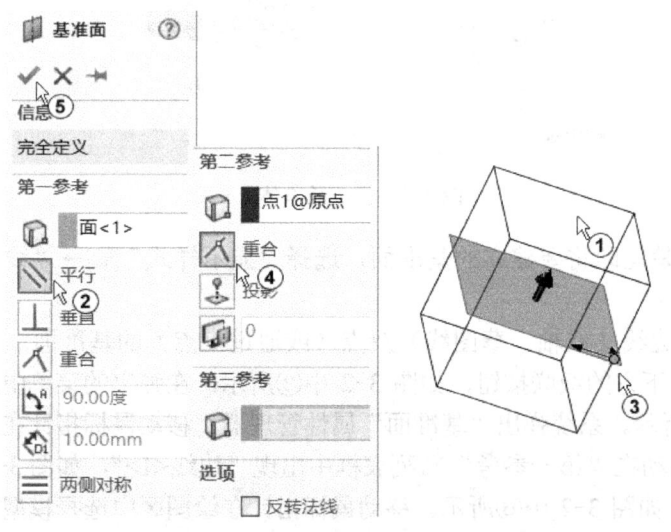

图 3-3 通过点和平行面创建基准面

8)单击"撤销"按钮 或者按组合键〈Ctrl+Z〉,取消上一步建立基准面的操作回到长方体状态。

9)生成一基准面,它通过一条边线、轴线或草图线,并与一个面或基准面成一定角度。单击"特征"面板中的"参考几何体"→"基准面" ,系统弹出"基准面"属性管理器,移动鼠标指针在绘图区中选择模型的最上面,系统自动在"第一参考" 列表框中出现"面<1>",选择"角度"约束 ,输入角度值为"60",如图 3-4 中①②③所示。移动鼠标指针在绘图区中选择模型的边线,系统自动在"第二参考"列表框中出现"边线<1>",选择"重合"约束,如图 3-4 中④⑤所示,其他采用默认设置。单击"确定"按钮完成基准面创建操作,如图 3-4 中⑥所示。

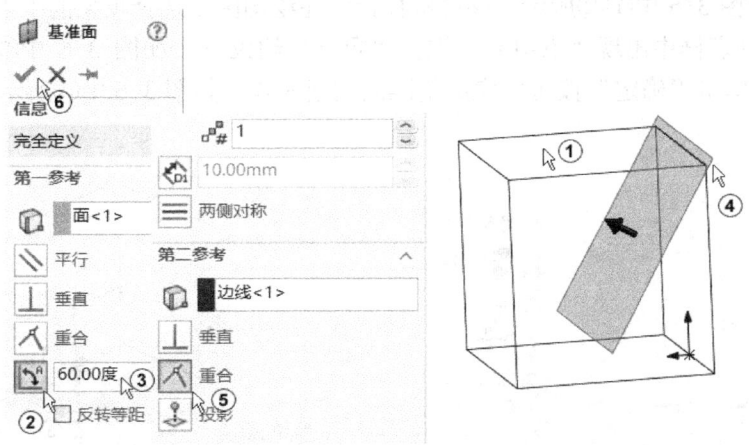

图 3-4　创建通过面的边线并绕边线旋转的基准面

10)单击"撤销"按钮或者按组合键〈Ctrl+Z〉,取消上一步建立基准面的操作回到长方体状态。

11)生成平行于一个基准面或面,并等距指定距离的基准面。单击"特征"面板中的"参考几何体"→"基准面",系统弹出"基准面"属性管理器,移动鼠标指针在绘图区中选择模型的最上面,系统自动在"第一参考"列表框中出现"面<1>",选择"距离"约束,输入距离值为"40",如图 3-5 中①②③所示。其他采用默认设置,单击"确定"按钮完成基准面创建操作,如图 3-5 中④所示。

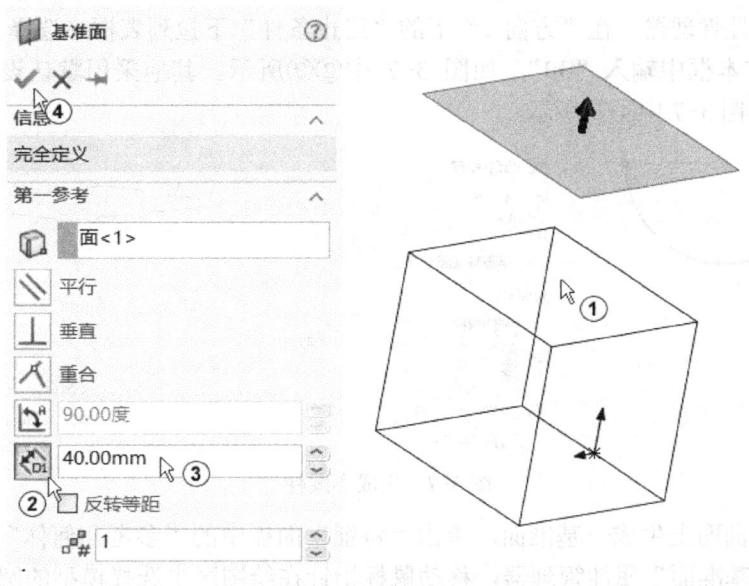

图 3-5　创建与面平行的基准面

12)单击"撤销"按钮或者按组合键〈Ctrl+Z〉,取消上一步建立基准面的操作回到长方体状态。

13）生成通过一个点且垂直于一边线、轴线或曲线的基准面。单击"特征"面板中的"参考几何体"→"基准面"，系统弹出"基准面"属性管理器，移动鼠标指针在绘图区中选择模型的一条边线，系统自动在"第一参考"列表框中出现"边线<1>"，选择"垂直"约束，如图3-6中①②所示。移动鼠标指针在绘图区中选择模型的中点，系统自动在"第二参考"列表框中出现"点<1>"，选择"重合"约束，如图3-6中③④所示。其他采用默认设置，单击"确定"按钮完成基准面创建操作，如图3-6中⑤所示。

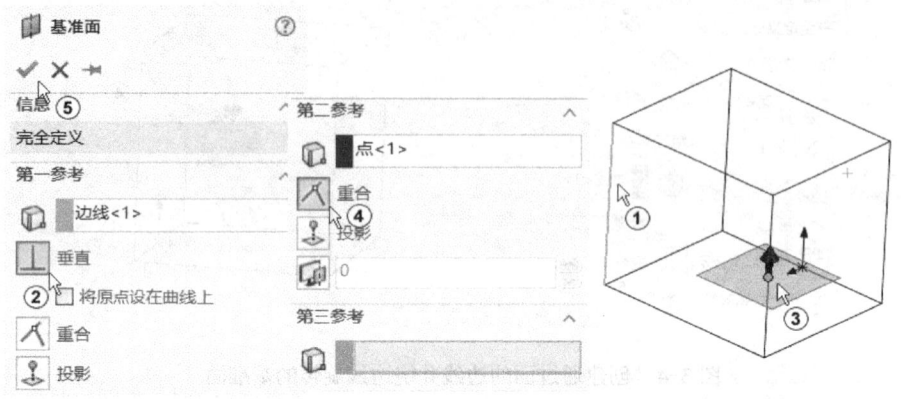

图3-6 创建通过点且垂直于曲线的基准面

14）单击"撤销"按钮或者按组合键〈Ctrl+Z〉，取消上一步建立基准面的操作回到长方体状态。

15）从特征管理器中选择"前视基准面"→"正视于"按钮，单击"草图"切换到"草图"绘制面板，单击"圆心/起/终点画弧"按钮和"直线"按钮在绘图区绘制一个半圆形，如图3-7中①所示。

16）单击"特征"，切换到"特征"面板，单击"拉伸凸台/基体"按钮，系统弹出"凸台-拉伸"属性管理器，在"方向1"下的"终止条件"下拉列表框中选择"两侧对称"，在"深度"文本框中输入"30"，如图3-7中②③所示。其他采用默认设置，单击"确定"按钮，如图3-7中④⑤所示。

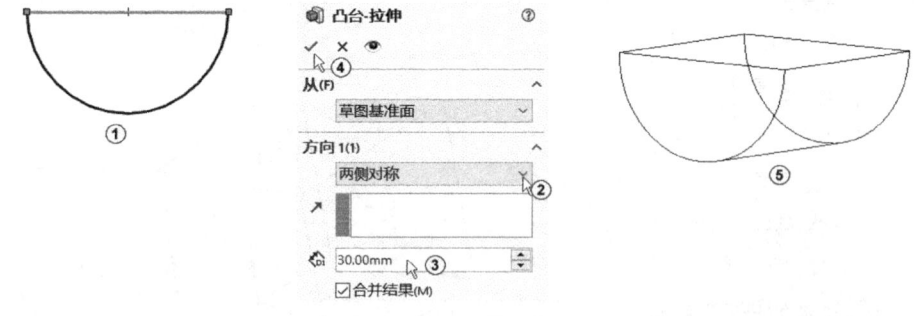

图3-7 生成半圆柱

17）在圆形曲面上生成一基准面。单击"特征"面板中的"参考几何体"→"基准面"，系统弹出"基准面"属性管理器，移动鼠标指针在绘图区中选择模型的圆柱面，系统自动在"第一参考"列表框中输入"面<1>"，选择"相切"约束，如图3-8中①②所示。移动鼠标指针在特征管理器中选择"上视基准面"，如图3-8中③所示。系统自动在"第二参考"列表框中输入"上视基准面"，选择"角度"约束，输入角度值为"30"，如图3-8中

④⑤所示。其他采用默认设置。单击"确定"按钮 ✓ 完成基准面创建操作，如图 3-8 中⑥所示。

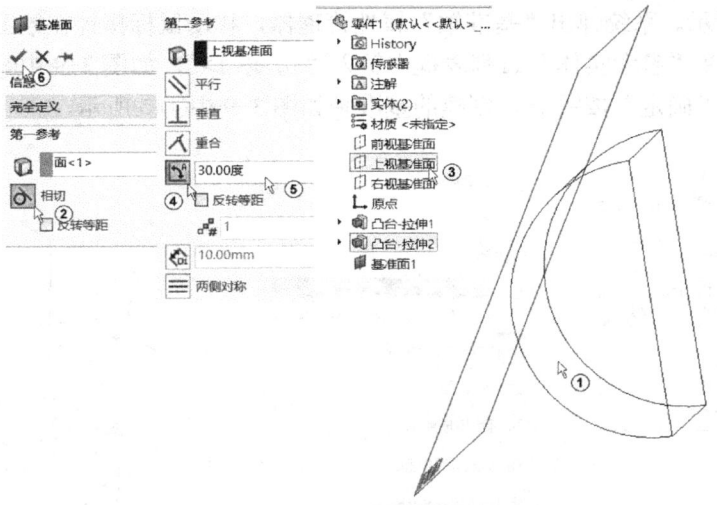

图 3-8　创建曲面切平面的基准面

3.2　基准轴

在建模过程中需要用到基准轴辅助绘图，如圆周阵列中的中心轴等。

3.2.1　基准轴基础知识

1. 创建基准轴的方法

1）单击"特征"面板中的"参考几何体"→"基准轴" ，或者选择"插入"→"参考几何体"→"基准轴"命令，系统弹出"基准轴"属性管理器。

2）选择生成基准轴的方式。

3）设置基准轴参数。

4）单击"确定"按钮 ✓ 。

2. "基准轴"属性管理器参数

"基准轴"属性管理器及参数见表 3-2。

表 3-2　"基准轴"属性管理器及参数

基准轴	属性管理器	生成基准轴方式	说　　明
	基准轴 ⓘ ✓ ✗ ✳ 选择(S) 　　□ ／ 一直线/边线/轴(O) ❆ 两平面(T) ／ 两点/顶点(W) 🗍 圆柱/圆锥面(C) ⊥ 点和面/基准面(P)	／	使用已有的草图直线、模型边线、临时轴生成基准轴
		❆	通过两个空间平面的交线生成基准轴
		／	通过两个空间点（包括顶点、中点或草图点）生成基准轴
		🗍	通过圆柱或圆锥的轴线生成基准轴
		⊥	通过空间一点和平面生成垂直于平面的基准轴

3.2.2 创建基准轴实例

1）通过直线创建基准轴。单击"特征"面板中的"参考几何体"→"基准轴"，如图 3-9 中①②所示。系统弹出"基准轴"属性管理器，移动鼠标指针在绘图区中选择模型的边线，系统自动在"参考实体"列表框中输入"边线<1>"，如图 3-9 中③所示。其他采用默认设置。单击"确定"按钮，创建的基准轴如图 3-9 中④⑤所示。

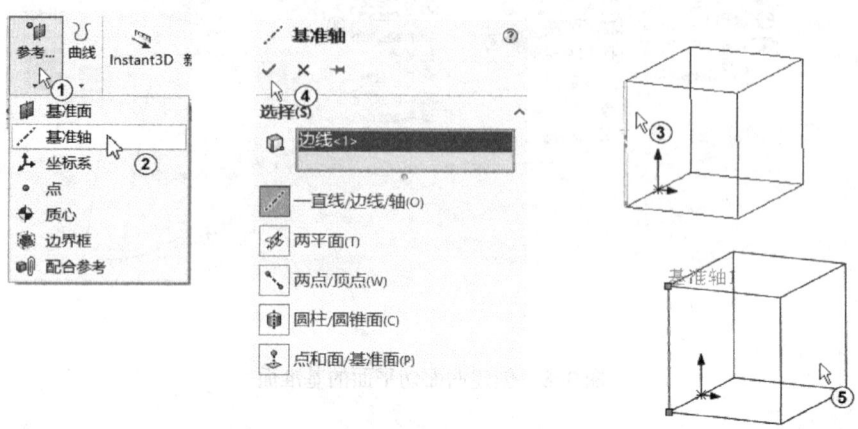

图 3-9 选择直线创建基准轴

2）单击"撤销"按钮或者按组合键〈Ctrl+Z〉，取消上一步建立基准轴的操作。

3）通过两平面创建基准轴。单击"特征"面板中的"参考几何体"→"基准轴"，系统弹出"基准轴"属性管理器，移动鼠标指针在特征管理器中选择"前视基准面"和"面1"，系统自动在"参考实体"列表框中输入"前视基准面"和"面 1"，如图 3-10 中①②所示，其他采用默认设置。单击"确定"按钮，结果如图 3-10 中③④所示。

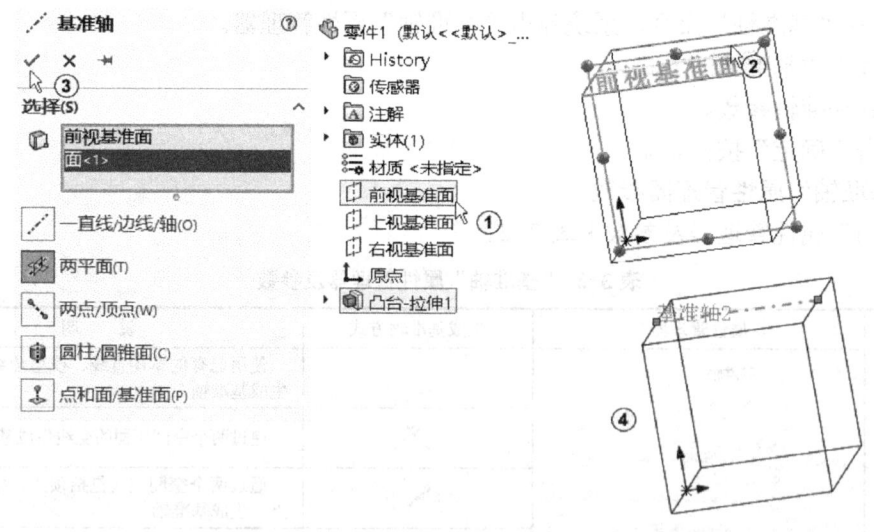

图 3-10 通过两平面创建基准轴

4）单击"撤销"按钮或者按组合键〈Ctrl+Z〉，取消上一步建立基准轴的操作。

5）在特征管理器中右击"面 1"，从弹出的快捷菜单中选择"删除"。

6）通过两顶点创建基准轴。单击"特征"面板中的"参考几何体"→"基准轴" ，系统弹出"基准轴"属性管理器，移动鼠标指针在绘图区中分别选择模型的两个点，系统自动在"参考实体" 列表框中输入"顶点<1>"和"顶点<2>"，如图 3-11 中①②所示。其他采用默认设置。单击"确定"按钮 ，创建的基准轴如图 3-11 中③④所示。

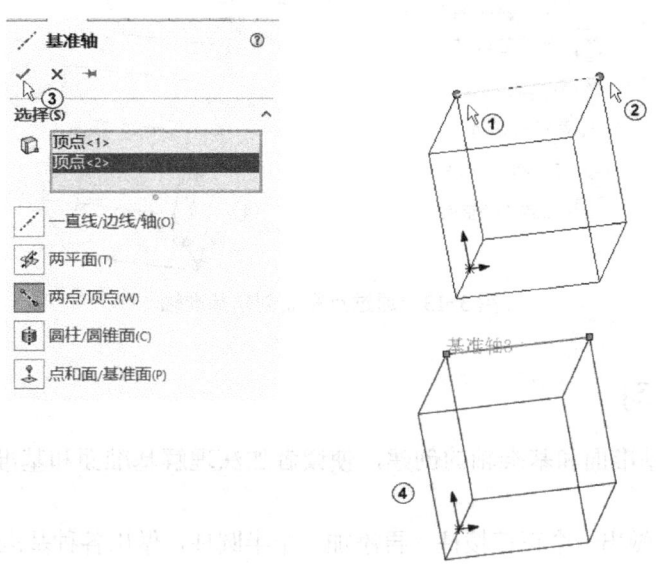

图 3-11　通过两顶点创建基准轴

7）单击"撤销"按钮 或者按组合键〈Ctrl+Z〉，取消上一步建立基准轴的操作。

8）通过圆柱体的轴心创建基准轴。单击"特征"面板中的"参考几何体"→"基准轴" ，系统弹出"基准轴"属性管理器，移动鼠标指针在绘图区中选择模型的圆柱面，系统自动在"参考实体" 列表框中输入"面<1>"，其他采用默认设置，如图 3-12 中①所示。单击"确定"按钮 完成基准轴创建操作，如图 3-12 中②③所示。

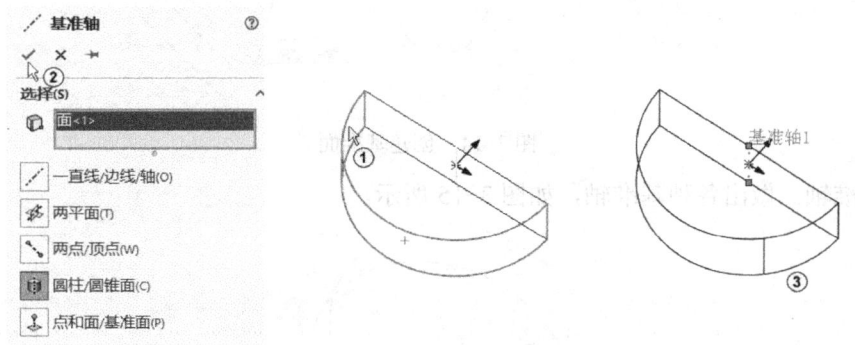

图 3-12　通过圆柱体的轴心创建基准轴

9）单击"撤销"按钮 或者按组合键〈Ctrl+Z〉，取消上一步建立基准轴的操作。

10）通过点和面创建基准轴。单击"特征"面板中的"参考几何体"→"基准轴" ，系统弹出"基准轴"属性管理器，移动鼠标指针在绘图区中选择模型的一个面和原点，系统自动在"参考实体" 列表框中输入"面<1>"和"点 1@原点"，如图 3-13 中①②所示，其他采用默认设置。单击"确定"按钮 ，结果如图 3-13 中③④所示。

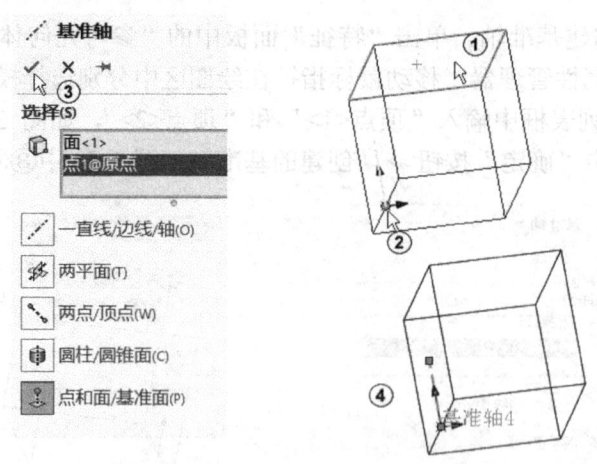

图 3-13　通过点和面创建基准轴

3.3　思考与练习

本节主要练习基准面和基准轴的创建，使读者加深理解基准面和基准轴在建模中所起的作用。

1. 基准面。先做出一个正三棱柱，再添加一个半圆柱，做出各种基准轴，如图 3-14 中①②③所示。

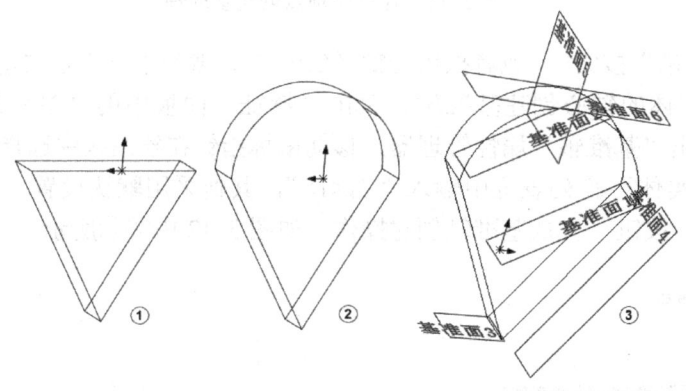

图 3-14　创建基准面

2. 基准轴。做出各种基准轴，如图 3-15 所示。

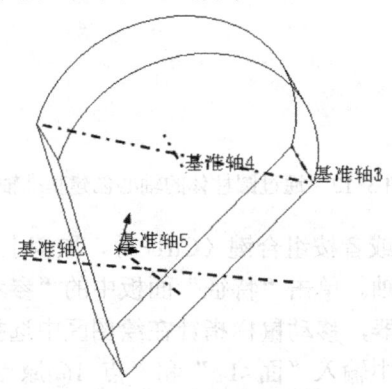

图 3-15　创建基准轴

第4章 基本特征

以草图的形体和尺寸为依据，通过拉伸、旋转、扫描、放样等操作将 2D 草图转换成 3D 实体，然后进行切除、倒角、圆角、钻孔等操作，最后进行拔模、抽壳等即可完成 SolidWorks 零件的造型。SolidWorks 通常建立一个个的特征，通过"搭积木"将一个个特征组合起来形成零件模型。特征是三维建模的基础。SolidWorks 提供了很多的特征造型命令，这些命令颁布在"特征"面板和"插入"菜单中。

在特征命令中可以分成基础特征、装饰特征和变换特征。如拉伸/切除拉伸、旋转/切除旋转、扫描/切除扫描、放样/切除放样等属于基础特征。圆角、倒角、抽壳、拔模、筋、圆顶、包覆、异型孔等属于装饰特征。变形、圆周阵列、线性阵列、复制移动等属于变换特征。

建立零件造型的一般步骤如图 4-1 所示。

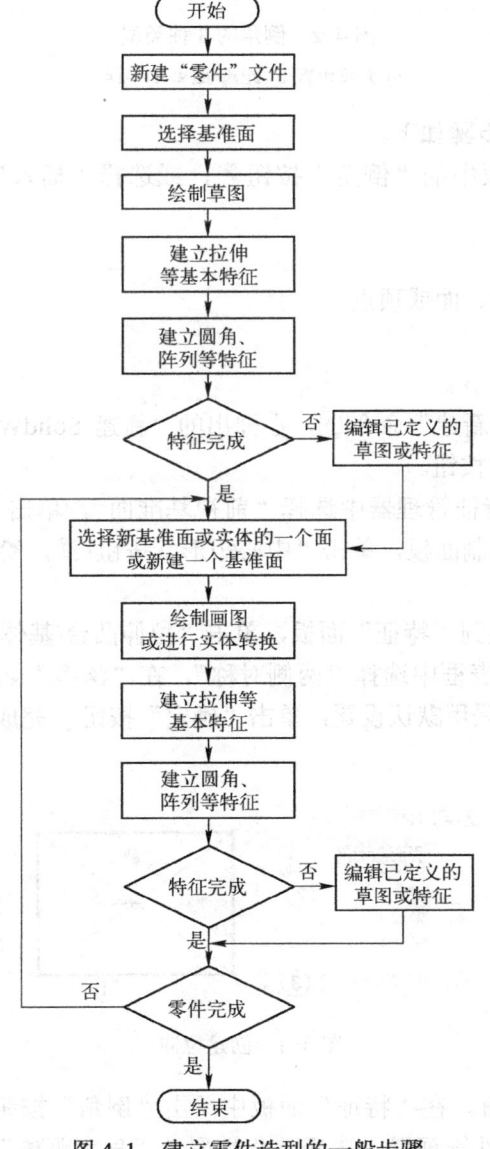

图 4-1 建立零件造型的一般步骤

4.1 倒角/异型孔

4.1.1 倒角的基本知识

倒角可在所选的模型边线、面或顶点上生成一倾斜特征。倒角有 3 种类型：角度距离、距离-距离和顶点，如图 4-2 所示。

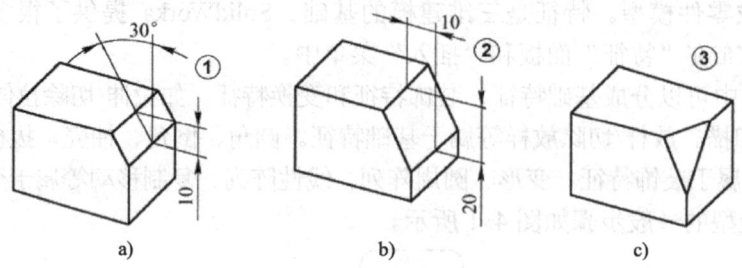

图 4-2 倒角的 3 种类型
a) 角度距离 b) 距离-距离 c) 顶点

生成倒角特征的一般步骤如下。

1）单击"特征"面板中的"倒角"按钮，或选择"插入"→"特征"→"倒角"命令。

2）选择倒角类型。

3）选择需要倒角的边、面或顶点。

4）输入倒角参数。

5）单击"确定"按钮。

1）选择"文件"→"新建"命令，在弹出的"新建 SolidWorks 文件"对话框中选择"零件"，单击"确定"按钮。

2）绘制草图 1。从特征管理器中选择"前视基准面"，单击"正视于"按钮，单击"草图"切换到"草图"绘制面板，单击"中心矩形"按钮，绘制出一个矩形，如图 4-3 中①所示。

3）建立拉伸 1。切换到"特征"面板，单击"拉伸凸台/基体"按钮，在"方向 1"下的"终止条件"下拉列表框中选择"两侧对称"，在"深度"文本框中输入"40"，如图 4-3 中②③所示。其他采用默认设置，单击"确定"按钮完成拉伸操作，结果如图 4-3 中④⑤所示。

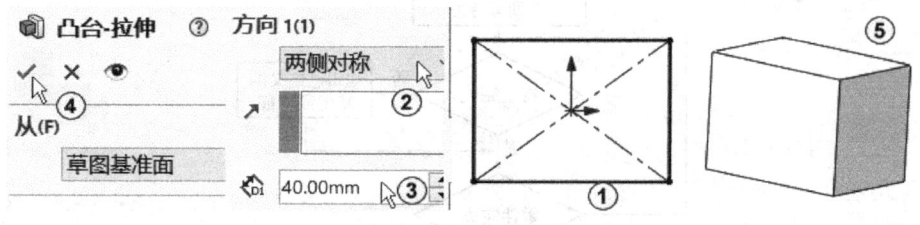

图 4-3 创建拉伸

4）添加角度距离倒角。在"特征"面板中单击"倒角"按钮，如图 4-4 中①②所示。系统弹出"倒角"属性管理器，选择倒角类型为"角度距离"，移动鼠标指针到绘图区中并选择想倒角的边线,如图 4-4 中③④所示。在"距离"文本框中输入"20",在"角度"文本框中输入"30",如图 4-4 中⑤⑥所示。其他采用默认设置,单击"确定"按钮完成倒角操作,结果如图 4-4 中⑦⑧所示。

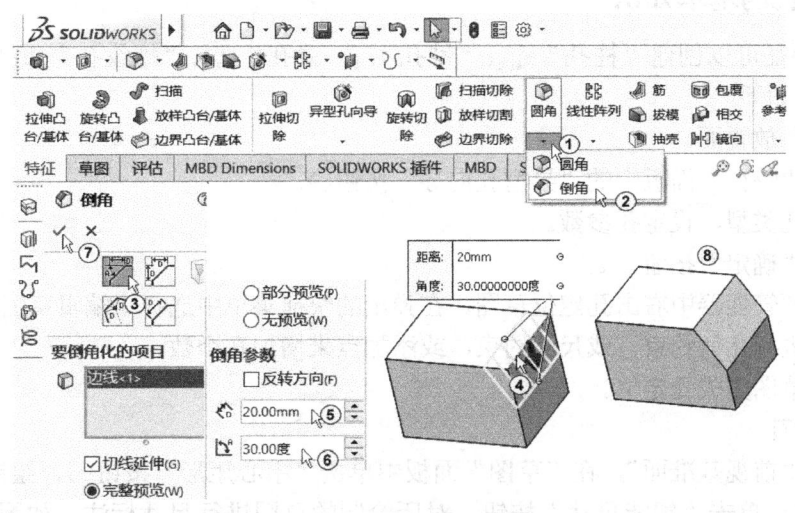

图 4-4 角度距离倒角

5)添加距离-距离倒角。在特征管理器中选择"倒角 1",从弹出的快捷菜单中选择"编辑特征"选项,如图 4-5 中①②所示。系统进入编辑特征界面,选择倒角类型为"距离-距离",选择"对称"选项,在"距离"文本框中输入"20",如图 4-5 中③~⑤所示。其他采用默认设置,单击"确定"按钮完成倒角操作,结果如图 4-5 中⑥所示。

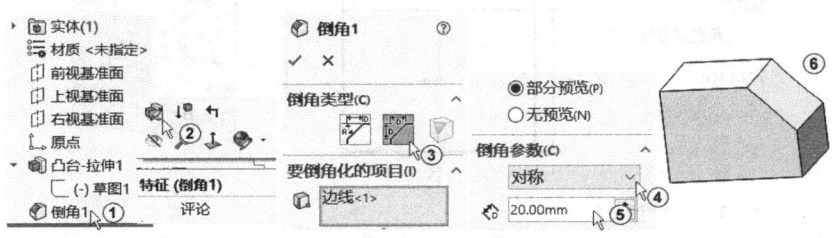

图 4-5 距离-距离倒角

6)添加顶点倒角。在"特征"面板中单击"倒角"按钮,系统弹出"倒角"属性管理器,选择倒角类型为"顶点",选择"相等距离"选项,在"距离"文本框中输入"20",如图 4-6 中①~③所示。选择如图 4-6 中④所示的顶点,其他采用默认设置,单击"确定"按钮完成顶点倒角操作,如图 4-6 中⑤所示,结果如图 4-6 中⑥所示。

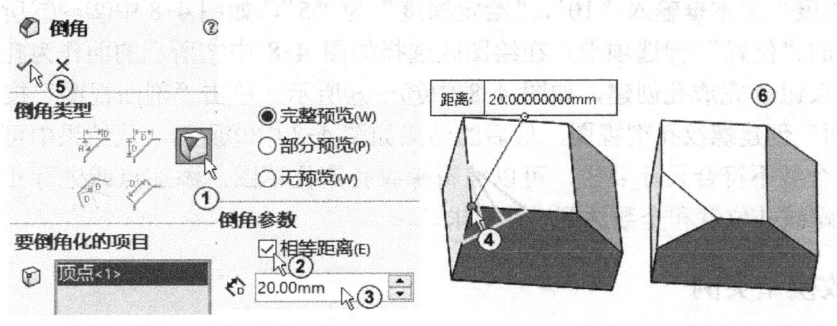

图 4-6 顶点倒角

7）单击"保存"按钮 🖫，选择想要保存文件的地方，在"文件名"文本框中输入"1 倒角"，单击"保存"按钮完成对文件的保存。

4.1.2 异型孔的基本知识

异型孔特征可以创建"柱孔" 🗍、"锥孔" 🗍、"孔" 🗍、"螺纹孔" 🗍 等类型。创建异型孔的步骤如下。

1）选择孔放置面。
2）单击"特征"面板中的"异型孔向导"按钮 🗍。
3）选择孔类型，设定孔参数。
4）单击"确定"按钮 ✓。
5）在特征管理器中右击孔定位草图，在弹出的快捷菜单中选择"编辑草图"。
6）对孔进行几何约束，或尺寸约束，或添加点来增加孔个数。
7）退出草图完成孔定位。

创建螺纹孔

1）选择"前视基准面"，在"草图"面板中单击"中心矩形"按钮 🗍，绘制出一个中心在原点的矩形，单击"智能尺寸"按钮，对所绘制的草图进行尺寸标注，如图 4-7 中①所示。单击特征管理器中的"拉伸凸台/基体"按钮 🗍，在"深度"文本框 🗍输入"20"，单击"确定"按钮 ✓完成拉伸，如图 4-7 中②③④所示。

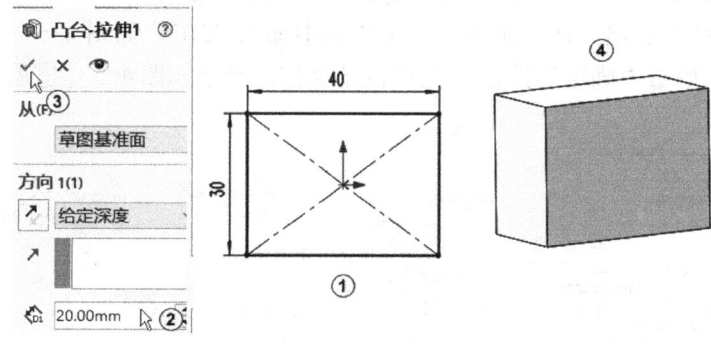

图 4-7 创建拉伸

2）在"特征"面板中单击"异型孔向导"按钮 🗍，系统弹出"孔规格"属性管理器，单击"类型" 🗍选项卡，如图 4-8 中①所示。在"孔类型"选项组中选择"直螺纹孔" 🗍，在"标准"下拉列表框中选择"GB"标准，在"类型"下拉列表框中选择"螺纹孔"，在"大小"下拉列表框中选择"M10"，在"终止条件"下拉列表框中选择"给定深度"，在"深度"文本框输入"10"，"给定深度"为"5"，如图 4-8 中②～⑤所示。单击属性管理器中的"位置" 🗍选项卡，在绘图区选择如图 4-8 中⑦所示的面作为孔放置面，单击"确定"按钮 ✓完成孔创建，如图 4-8 中⑥～⑧所示。单击"剖面视图"按钮 🗍，选择"右视基准面"创建螺纹孔剖视图，最后的结果如图 4-8 中⑨所示。从结果中可以看出螺纹孔的位置和个数不符合设计要求，可以编辑螺纹孔定位草图，添加点或进行几何约束和尺寸约束，使螺纹孔位置和个数达到设计要求。

4.1.3 修改模型实例

1）打开随书网盘中的"3 修改模型 1.SLDPRT"零件文件。系统弹出"什么错"对话框,单击"关闭"按钮,关闭"什么错"对话框,如图4-9中①所示。

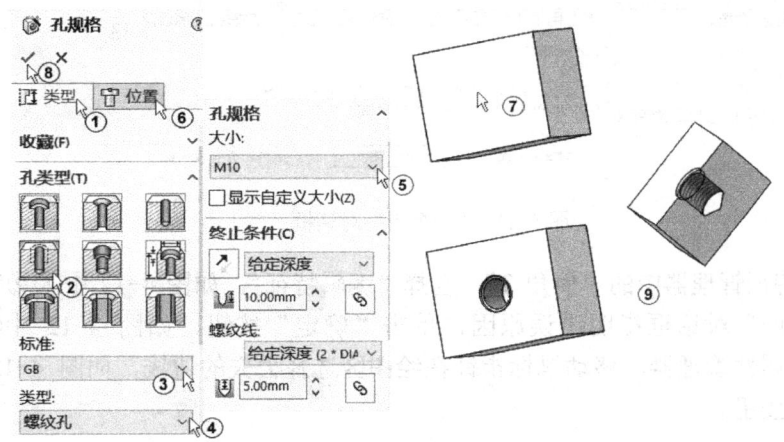

图4-8 创建螺纹孔

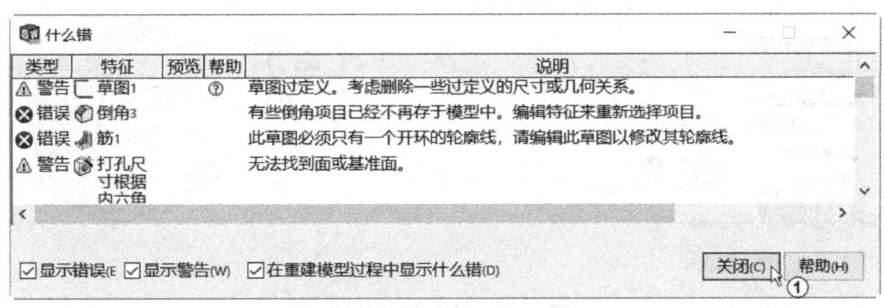

图4-9 "什么错"对话框(一)

2)在特征管理器中单击"凸台-拉伸 1"特征前的级联按钮▶,展开该特征的"草图1",右击该草图,在弹出的快捷菜单中选择"编辑草图"选项。

3)鼠标指针移到"草图 1"上时可以看到错误原因的提示,如图4-10中①所示。仔细观察可知是尺寸重复标注了,右键选择多余的尺寸,如图 4-10 中②所示,从弹出的快捷菜单中选择"删除",如图4-10中③所示。

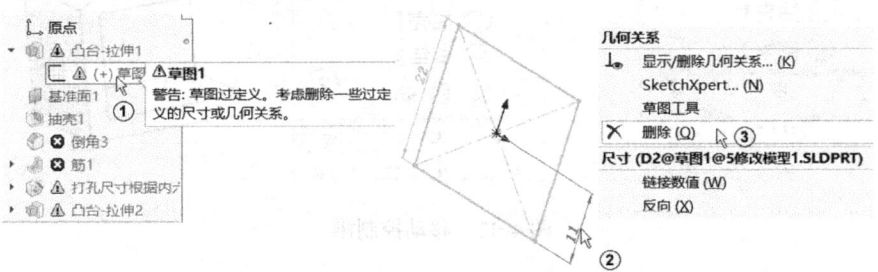

图4-10 删除多余的尺寸

4)单击"重建模型"按钮,系统弹出"SolidWorks"对话框,单击"停止并修复"按钮,如图 4-11 中①所示。系统又弹出"什么错"对话框,其中列出了错误的原因,如图4-11中②所示。单击"关闭"按钮,如图 4-11 中③所示。

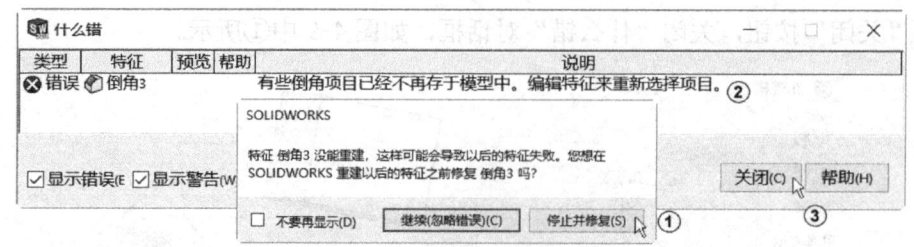

图 4-11 "什么错"对话框(二)

5)单击特征管理器中的"倒角 3",选择"编辑特征",如图 4-12 中①②所示。系统弹出"SolidWorks"对话框指明错误原因,单击"确定"按钮,如图 4-12 中③所示。系统弹出"倒角"属性管理器,移动鼠标指针在绘图区选择丢失的边线,如图 4-12 中④所示,单击"确定"按钮。

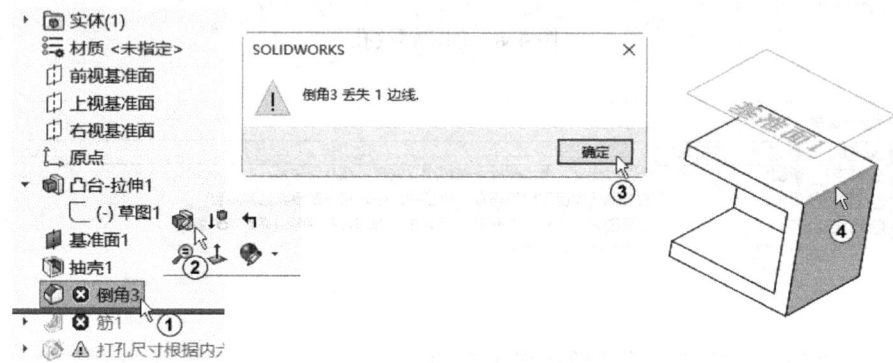

图 4-12 修复倒角特征

6)将鼠标指针放到控制棒上,如图 4-13 中①所示。按住鼠标左键不放,向下拖动到"筋 1"特征的下方,如图 4-13 中②所示。松开鼠标,单击"重建模型"按钮。

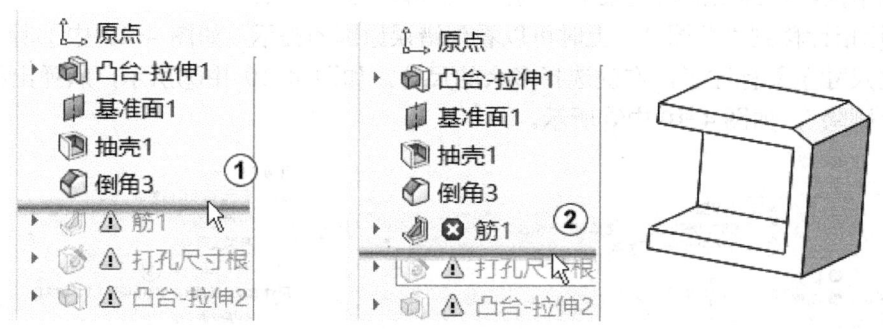

图 4-13 移动控制棒

7)系统弹出"什么错"对话框,其中列出了错误的原因,如图 4-14 中①所示,单击"关闭"按钮,如图 4-14 中②所示。展开"筋 1"特征前面的⊞,并右击"草图 2",在快捷菜单中选择"编辑草图"选项,如图 4-14 中③④所示。再次右击"草图 2",单击"正视于"按钮,如图 4-14 中⑤⑥所示。

8)单击"剪裁实体"按钮修剪直线,结果如图 4-15 中①~④所示。单击"确定"按钮。

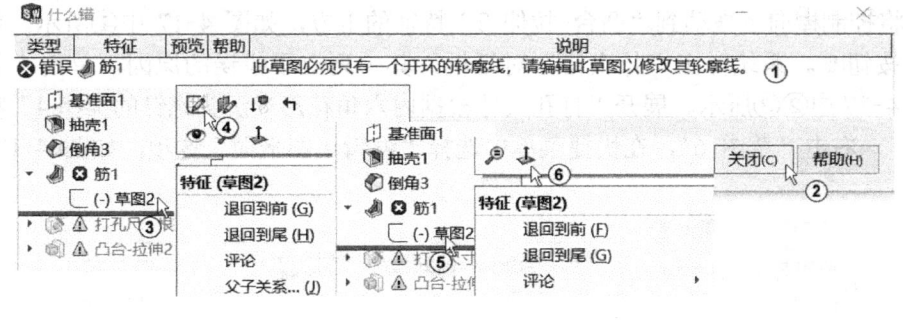

图 4-14 "什么错"对话框(三)

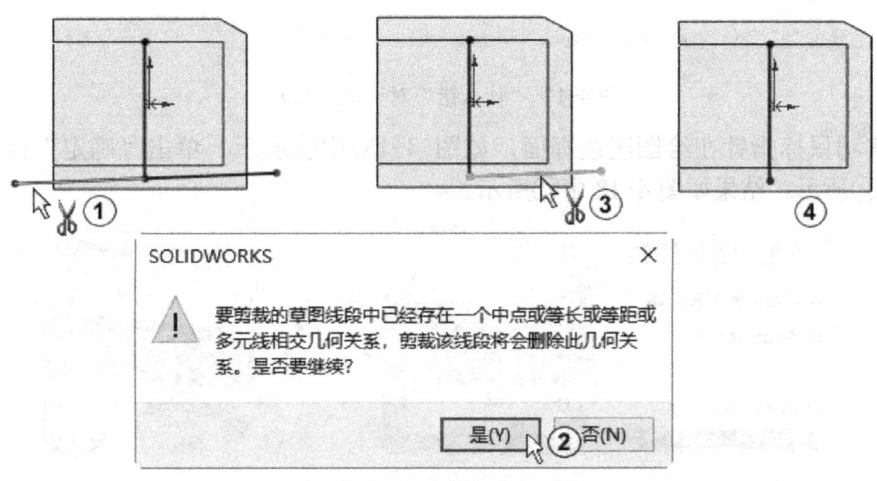

图 4-15 修改草图

9)单击"重建模型"按钮。系统弹出"SolidWorks"对话框,单击"继续(忽略错误)(C)"按钮,如图 4-16 中①所示,系统弹出"什么错"对话框,其中列出了错误的原因,单击"关闭"按钮,如图 4-16 中②③所示。右击"筋 1",在快捷菜单中选择"编辑特征"选项。在"筋"属性管理器中单击"垂直于草图",如图 4-16 中④所示。可以看到箭头方向发生了改变,如图 4-16 中⑤⑥所示。单击"确定"按钮。

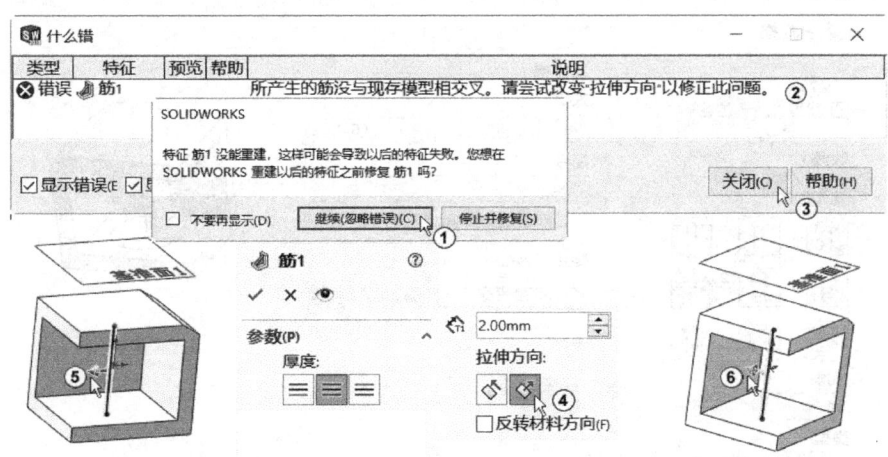

图 4-16 修改筋

10)将控制棒向下拖动到"凸台-拉伸 2"特征的上方,如图 4-17 中①所示。单击"重建模型"按钮。系统弹出"什么错"对话框,其中列出了错误的原因,单击"关闭"按钮,如图 4-17 中②③所示。展开"打孔尺寸根据内六角花形半沉头螺钉的类型 4"特征前的级联按钮,右击"草图 6",在快捷菜单中选择"编辑草图平面"选项,如图 4-17 中④⑤所示。

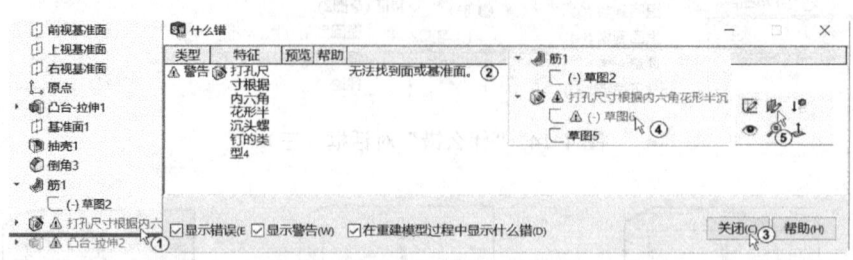

图 4-17 "什么错"对话框(四)

11)移动鼠标指针在绘图区选择面,如图 4-18 中①所示,单击"确定"按钮,如图 4-18 中②所示。结果如图 4-18 中③所示。

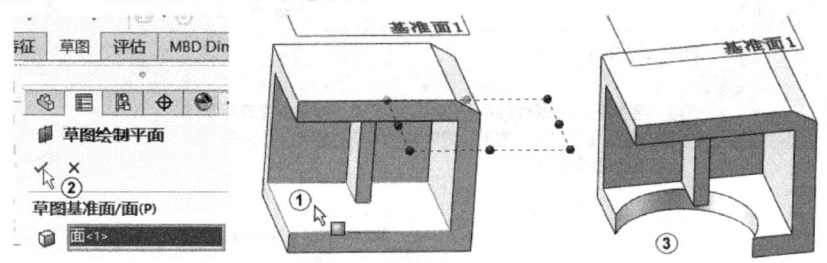

图 4-18 编辑孔位置平面

12)右击"打孔尺寸根据内六角花形半沉头螺钉的类型 4"特征,在快捷菜单中选择"编辑特征"选项。系统弹出"孔规格"属性管理器,单击"类型"选项卡,在"孔规格"选项组中选择"锥孔",在"标准"下拉列表框中选择"GB"标准,在"类型"下拉列表框中选择"十字槽沉头木螺钉",在"大小"下拉列表框中选择"M6",在"终止条件"下拉列表框中选择"完全贯穿",如图 4-19 中①~⑥所示。单击"确定"按钮,结果如图 4-19 中⑦⑧所示。

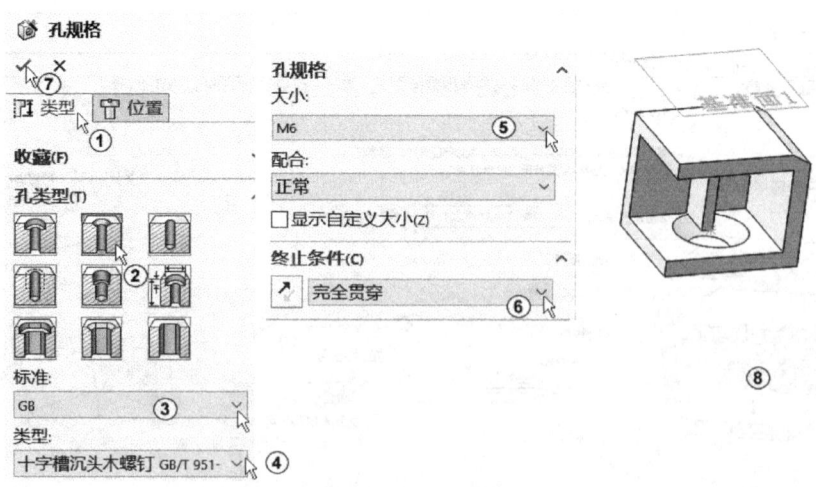

图 4-19 编辑孔特征

13）将控制棒向下拖动到最下方，单击"重建模型"按钮。系统弹出"什么错"对话框，其中列出了错误的原因，单击"关闭"按钮，如图 4-20 中①②所示。展开"凸台-拉伸 2"特征，右击"草图 7"，在快捷菜单中选择"编辑草图平面"选项。移动鼠标指针在绘图区选择面，单击"确定"按钮，如图 4-20 中③④所示。结果如图 4-20 中⑤所示。

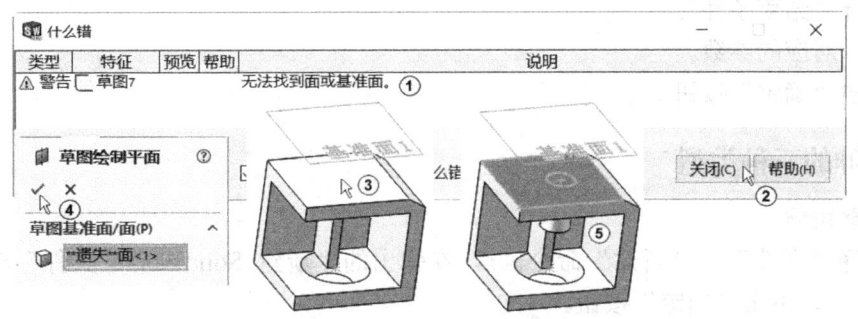

图 4-20 编辑圆柱的基准面（一）

14）右击"凸台-拉伸 2"，在快捷菜单中选择"编辑特征"选项。单击"反向"按钮，再单击"确定"按钮，如图 4-21 中①②所示。结果如图 4-21 中③所示。

15）右击"基准面 1"，从弹出的快捷菜单中选择"删除"选项。结果如图 4-22 所示。单击"另保存"按钮，在"文件名"文本框输入"3 修改模型 2"，单击"保存"按钮。

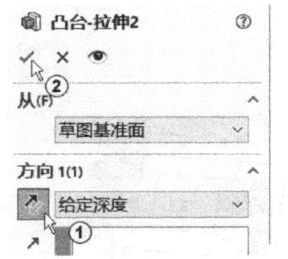 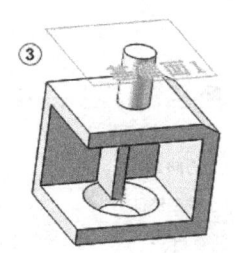 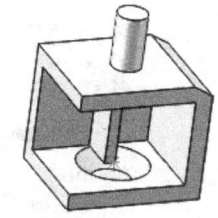

图 4-21 编辑圆柱的基准面（二）　　　　图 4-22 删除基准面

4.2 拉伸/切除

"拉伸"命令可将轮廓草图向指定的方向直线延伸形成实体，"拉伸切除"命令可将轮廓草图从已有实体中切除。它们适合于构造截面相同的实体特征。

拉伸类型可分为薄壁拉伸、凸台拉伸和切除拉伸，如图 4-23 所示。

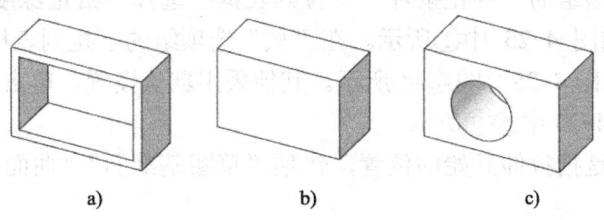

图 4-23 拉伸/切除
a) 薄壁拉伸　b) 凸台拉伸　c) 切除拉伸

69

创建拉伸/切除的步骤如下。
1) 绘制拉伸草图。
2) 选择拉伸草图，单击"拉伸"按钮或单击"拉伸切除"按钮。
3) 选择"开始条件"。
4) 选择"结束条件"。
5) 输入对应的参数。
6) 单击"确定"按钮。

4.2.1 拉伸的三种类型

1．薄壁拉伸

1) 选择"文件"→"新建"命令，在弹出的"新建 SolidWorks 文件"对话框中选择"零件"，单击"确定"按钮。

2) 从特征管理器中选择"前视基准面"，单击"正视于"按钮，单击"草图"切换到"草图"绘制面板，单击"边角矩形"按钮，在绘图区绘制一个矩形。

3) 单击"特征"，切换到"特征"面板，单击"拉伸凸台/基体"按钮，系统弹出"凸台-拉伸"属性管理器。在"方向 1"选项组的"终止条件"下拉列表框中选择"给定深度"，在"深度"文本框中输入"20"，如图 4-24 中①所示。选中"薄壁特征"复选框，选择加厚方式为"单向"，单击"反向"按钮使壁厚方向向内，输入"厚度"为"3"，如图 4-24 中②~④所示。其他采用默认设置，单击"确定"按钮完成薄壁拉伸操作，结果如图 4-24 中⑤⑥所示。

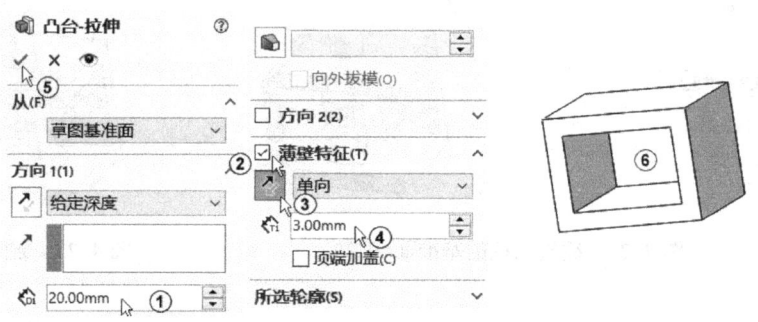

图 4-24 薄壁拉伸

单击"撤销"按钮或者按组合键〈Ctrl+Z〉，取消上一步的操作回到矩形草图状态。

2．凸台拉伸

创建拉伸。单击"特征"面板中的"拉伸"按钮，系统弹出"凸台-拉伸"属性管理器，在"方向 1"选项组的"终止条件"下拉列表框中选择"给定深度"，在"深度"文本框中输入"20"，如图 4-25 中①所示。在"从"选项组的下拉列表框中选择"等距"，输入等距值为"50"，如图 4-25 中②③④所示。其他采用默认设置，单击"确定"按钮完成拉伸操作，结果如图 4-25 中⑤⑥所示。

拉伸的开始条件是指拉伸开始的位置，包括"草图基准面""曲面/面/基准面""顶点"和"等距"。

● 草图基准面：从绘制草图的基准面开始拉伸。

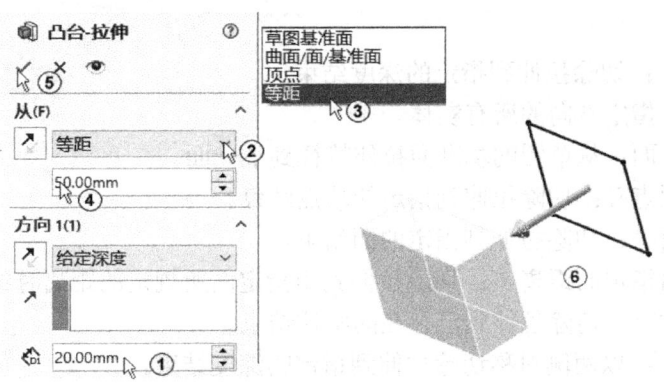

图 4-25 凸台拉伸

- 曲面/面/基准面：从指定的曲面、面、基准面开始拉伸，需要指定一个曲面、面或基准面。
- 顶点：从指定的顶点开始拉伸，需要指定一个顶点。这个顶点可以是模型的边线顶点或草图中的直线端点等。
- 等距：拉伸从草图基准面等距一段距离开始，需要输入一个距离值，可以单击"反向"按钮 ↗，从反向等距开始拉伸。

3. 切除拉伸

创建切除拉伸。在刚生成的长方体上选择一个面，切换到"草图"面板，单击"圆"按钮 ⊙，绘制出一个圆，如图 4-26 中①②所示。再切换回"特征"面板，单击"切除拉伸"按钮 ⌷，如图 4-26 中③所示。系统弹出"切除-拉伸"属性管理器，在"方向 1"选项组的"终止条件"下拉列表框中选择"完全贯穿"，如图 4-26 中④⑤所示。其他采用默认设置，单击"确定"按钮 ✓ 完成切除拉伸操作，如图 4-26 中⑥⑦所示。

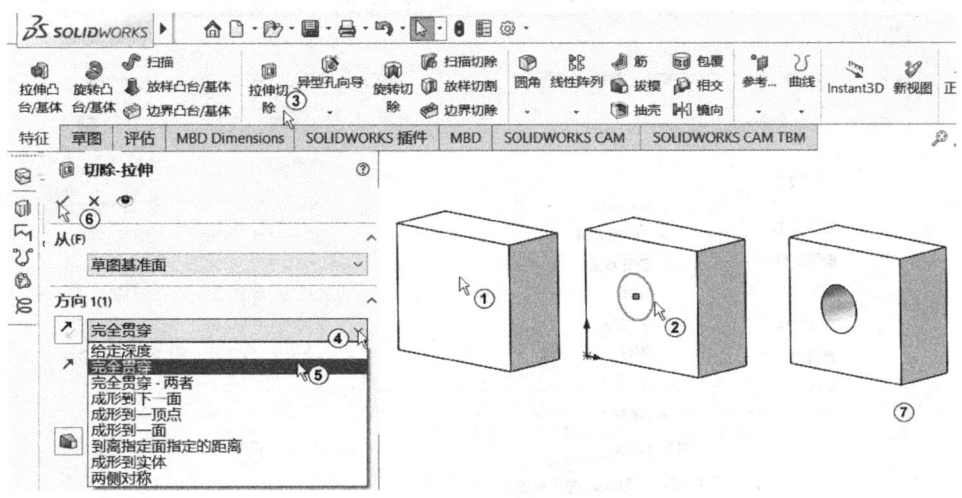

图 4-26 切除拉伸

⚠ **注意**：切除拉伸只能在已有实体的情况下才能使用，切除拉伸不能空切除（即切除不到实体）。否则会出错。

切除拉伸时可以选择不同的终止条件类型。选择不同的终止条件类型，结果不一样。终止条件是指拉伸终止的位置，其中各选项的含义如下。

- 给定深度 ⚲: 切除拉伸到指定的深度结束。
- 完全贯穿: 指定方向的所有实体。
- 成形到下一面: 从草图的基准面拉伸特征到下一面。
- 成形到一顶点 ⚲: 切除拉伸到指定的顶点结束。
- 成形到一面 ⚲: 切除拉伸到指定的面结束。
- 到离指定面指定的距离 ⚲: 切除拉伸到距指定面所规定的距离时结束。
- 成形到实体 ⚲: 切除拉伸到已存在的实体结束。
- 两侧对称 ⚲: 以两侧对称切除拉伸到指定的深度结束。

4.2.2 编辑特征

在生成一个特征后,还可以对特征进行一系列的基本操作,包括特征的编辑、压缩、删除、复制。

SolidWorks 特征的编辑主要包括特征草图的编辑、特征参数的编辑及特征尺寸的修改。

1. 特征草图的编辑

要修改特征的草图,可以使用以下方法之一。

1) 在特征管理器中单击实体特征前面的 ⊞,展开该特征的草图,右击该草图,在出现的快捷菜单中,选择"编辑草图"选项。

2) 右击绘图区中相应的特征,在出现的快捷菜单中,选择"编辑草图"选项。

3) 单击"打开"按钮 ⚲,如图 4-27 中①所示。系统弹出"打开"对话框,选择"桌面",如图 4-27 中②所示。找到在第 1 章中建立的第 1 个"零件 1",如图 4-27 中③所示,单击"打开"按钮,如图 4-27 中④所示。

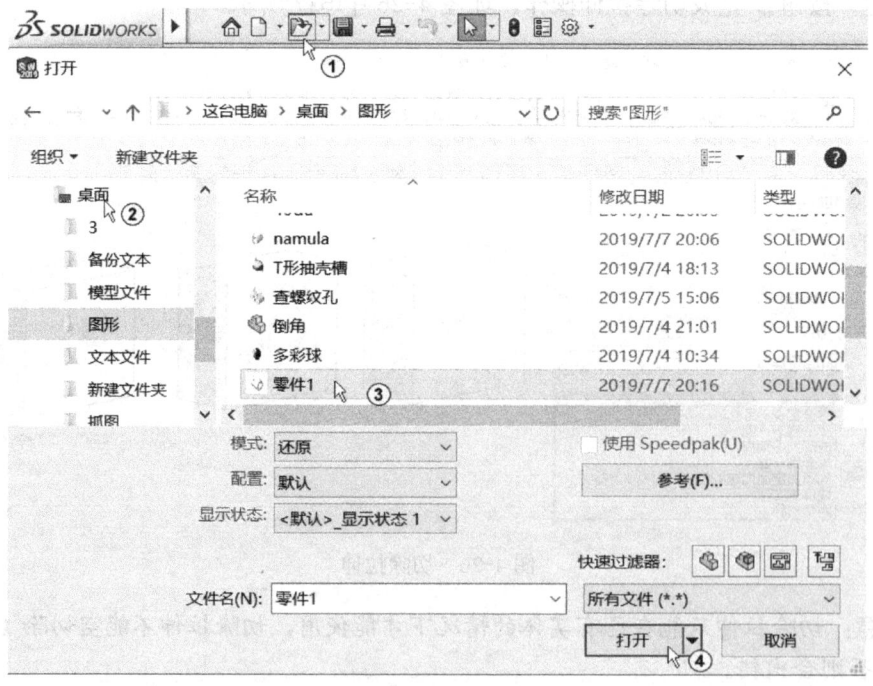

图 4-27 打开零件

4）在特征管理器中，单击"特征"面板的级联按钮 ，展开该特征的草图，单击"草图 1"，在出现的快捷菜单中，选择"编辑草图"选项，如图4-28中①～③所示。

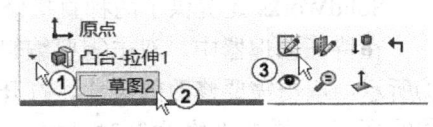

图4-28 编辑草图

5）按〈Ctrl+8〉组合键后可看到草图正视的结果。单击"智能尺寸"按钮，如图 4-29 中①所示。选择小圆，在绘图区中任意位置单击，如图 4-29 中②③所示，在弹出的"修改"对话框中输入小圆直径"24"，单击"修改"对话框上方的"确定"按钮，如图 4-29 中④⑤所示。选择大圆，在绘图区中任意位置单击，在弹出的"修改"对话框中输入大圆直径"36"，单击"修改"对话框上方的"确定"按钮，如图 4-29 中⑥⑦⑧所示。单击"退出草图"按钮，如图 4-29 中⑨所示。

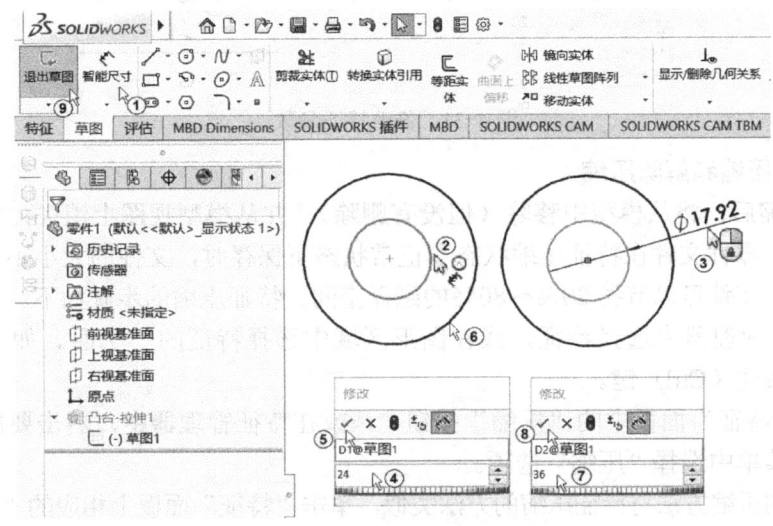

图4-29 修改草图尺寸

2. 特征参数的编辑

草图可控制特征界面形状，而特征的一些属性参数是在建立特征时定义的。因此，如果想要修改拉伸特征的深度，必须编辑其参数才行，其步骤如下。

在特征管理器中，单击想要编辑的特征，在出现的快捷菜单中选择"编辑特征"选项，如图 4-30 中①②所示。系统弹出"凸台-拉伸"属性管理器，在"方向 1（1）"选项组的"终止条件"下拉列表框中选择"两侧对称"，如图 4-30 中③④所示。其他采用默认设置，单击"确定"按钮完成拉伸操作，如图 4-30 中⑤所示。单击"视图定向"，选择"等轴测"，如图 4-30 中⑥⑦所示。

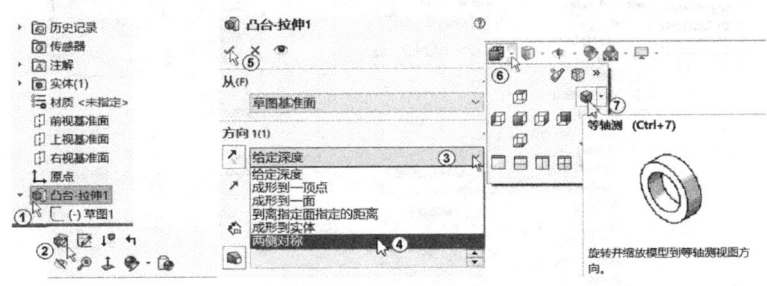

图4-30 修改特征参数

3. 特征尺寸的修改

SolidWorks 还提供了两种直接修改特征（包括其草图）尺寸的方法。

在特征管理器中，双击需要编辑的特征，系统会显示该特征的全部尺寸，如图 4-31 中①所示。双击需要修改的尺寸，打开"修改"对话框，输入要修改的尺寸值，如图 4-31 中②③所示。单击"修改"对话框上方的"确定"按钮，即可修改模型特征中的尺寸，如图 4-31 中④⑤所示。单击"保存"按钮。

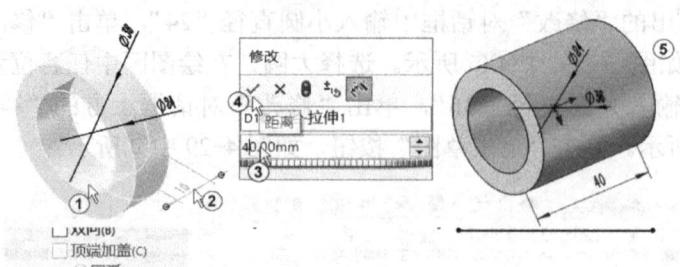

图 4-31 修改特征参数

4. 特征的压缩和解除压缩

特征被压缩后，将从模型中移除（但没有删除），并从模型视图上消失，在特征管理器中显示为灰色。零件文件在特征压缩状态和正常状态下保存时，文件的大小不同，所有特征被压缩后，保存文件可以节省 20%～80% 的磁盘空间。特征压缩的步骤如下。

1）在特征管理器中选择特征，或在图形区域中选择特征的一个面。如要选择多个特征，在选择时按住〈Ctrl〉键。

2）单击"特征"面板中的"压缩"按钮，或在特征管理器中，右击要压缩的特征，在弹出的快捷菜单中选择"压缩"选项。

解除特征的压缩方法与特征压缩的方法类似，单击"特征"面板上相应的"解除压缩"按钮即可。

5. 特征的删除

在特征管理器中选择需删除的特征（这里选择"切除-拉伸 3"），如图 4-32 中①②所示。然后右击，在弹出的快捷菜单中选择"删除"选项，如图 4-32 中③所示。在系统弹出"确认删除"对话框中，单击"是"按钮，如图 4-32 中④所示，结果如图 4-32 中⑤所示。删除特征后，会残留建立草图特征时所绘制的草图。若想删除特征时同时删除草图，可在"确认删除"对话框中选中"删除内含特征"复选框，如图 4-32 中⑥所示。若想删除所有的子特征，选择"默认子特征"复选框。

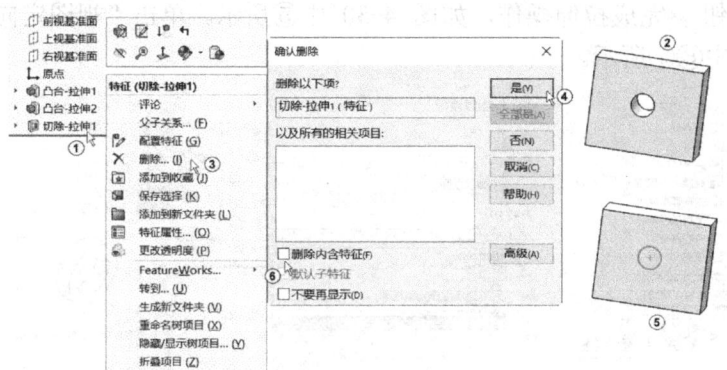

图 4-32 删除特征

4.2.3 拉伸/切除实例

【例 4-1】 建立如图 4-33 所示的半圆筒截交模型。本例的目的是使读者熟悉 SolidWorks 的基本操作过程。

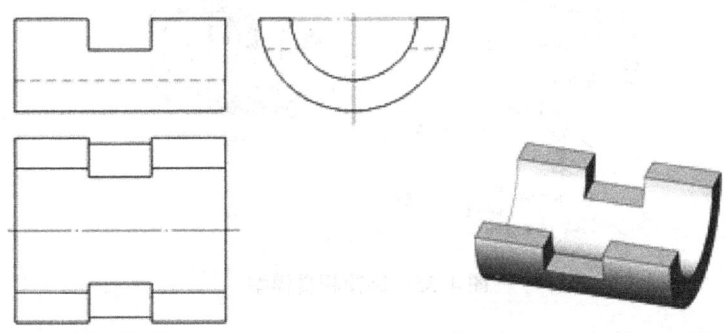

图 4-33 半圆筒截交模型

1) 打开在第 1 章中建立的已经修改过草图和特征的第 1 个 "零件 1" 文件, 选择 "前视基准面", 单击 "正视于" 按钮, 如图 4-34 中①②所示。选择 "草图绘制", 选择 "圆", 如图 4-34 中③④所示。在绘图区单击确定圆心, 在远离圆心处任意位置单击, 如图 4-34 中⑤⑥所示。单击 "智能尺寸" 按钮, 如图 4-34 中⑦所示。选择刚绘制的圆, 在绘图区中任意位置单击, 在弹出的 "修改" 对话框中输入圆直径 "18", 单击 "修改" 对话框上方的 "确定" 按钮, 如图 4-34 中⑧⑨所示。

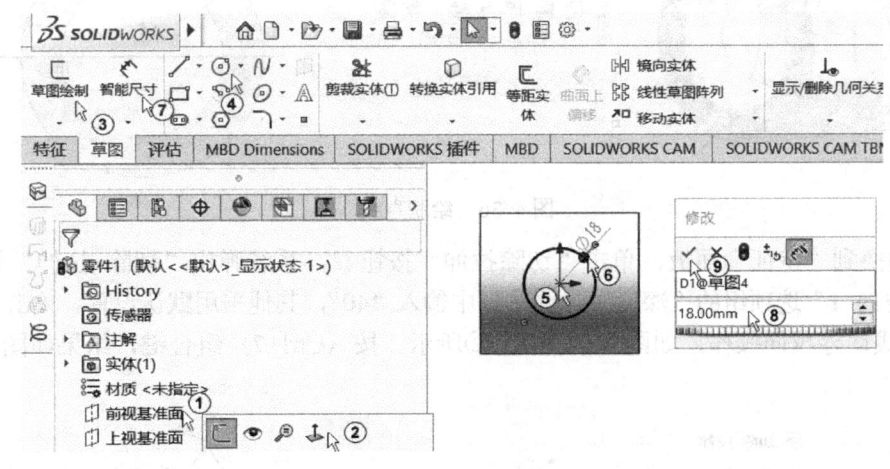

图 4-34 绘制草图

2) 切换到 "特征" 面板, 单击 "切除拉伸" 按钮, 如图 4-35 中①②所示。系统弹出 "切除-拉伸" 属性管理器, 在 "方向 1" 选项组的 "终止条件" 下拉列表框中选择 "两侧对称", 在 "深度" 文本框中输入 "40", 如图 4-35 中③④所示, 其他采用默认设置。单击 "确定" 按钮完成切除拉伸操作。按〈Ctrl+7〉组合键, 结果如图 4-35 中⑤⑥所示。

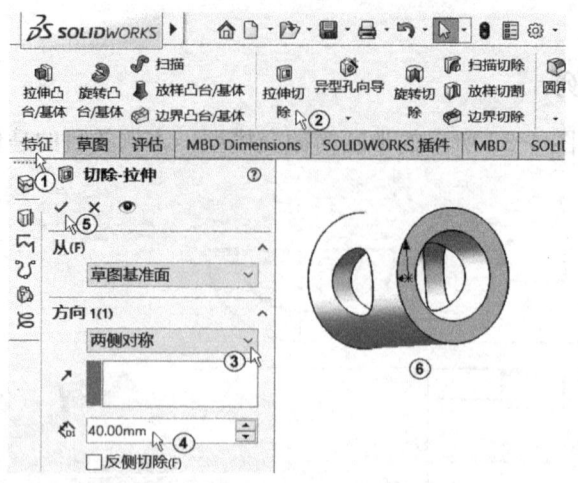

图 4-35 圆筒相贯模型

3)选择圆筒端面,单击"正视于"按钮,如图 4-36 中①②所示。切换到"草图"面板,单击"草图"面板,单击"直线"按钮,如图 4-36 中③④所示。通过圆心绘制一条水平线,如图 4-36 中⑤所示。

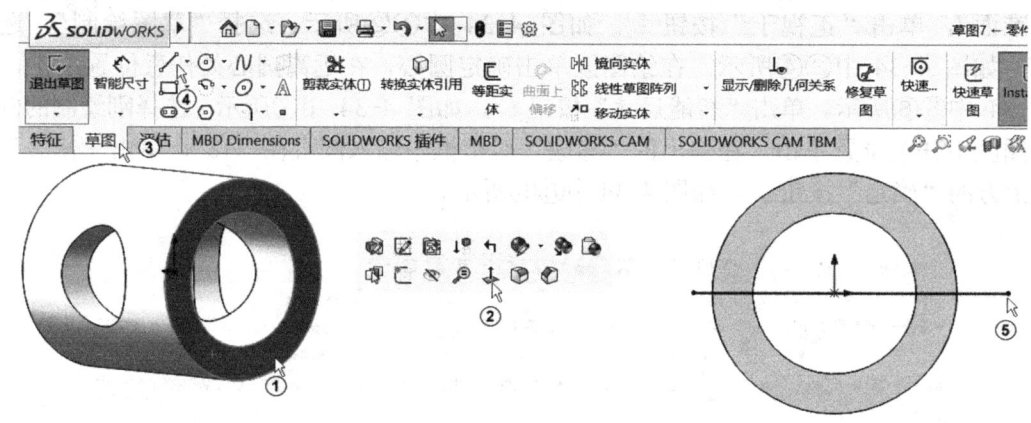

图 4-36 绘制直线

4)切换到"特征"面板,单击"切除拉伸"按钮,系统弹出"切除-拉伸"属性管理器,在"方向 1"选项组的"深度"文本框中输入"40",其他采用默认设置。单击"确定"按钮完成切除拉伸操作,如图 4-37 中①②所示。按〈Ctrl+7〉组合键,结果如图 4-37 中③所示。

图 4-37 切除拉伸

5)双击小圆孔切除特征的"草图 4",如图 4-38 中①所示。在绘图区中双击尺寸

"⌀18",在弹出的"修改"对话框中修改尺寸为"26",单击"确定"按钮,如图 4-38 中②③④所示。单击"重建模型"按钮,结果如图 4-38 中⑤所示。选择"文件"→"另存为"命令,保存文件。

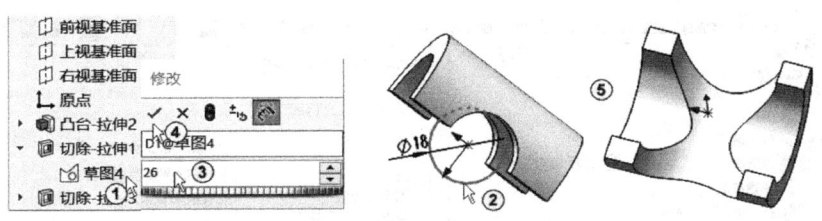

图 4-38 修改特征尺寸

6)重复上述过程,将⌀26 改为"⌀24",如图 4-39 中①所示。单击"标准视图"中的"上视"按钮,如图 4-39 中②所示。结果如图 4-39 中③所示。选择"文件"→"另存为"命令,保存文件。

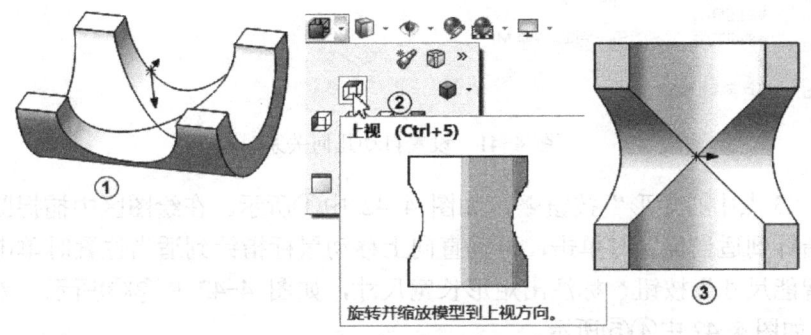

图 4-39 修改特征尺寸并用"上视"查看

7)双击小圆孔切除特征的"草图 4",单击"编辑草图",如图 4-40 中①②所示。单击"正视于"按钮,如图 4-40 中③所示,进入草图绘制界面。右击圆,从弹出的快捷菜单中选择"删除"命令,如图 4-40 中④⑤所示,从弹出的"草图实体删除确认"对话框中单击"是"按钮,如图 4-40 中⑥所示。

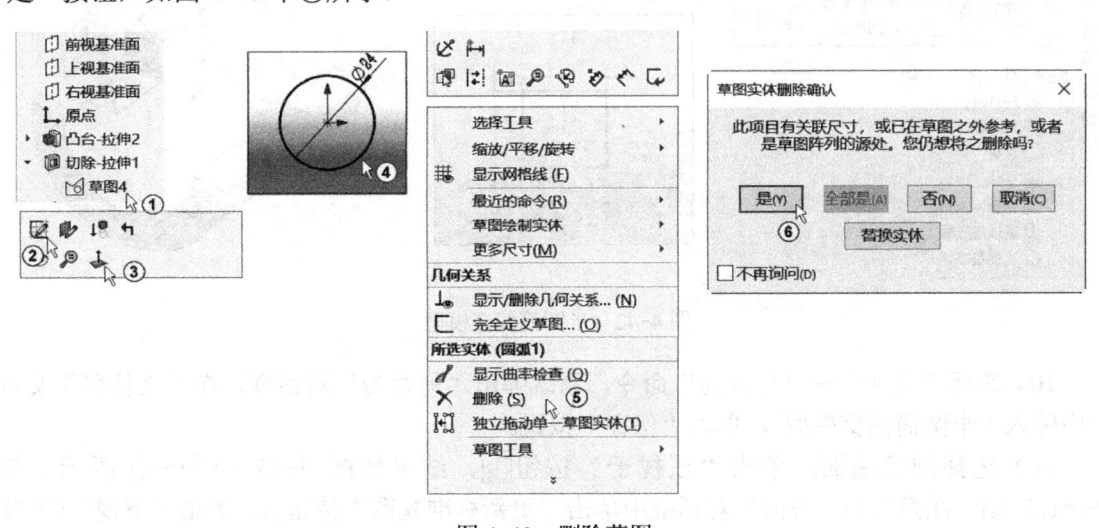

图 4-40 删除草图

8）选择"SolidWorks"→"工具"→"选项"命令，如图4-41中①～③所示。在弹出的"系统选项-普通"对话框中选择"系统选项"→"几何关系/捕捉"，如图4-41中④⑤所示。选中"自动几何关系"复选框，如图4-41中⑥所示。单击"确定"按钮。

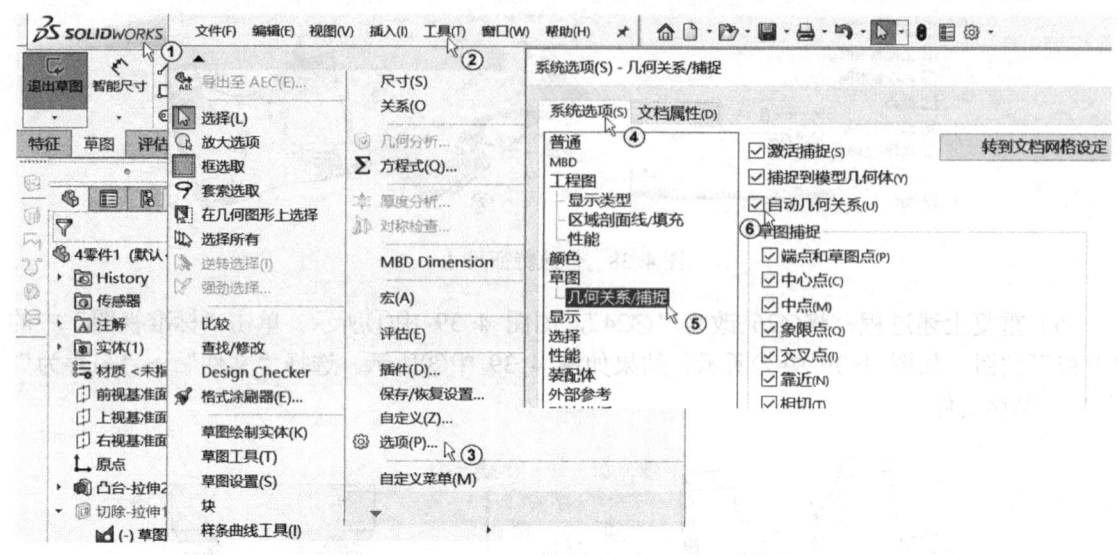

图4-41 设置自动几何关系

9）单击"3点中心矩形"按钮，如图4-42中①所示。在绘图区中捕捉圆心，水平向右移动鼠标指针到适当位置时单击，再垂直向上移动鼠标指针到适当位置时单击，绘制出矩形。单击"智能尺寸"按钮标注出矩形长宽尺寸，如图4-42中②③所示。单击"重建模型"按钮，如图4-42中④⑤所示。

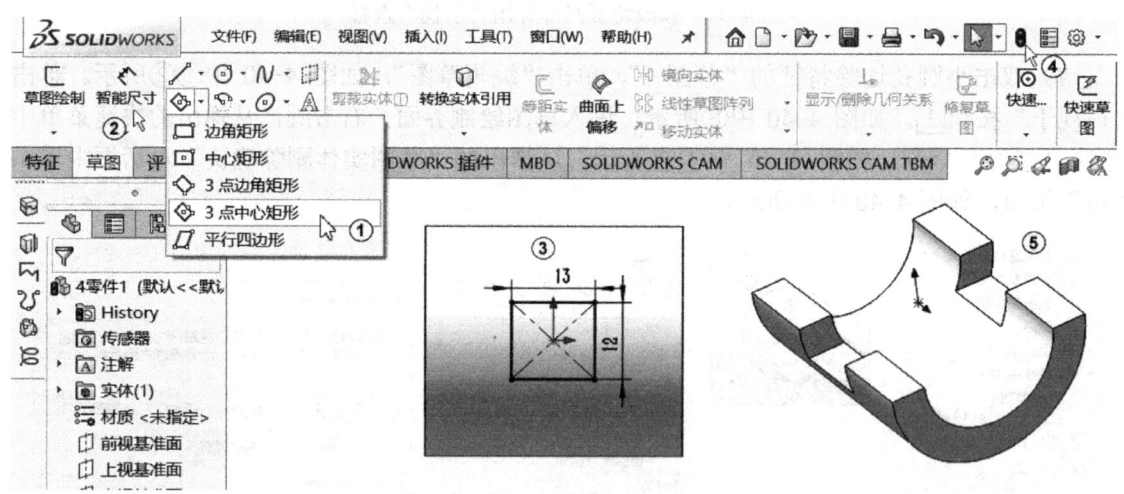

图4-42 半圆筒截交模型

10）选择"文件"→"另存为"命令，系统弹出"另存为"对话框，在"文件名"文本框中输入"半圆筒截交模型"，单击"保存"按钮。

11）选择圆筒端面，单击"正视于"按钮，结果如图4-43中①～③所示。按〈Space〉键，在弹出的"方向"对话框中单击"更新标准视图"按钮，单击"下视"（不要双击），如图4-43中④⑤所示。系统弹出"SolidWorks"对话框，单击"是"按钮，标准视图将对应于此视图并全部更新。按下〈Ctrl+7〉组合键后可看到结果，如图 4-43 中⑥所示。单击"另保存"按钮，在"文件名"文本框输入"6 半圆筒截交模型"，单击"保存"按钮。

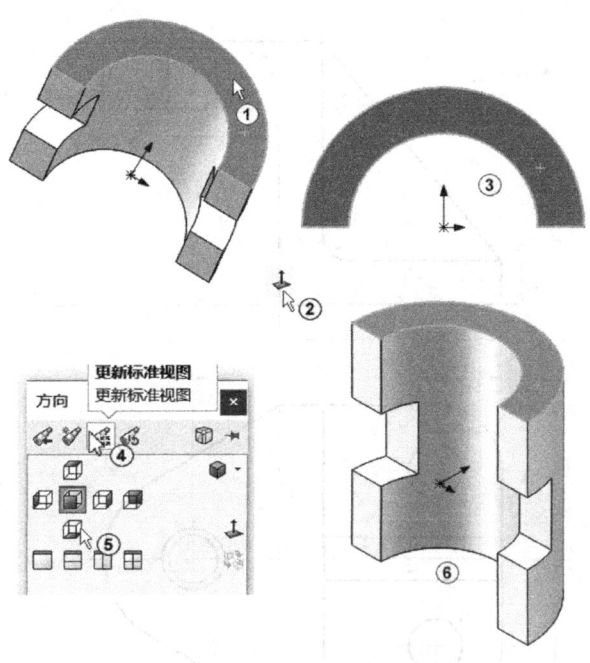

图 4-43 更新标准视图

圆角特征可以在零件上生成一个内圆角面或外圆角面，也可以为一个面的所有边线、所选的多组面、所选的边线或边线环生成圆角。生成圆角特征的一般步骤如下。

1）单击"特征"面板中的"圆角"按钮。
2）选择圆角类型（圆角类型包括：等半径、变半径、面圆角、完整圆角）。
3）选择需要添加圆角的边或面。
4）输入圆角半径。
5）设定圆角参数（圆角选项包括：变半径圆角、切线延伸、曲率连续、等宽等）。
6）单击"确定"按钮。

其中"变半径"是指生成带可变半径值的圆角；"面圆角"是指将非相邻、非连续的面圆角；"完整圆角"是指生成相切于三个相邻面组的圆角。

【例 4-2】 建立如图 4-44 所示的托架模型。本例的目的是使读者熟悉 SolidWorks 的基本操作过程。

1）打开在第 2 章中建立的已经修改过草图和特征的"L 形板"文件，单击"特征"面板，再单击"圆角"按钮，系统弹出"圆角"属性管理器，选择"恒定大小圆角"，如图 4-45 中①②所示。在"圆角参数"下拉列表框中选择"对称"选项，在"半径"文本框中输入"15"，如图 4-45 中③④⑤所示。在"要圆角化的项目"列表框中，选择需要倒圆角的两条边线，如图 4-45 中⑥⑦⑧所示，确定没有问题，单击"确定"按钮，如图 4-45 中⑨所示。

2）选择"前视基准面"，单击"正视于"按钮，如图 4-46 中①②所示。单击"草图绘制"按钮，再单击"圆（R）"按钮，如图 4-46 中③④所示。先用鼠标接触一下所倒圆角半径，然后选定圆心，单击选定圆心，在远离圆心处任意位置单击，如图 4-46 中⑤⑥所示。单击"智能尺寸"按钮，如图 4-46 中⑦所示。选择刚绘制的圆，修改尺寸为"12"，如图 4-46 中⑧⑨所示。

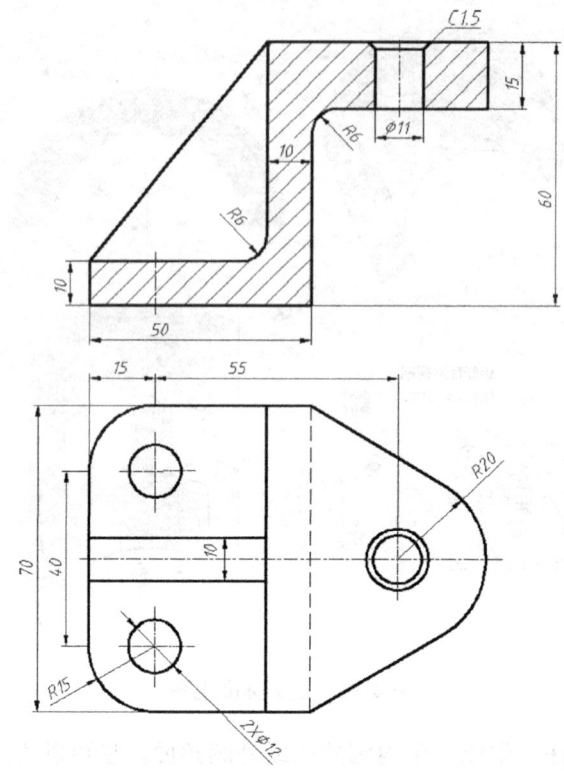

图 4-44 托架模型

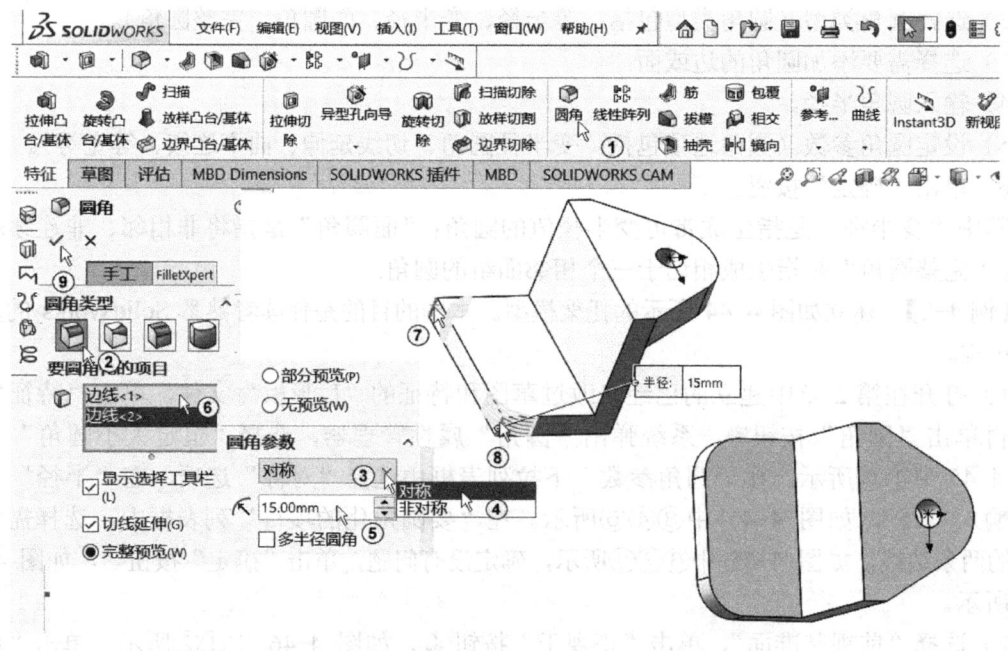

图 4-45 倒圆角

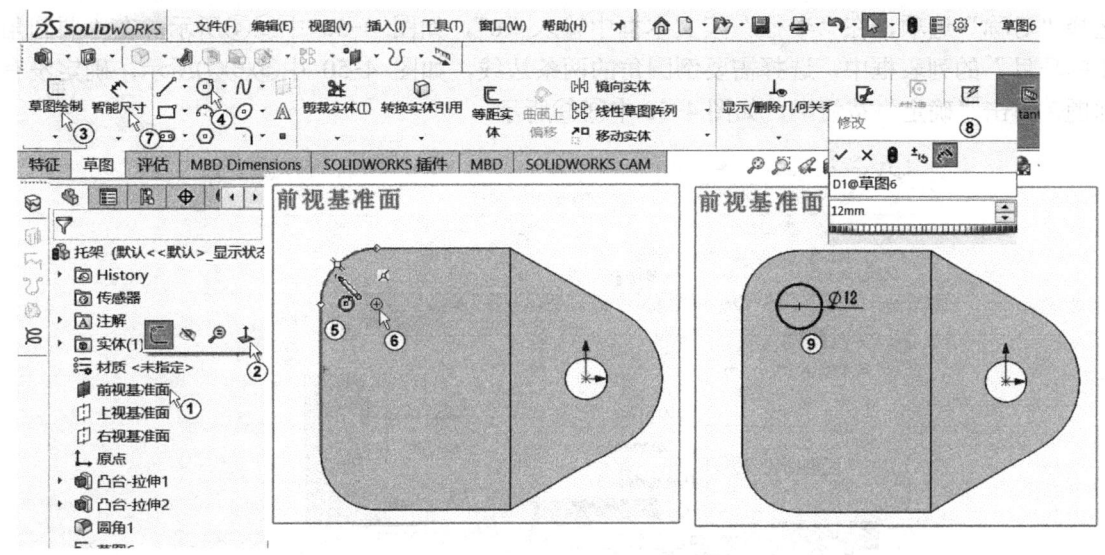

图 4-46 画圆

3）用同样的方法在另一个倒圆角处画圆，按住〈Ctrl〉键选择两个圆，在弹出的"添加几何关系"选项组中选择"相等（Q）" =，单击"确定"按钮 ✓，如图 4-47 中①～⑤所示。

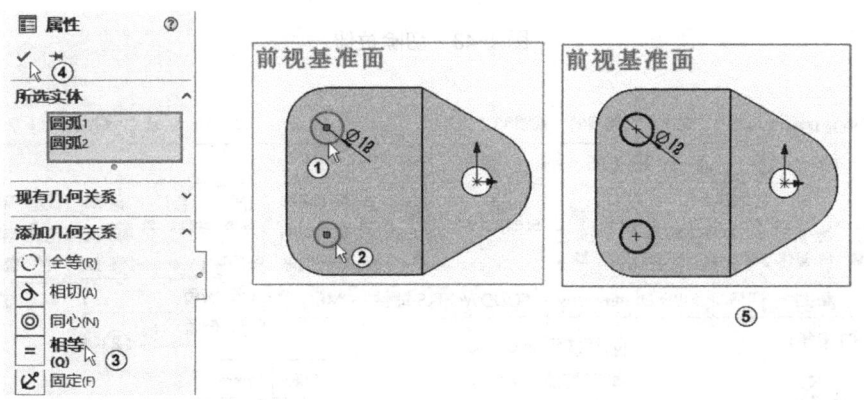

图 4-47 相等约束

4）切换到"特征"面板，单击"切除拉伸"按钮，如图 4-48 中①②所示。系统弹出"切除-拉伸"属性管理器，在"方向 1"选项组的"终止条件"下拉列表框中选择"完全贯穿"，单击"反向"按钮，如图 4-48 中③④⑤所示。"所选轮廓"选择"草图 6"，其他采用默认设置。预览图如图 4-48 中⑦所示。单击"确定"按钮 ✓ 完成切除拉伸操作。按〈Ctrl+7〉组合键，结果如图 4-48 中⑧⑨所示。

5）顶板圆倒角。在"特征"面板选择"倒角"，如图 4-49 中①②所示，在弹出的"倒角"属性管理器中，"倒角类型"为"距离-距离"，"倒角参数"选择"对称"，"倒角距离"输入"1.5"，如图 4-49 中③④所示，"要倒角化的项目"选择圆的一条边线，如图 4-49 中⑤⑥所示，单击"确定"按钮 ✓，如图 4-49 中⑦⑧所示。

6）单击"特征"面板，单击"圆角"按钮，系统弹出"圆角"属性管理器，"圆角类型"选择"恒定大小圆角"按钮，如图 4-50 中①②所示，在"圆角参数"下拉列表框中选择"对称"选项,在"半径"文本框中输入"6",如图 4-50 中③④所示,在"要圆角化的项目"的列表框中,选择需要倒圆角的两条边线,如图 4-50 中⑤⑥⑦所示,确定没有问题,单击"确定"按钮✔,如图 4-50 中⑧⑨所示。

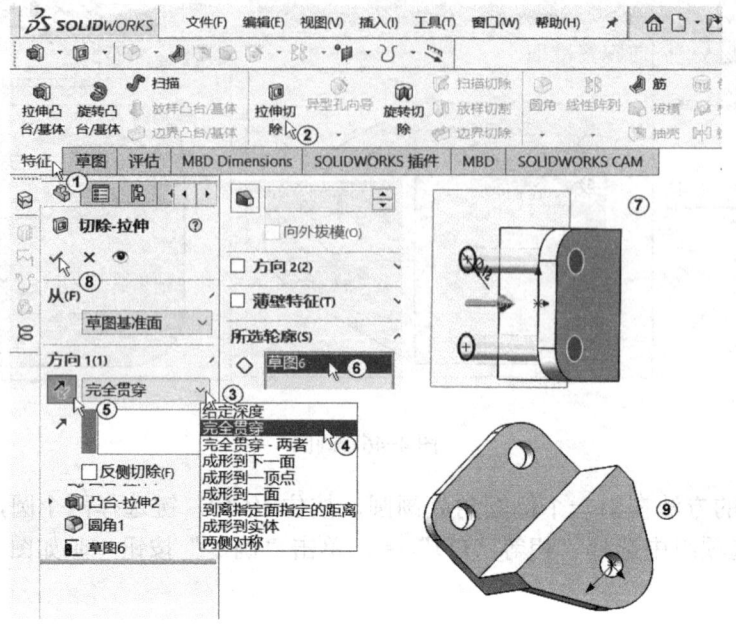

图 4-48　切除拉伸

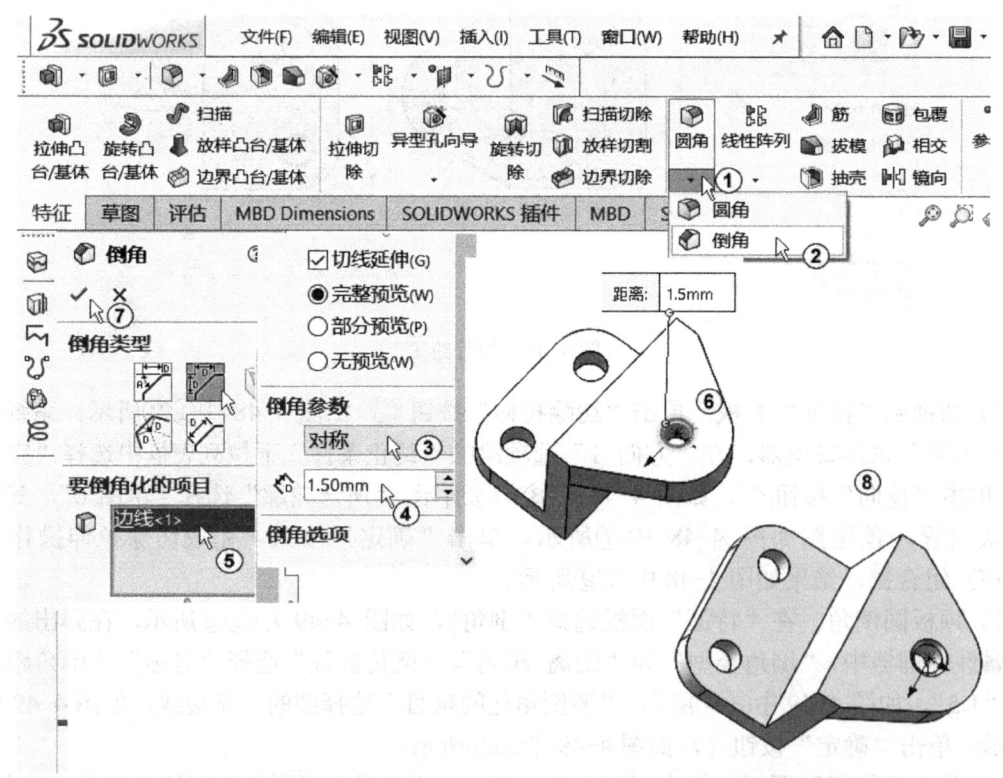

图 4-49　倒角

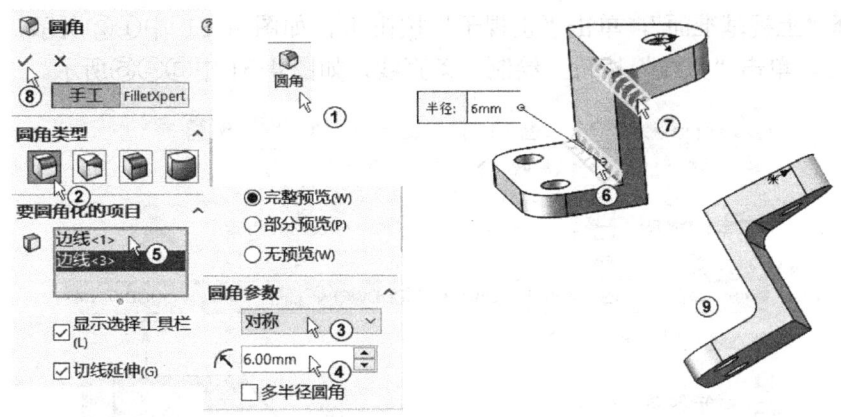

图 4-50 倒圆角

7)另存为。将绘制好的图形另存在其他位置,文件名命名为"7 托架",单击"保存"按钮。

4.3 筋

筋是加强零件强度的一种手段。它在绘制的轮廓与现有零件之间添加指定方向和厚度的材料。可使用单一或多个草图轮廓生成筋。在生成筋的同时可以添加拔模特征。

4.3.1 筋基础知识

1. 添加筋的步骤

1)绘制直线草图。
2)选中草图,在"特征"面板中单击"筋"按钮。
3)输入厚度,选择厚度类型,选择拉伸方向,可以选择"拔模"选项,输入拔模角度。
4)单击"确定"按钮。

2. "筋"属性管理器参数

- 第一边：厚度向第一边增加。
- 两侧：厚度向两侧增加。
- 第二边：厚度向第二边增加。
- 筋厚度：输入筋的厚度值。
- 平行于草图：平行于草图方向生成筋。
- 垂直于草图：垂直于草图方和生成筋。
- 反转材料方向:选中这个选项,生成筋的方向相反。
- 拔模开关：打开拔模开关,可生成带拔模的筋。
- 所选实体:多实体添加筋时需要指定添加筋的对象实体。
- 所选轮廓：草图有相交轮廓时需要指定需要的轮廓。

4.3.2 创建平行于草图的筋实例

创建筋。打开 4.2.3 节创建的拉伸/切除实例"7 托架"零件文件。

1）选择"上视基准面",单击"正视于"按钮,如图 4-51 中①②所示。单击"草图绘制"按钮,单击"直线"按钮绘制一条直线,如图 4-51 中③④⑤所示。

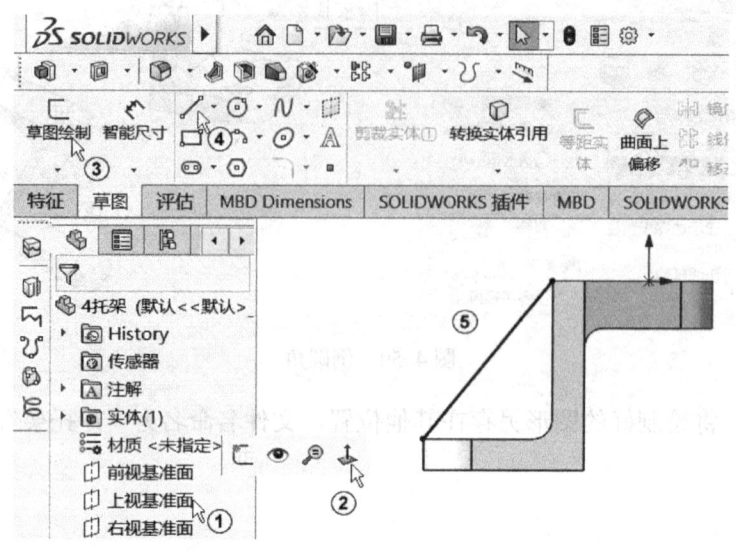

图 4-51 画筋的草图

2）在特征管理器中选择筋草图,在"特征"面板中单击"筋"按钮,系统弹出"筋"属性管理器。选择"厚度"类型为"两侧",在"筋厚度"文本框中输入"10",选择"拉伸方向"为"平行于草图",其他采用默认设置,单击"确定"按钮完成筋特征操作,如图 4-52 中⑥所示。

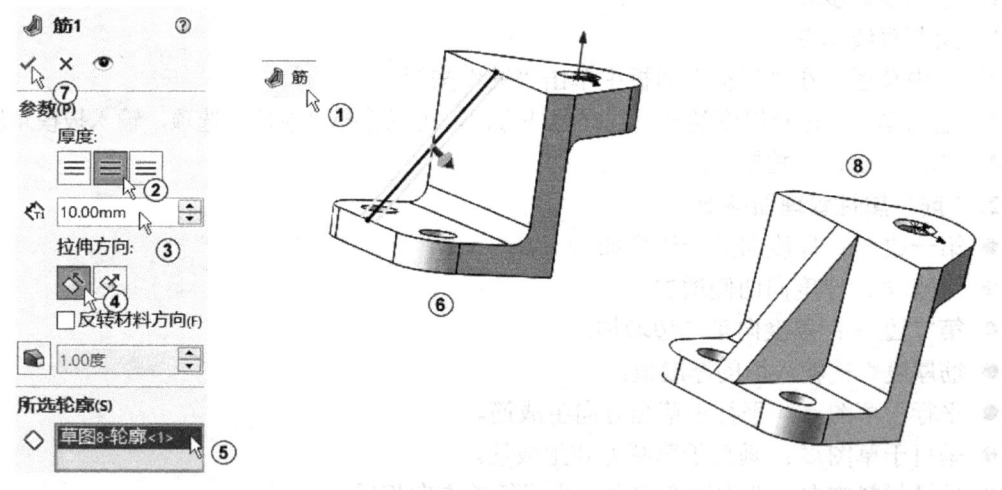

图 4-52 平行于草图的筋

3）为了使图形看起来更美观,需要把相切边线隐藏起来,选择"工具"→"选项"命令,系统弹出"系统选项（S）-显示"对话框,单击"显示",在"零件/装配图上的相切边线显示"选项中选择"移除",单击"确定"按钮,如图 4-53 中①～④所示。结果如图 4-53 中⑤所示。单击"保存"按钮,选择想要保存文件的地方,在"文件名（N）"文本框中输入"7 托架",单击"保存"按钮完成对文件的保存。

图 4-53 隐藏相切边线

4.4 旋转/切除旋转

4.4.1 旋转/切除旋转的基本知识

"旋转"命令可将草图轮廓沿指定的旋转轴旋转生成实体特征。"切除旋转"命令可将草图轮廓沿指定的旋转轴旋转生成的特征从已有实体中切除。旋转类型有基体（凸台）旋转、薄壁旋转、切除旋转、曲面旋转，见表4-1。

表 4-1 旋转类型

序号	旋转类型	模型	序号	旋转类型	模型
1	基体（凸台）		2	薄壁	
3	切除		4	曲面	

1. 创建旋转和切除旋转的步骤

1）绘制旋转/切除旋转草图。

2）单击"旋转凸台/基体"按钮或"旋转切除"按钮。
3）选择旋转轴。
4）设置旋转参数。
5）单击"确定"按钮。

2. "旋转"和"切除旋转"属性管理器参数

● 旋转轴：旋转必须指定旋转轴。旋转轴可以是中心线、实线、模型边线和轴线。
● 反向：使旋转方向反向。
● 角度：输入旋转角度值。
● 单向：单方向旋转。
● 两侧对称：在草图平面向两侧对称旋转。
● 双向：向两个方向旋转，需输入两个方向的旋转角度值。
● 多轮廓：在轮廓相交的草图中需指定拉伸的轮廓。
● 合并结果：选择此选项，旋转结果将与原有实体合并成一个实体，这个选项只有在创建第二个旋转时才出现。
● 特征范围：切除旋转经过多个实体时，需要指定切除实体的范围。
● 所有实体：切除所有实体。
● 所选实体：需要指定切除的实体。
● 自动选择：由系统自动选择。
● 薄壁特征：选择此选项可创建薄壁特征。
● 反向：以反方向旋转生成旋转特征。

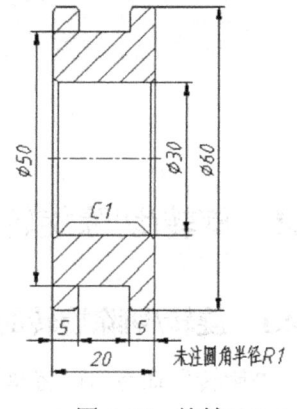

【例 4-3】 滑轮旋转实例，如图 4-54 所示。

1）选择"文件"→"新建"命令，在弹出的"新建 SolidWorks 文件"对话框中选择"零件"，单击"确定"按钮。

2）从特征管理器中选择"前视基准面"，单击"正视于"按钮，再单击"草图"切换到"草图"绘制面板，然后单击"草图"面板中的"中心线（N）"按钮，在草图中绘制出一条

图 4-54 旋转

过原点的水平和竖直中心线，然后单击"草图"面板中的"边角矩形"按钮，在绘图区绘制两个矩形草图，如图 4-55 中①所示。单击"添加几何关系"按钮，系统弹出"添加几何关系"属性管理器，选择两条边线和一条竖直中心线，单击属性管理器中的"对称（S）"按钮，如图 4-55 中②~⑥所示。同理对⑦⑧边线作同样的对称操作。单击"确定"按钮。

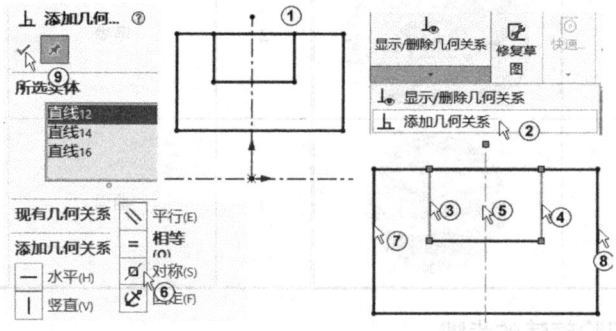

图 4-55 草图

3）单击"草图"面板中的"智能尺寸"按钮，对相关尺寸进行尺寸标注，然后单击"剪裁实体"按钮，对相关线段进行剪裁，如图 4-56 中①~④所示。

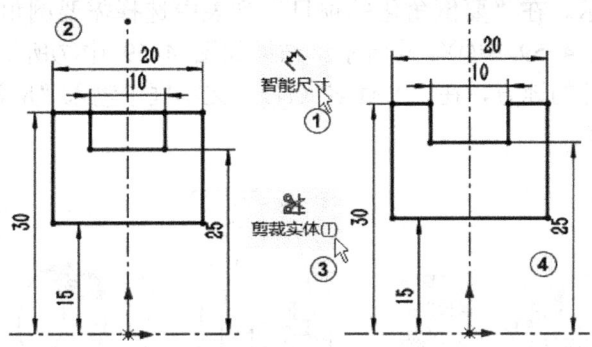

图 4-56 尺寸标注及剪裁

4）单击"特征"，切换到"特征"面板，单击"特征"面板中的"旋转凸台/基体"，系统弹出"旋转"属性管理器。单击"旋转轴"后的列表框，选择通过原点的中心线作为旋转轴，如图 4-57 中①②所示。在"角度"文本框中输入"360"，"所选轮廓"选择"草图 1"，其他采用默认设置，如图 4-57 中③④⑤所示。单击"确定"按钮，如图 4-57 中⑥⑦所示。

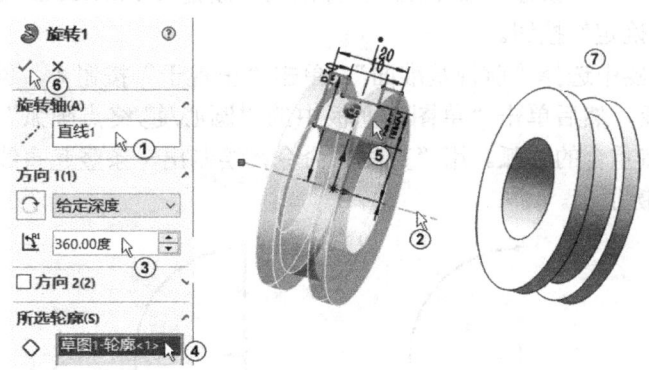

图 4-57 旋转

5）圆角。在旋转操作完成之后，在"特征"面板中单击"圆角"按钮，系统弹出"圆角"属性管理器。"圆角类型"选择"恒定大小圆角"，"圆角参数"选择"对称"，在"半径"文本框中输入"1"，然后在"要圆角化的项目"中选择需要圆角化的线，如图 4-58 中①~⑥所示。单击"确定"按钮，如图 4-58 中⑦⑧所示。

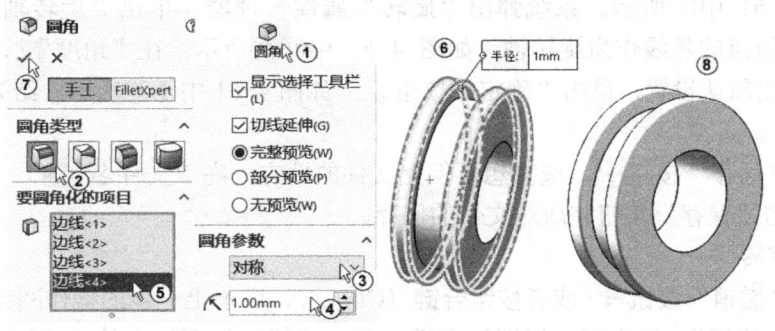

图 4-58 圆角

6)倒角。在"特征"面板中单击"倒角"按钮◎,系统弹出"倒角"属性管理器。"倒角类型"选择"距离-距离","倒角参数"选择"对称",在"距离"文本框中输入"1"。如图 4-59 中①②③所示。在"要倒角化的项目"列表中选择需要倒角的两条圆边线。单击"确定"按钮✓,如图 4-59 中④⑤⑥所示。结果如图 4-59 中⑦所示。单击"保存"按钮🖫,选择想要保存文件的地方,在"文件名(N)"文本框中输入"8 滑轮",单击"保存"按钮完成对文件的保存。

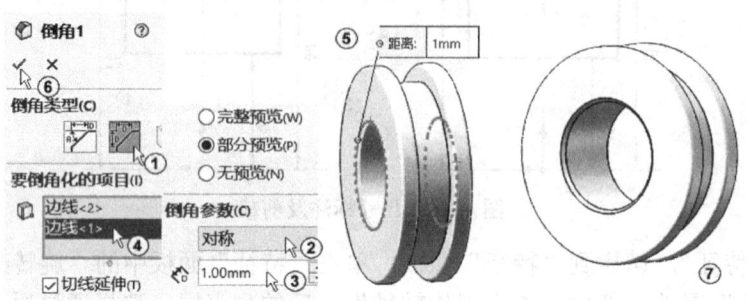

图 4-59 倒角

【例 4-4】 球瓣旋转实例。

1)选择"文件"→"新建"命令🗋,在弹出的"新建 SolidWorks 文件"对话框中选择"零件"🗐,单击"确定"按钮。

2)从特征管理器中选择"前视基准面",单击"正视于"按钮↧,再单击"草图"切换到"草图"绘制面板,然后单击"草图"面板中的"圆心/起/终点画弧"按钮⌒,在绘图区绘制一个圆心与原点重合的圆弧。用"直线"命令╱绘制出一条竖起直线,如图 4-60 中①②所示。按〈Esc〉键退出。

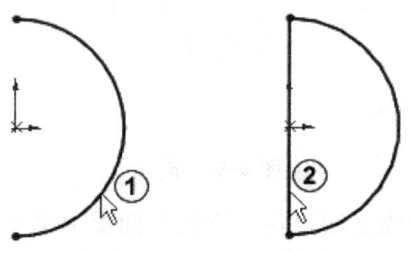

图 4-60 绘制草图

3)单击"特征",切换到"特征"面板,单击"特征"面板中的"旋转凸台/基体"按钮 🗞,如图 4-61 中①所示。系统弹出"旋转"属性管理器,单击"旋转轴"╱后的列表框,选择通过原点的竖线作为旋转轴,如图 4-61 中②③所示。在"角度"┗文本框中输入"45",其他采用默认设置,单击"确定"按钮✓,如图 4-61 中④⑤所示。结果如图 4-61 中⑥所示。

4)单击"保存"按钮🖫,选择想要保存文件的地方,在"文件名(N)"文本框中输入"9 球瓣",单击"保存"按钮完成对文件的保存。

3. 薄壁旋转

1)单击"撤销"按钮↶·或者按组合键〈Ctrl+Z〉,取消上一步的操作回到草图状态。

2)单击"特征",切换到"特征"面板,单击"特征"面板中的"旋转凸台/基体"按钮，系统弹出"旋转"属性管理器。单击"旋转轴"后的列表框，选择通过原点的竖线作为旋转轴，在"角度"文本框中输入"45"，如图 4-62 中①~③所示。选择"薄壁特征"选项，选择加厚方式为"单向"，输入厚度为"2"，其他采用默认设置，如图 4-62 中④⑤所示。单击"确定"按钮后弹出"重建模型错误"提示框，如图 4-62 中⑥⑦所示。根据错误提示单击"反向"按钮使壁厚方向向内，如图 4-62 中⑧所示。单击"确定"按钮完成薄壁旋转操作。结果如图 4-62 中⑨所示。单击"保存"按钮，选择想要保存文件的地方，在"文件名（N）"文本框中输入"10 薄壁旋转"，单击"保存"按钮完成对文件的保存。

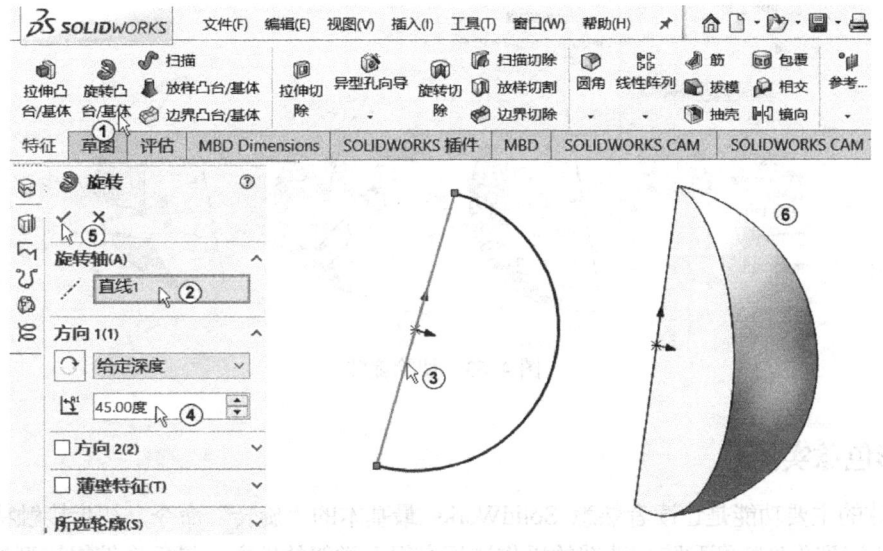

图 4-61 旋转

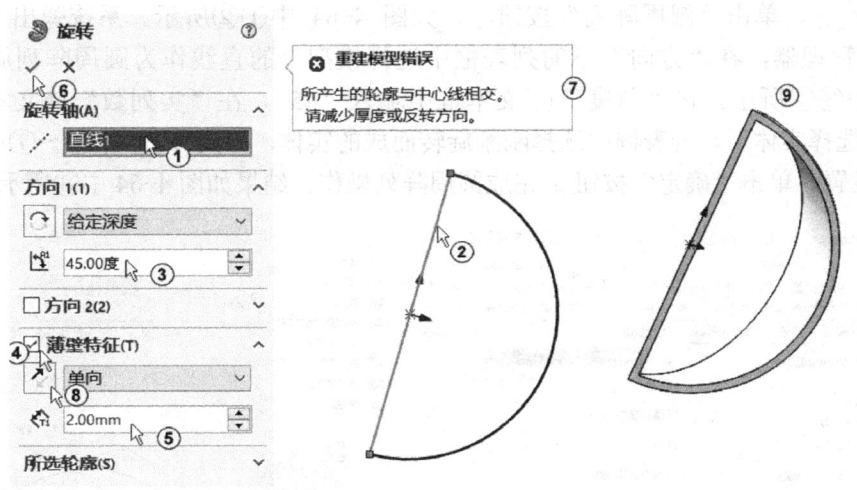

图 4-62 薄壁旋转

4．切除旋转

打开刚保存的"9 球瓣"零件文件。选择面，绘制出一个矩形，如图 4-63 中①②所示。单击"特征"，切换到"特征"面板，单击"旋转切除"按钮，如图 4-63 中③所示。系统弹出"切除-旋转"属性管理器，在"旋转轴"列表框中输入与原点对齐的竖直构造线作为旋转轴,在"角度"文本框中输入"180",如图 4-63 中④⑤所示,其他采用默认设置。单击"确定"按钮后弹出"重建模型错误"提示框,如图 4-63 中⑥⑦所示。根据错误提示信息单击"反向"按钮,如图 4-63 中⑧所示。单击"确定"按钮,结果如图 4-63 中⑨所示。单击"保存"按钮,选择想要保存文件的地方,在"文件名(N)"文本框中输入"11 球瓣旋转切割",单击"保存"按钮完成对文件的保存。

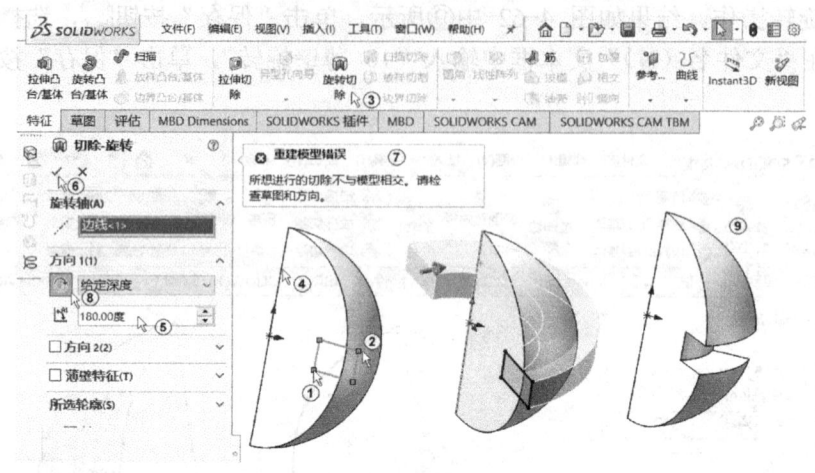

图 4-63 切除旋转

4.4.2 彩色球实例

彩色球的主要功能是让读者熟悉 SolidWorks 最基本的"旋转"命令,初步接触特征和实体的不同,认识到阵列特征和阵列草图的操作过程有很多类似的地方,最后会编辑模型的外观。

1)打开刚保存的"球瓣旋转切割"零件文件。单击"特征"面板中"线性阵列"的级联按钮，单击"圆周阵列"按钮,如图 4-64 中①②所示。系统弹出"阵列(圆周)"属性管理器,在"方向"下的列表框中选择模型上的直线作为圆周阵列旋转轴,如图 4-64 中③④所示。在"角度"文本框中输入"45",在"实列数"文本框中输入"8",在"选择实体"列表框中选择刚刚旋转而成的实体,如图 4-64 中⑤~⑦所示。其他采用默认设置。单击"确定"按钮完成圆周阵列操作。结果如图 4-64 中⑧所示。

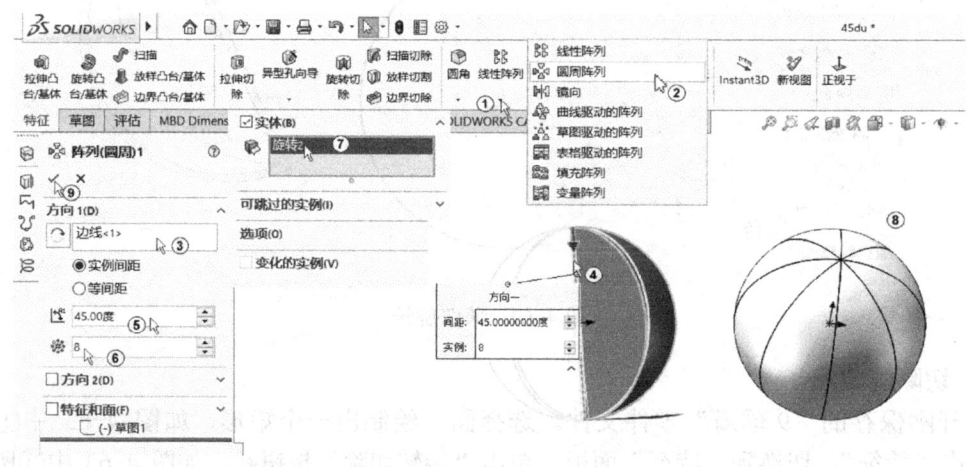

图 4-64 圆周阵列

2）编辑外观。右击如图 4-65 中①箭头所指的面。单击"编辑外观"按钮，选择"面<1>"，如图 4-65 中②③所示，系统弹出"颜色"属性管理器，在属性管理器中选择"粉红"色块如图 4-65 中④所示，然后单击"确定"按钮。结果如图 4-65 中⑥所示。

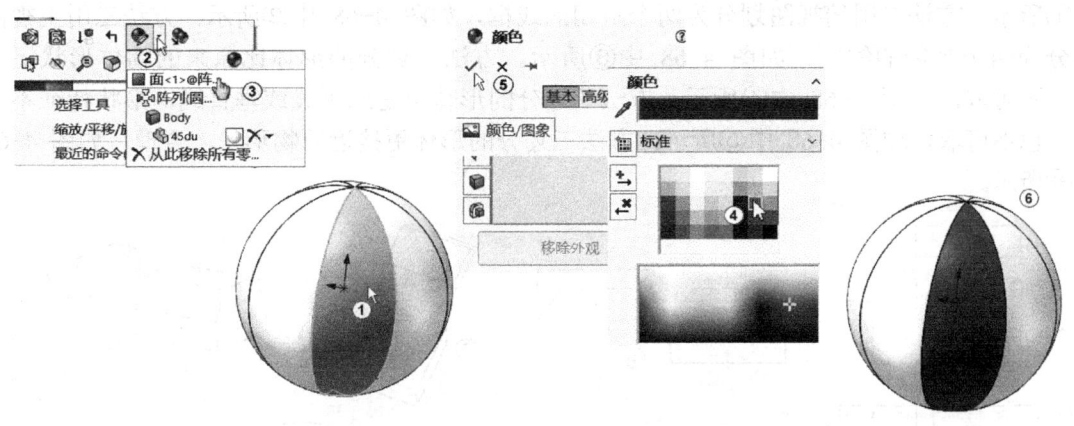

图 4-65　编辑外观

3）用同样的方法对球的其他 7 个面进行外观颜色编辑，最后结果如图 4-66 所示。

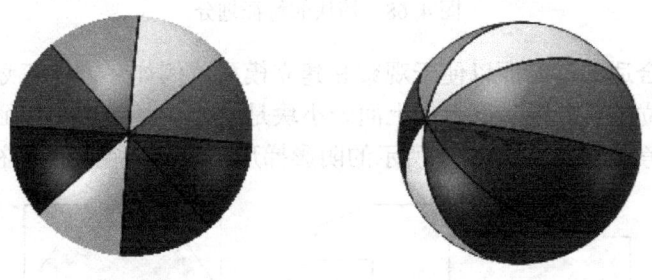

图 4-66　彩色球

4.5 实例

4.5.1 撞块

零件是由特征按照一定的位置或拓扑关系组合而成的。零件的造型过程，实际上就是构成特征进行组合的过程。简单的形体（长方体、圆柱和球）可以直接拉伸或旋转而成；复杂的形体可以看成是由简单的形体组合而成的。构建复杂形体时，对特征的分解关系到后续建模的效率、修改的难易程度。

【例 4-5】 建立如图 4-67 所示的撞块零件模型。这是一个典型的叠加组合体，即由各基本体一个个用"搭积木"的方式构成。

分析：看图时，通常从最能反映零件形状的特征视图着手，按照线框将组合体划分为若干基本体，然

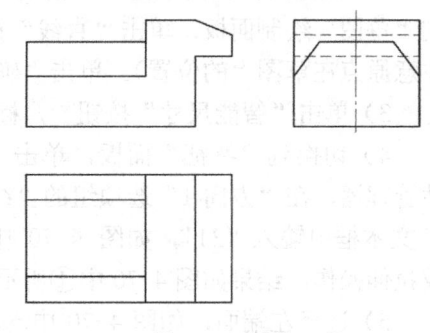

图 4-67　撞块

后对照其他视图，运用投影规律，想象出其空间形状、相对位置以及连接形式，最后综合想象出组合体的整体形状。划分形体的封闭线框范围时比较灵活，要以便于想出基本形体的形状为原则。撞块有 3 种不同的划分方法：方法一用左视图划分为两个封闭的线框，如图 4-68 中①所示；方法二用俯视图划分为两个封闭的线框，如图 4-68 中②所示；方法三用主视图划分为两个封闭的线框，如图 4-68 中③所示。方法一划分的形体比原来的物体形状还复杂，不可取，如图 4-68 中④所示；方法二划分的形体全是水平线或垂直线，形状特征不明显，也不可取，如图 4-68 中⑤所示；方法三划分的形体更接近原物形状，合理，如图 4-68 中⑥所示。

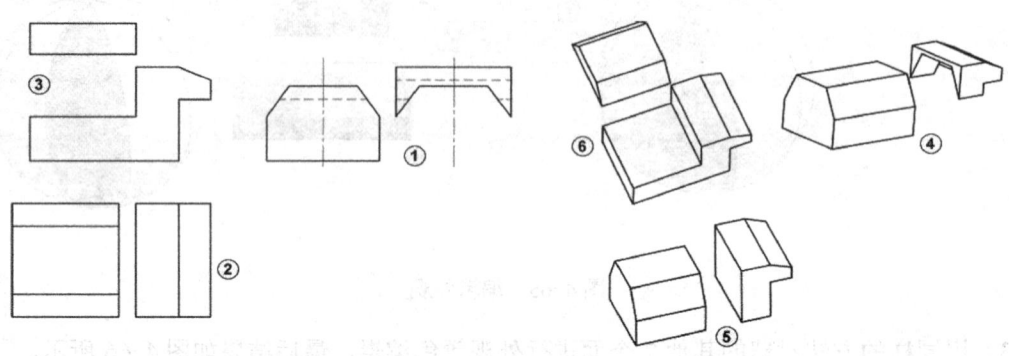

图 4-68　撞块的特征划分

根据构形选择合适的基准面以便于观察和建立模型。例如，方法三划分的较大的一块形状特征明显，且就位于"前视"面上；上面一小块是长方体，其形状特征需要结合左视图并添加一条水平线来考虑，如图 4-69 中所示的阴影梯形，形状特征在"右视"面上。

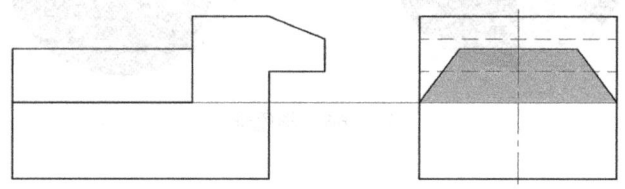

图 4-69　撞块形状特征

撞块的建模步骤如下。

1）新建文件。选择"文件"→"新建"命令，在弹出的"新建 SolidWorks 文件"对话框中选择"零件"或"模板"，单击"确定"按钮。

2）从特征管理器中选择"前视基准面"，单击"正视于"按钮，单击"草图"，切换到"草图"绘制面板，单击"直线"按钮，绘制出如图 4-70 中①所示的"草图 1"（应注意原点在草图上的位置）。单击"确定"按钮。

3）单击"智能尺寸"按钮，标注尺寸，如图 4-70 中②所示。

4）切换到"特征"面板，单击"拉伸凸台/基体"按钮，系统弹出"凸台-拉伸"属性管理器，在"方向 1"选项组的"终止条件"下拉列表框中选择"两侧对称"，在"深度"文本框中输入"31"，如图 4-70 中③所示。其他采用默认设置，单击"确定"按钮完成拉伸操作，结果如图 4-70 中④所示。

5）选择左端面，如图 4-70 中⑤所示，单击"正视于"按钮，切换到"草图"面板，单击"直线"按钮，绘制出两条斜线，单击"中心线"按钮，绘制出一条垂直中心线，如图 4-71 中①所示。按着〈Ctrl〉键选择刚刚绘制的 3 条线，在系统自动弹出的"属性"管理器中选择"对称"，如图 4-71 中②所示。再次单击"直线"按钮，将两条对称线连接起来，如图 4-71 中③所示。在系统自动弹出的"线条属性"属性管理器中选择"水平"，如图 4-71 中④所示，结果如图 4-71 中⑤所示。再绘制一条水平线，如图 4-71 中⑥所示。

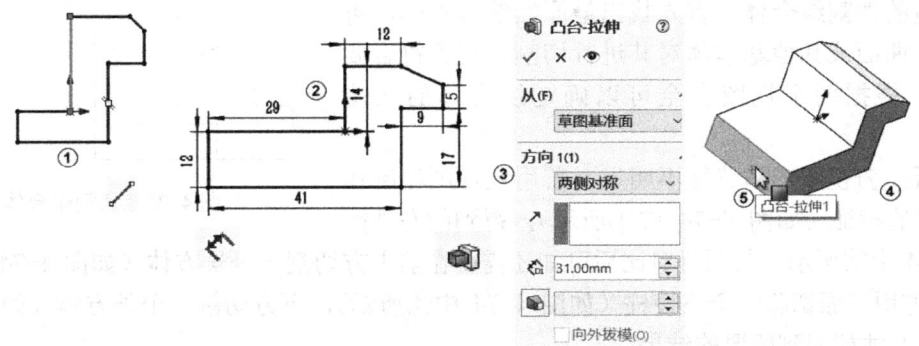

图 4-70　建立基础特征

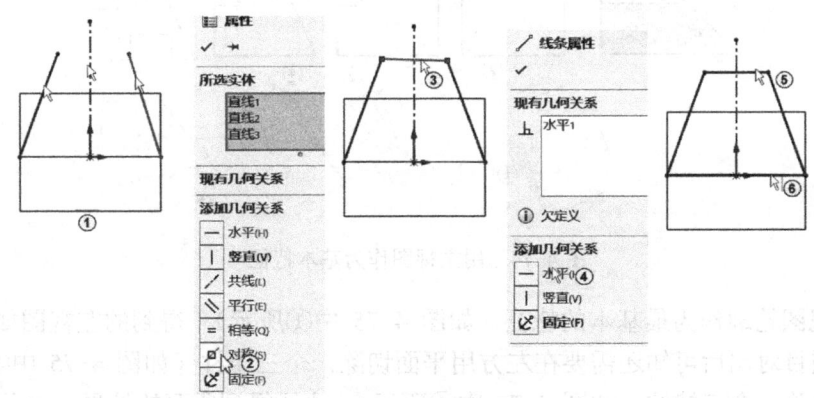

图 4-71　绘制草图

6）单击"智能尺寸"按钮，标注尺寸，如图 4-72 中①所示。

7）切换到"特征"面板，单击"拉伸凸台/基体"按钮，系统弹出"凸台-拉伸"属性管理器，单击"反向"按钮改变拉伸方向，在"方向 1"选项组的"终止条件"列表框中选择"成形到一面"，移动鼠标指针在绘图区选择模型上的一个面，如图 4-72 中②~④所示。其他采用默认设置，单击"确定"按钮完成拉伸操作，结果如图 4-72 中⑤所示。

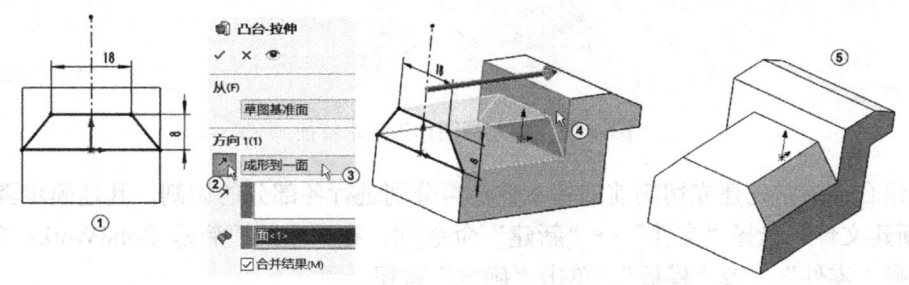

图 4-72　建立撞块模型

8）单击"另保存"按钮，在"文件名"文本框中输入"13 撞块"，单击"保存"按钮。

4.5.2 切割组合体

【例 4-6】 建立如图 4-73 所示的切割组合体。这是一个典型的切割组合体，首先找出最原始的基本体，再用平面、曲面或其他基本体对其进行切割，直到符合要求为止。根据两个视图完全可以确定组合体的立体形状。

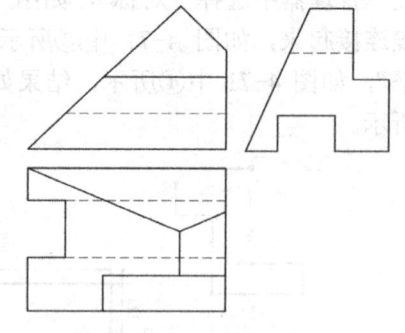

图 4-73 切割组合体

分析：俯视图形体特征不明显，若用主视图轮廓作为最基本的特征（如图 4-74 中①所示），得到的左视图如图 4-74 中②所示。与题目对比后可知还需要在前上方切割一个长方体（如图 4-74 中③所示），后方用平面切除一个三棱柱（如图 4-74 中④所示），下方切割一个长方体（如图 4-74 中⑤所示）才能得到所要的结果。

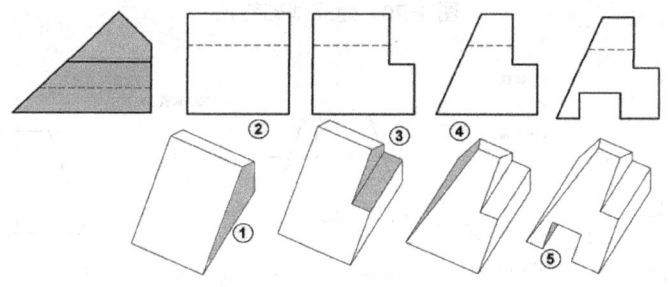

图 4-74 用主视图作为基本特征

若用左视图轮廓作为最基本的特征（如图 4-75 中①所示），得到的左视图如图 4-75 中②所示。与题目对比后可知还需要在左方用平面切除一个三棱柱（如图 4-75 中③所示），后上方用平面切除一个三棱柱（如图 4-75 中④所示），才能得到所要的结果。由此可见，这种方法步骤较少，下面的建模步骤即用此方法。

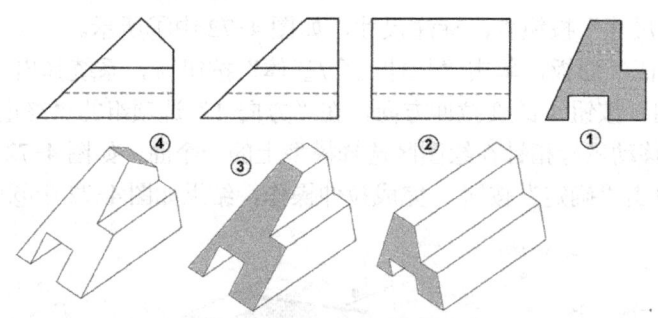

图 4-75 用左视图作为基本特征

切割组合体通常先建立切割前的基本体，再分别进行各部分的切割，其建模步骤如下。

1）新建文件。选择"文件"→"新建"命令，在弹出的"新建 SolidWorks 文件"对话框中选择"零件"或"模板"，单击"确定"按钮。

2）从特征管理器中选择"右视基准面"，单击"正视于"按钮，再单击"草图"，切换到"草图"绘制面板，然后单击"直线"按钮，注意绘图区左下角的坐标为，与我国国家标准中规定的左视图不符合，再次单击"正视于"按钮，绘图区左下角的坐标变为（即 Z 轴向右，如图 4-76 中①所示），这时再开始绘制出如图 4-76 中②所示的图形，绘制完后单击"确定"按钮。

3) 单击"智能尺寸"按钮，标注尺寸，如图 4-76 中③所示。

4) 切换到"特征"面板，单击"拉伸凸台/基体"按钮，系统弹出"凸台-拉伸"属性管理器，在"方向 1"选项组的"终止条件"下拉列表框中选择"给定深度"，在"深度"文本框中输入"55"，如图 4-76 中④所示。其他采用默认设置，单击"确定"按钮完成拉伸操作，结果如图 4-76 中⑤所示。

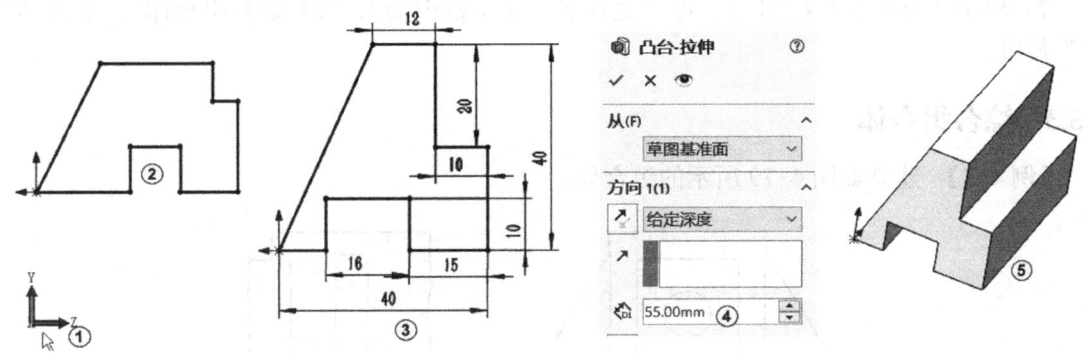

图 4-76 拉伸基体

5) 选择"前视基准面"，单击"正视于"按钮，切换到"草图"面板，单击"直线"按钮，绘制出一条斜线，单击"智能尺寸"按钮，标注尺寸，如图 4-77 中①所示。切换到"特征"面板，单击"拉伸切除"按钮，系统弹出"切除-拉伸"属性管理器，在"方向 1"选项组的"终止条件"下拉列表框中选择"完全贯穿"，选中"方向 2"复选框，并在其"终止条件"下拉列表框中也选择"完全贯穿"，如图 4-77 中②③所示。其他采用默认设置，单击"确定"按钮完成拉伸操作，结果如图 4-77 中④所示。

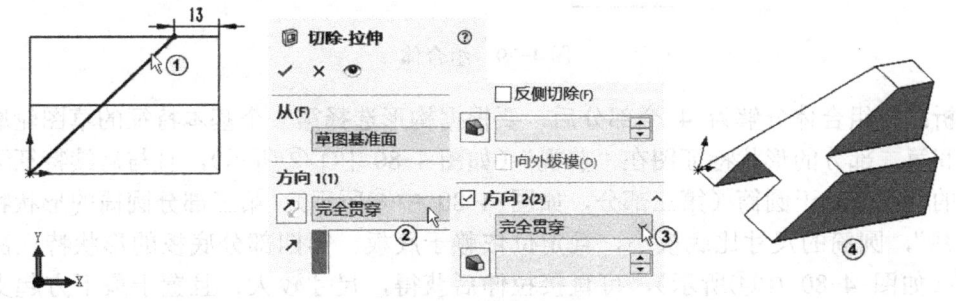

图 4-77 切除左端斜面

6) 选择"前视基准面"，单击"正视于"按钮，切换到"草图"面板，单击"直线"按钮，绘制出一条斜线，单击"智能尺寸"按钮，标注尺寸，如图 4-78 中①所示。切换到"特征"面板，单击"拉伸切除"按钮，系统弹出"切除-拉伸"属性管理器，在"方向 1"选项组的"终止条件"下拉列表框中选择"完全贯穿"，选中"方向 2"复选框，并在其"终止条件"下拉列表框中也选择"完全贯穿"，如图 4-78 中②③所示。其他采用默认设置，单击"确定"按钮完成拉伸操作，结果如图 4-78 中④所示。

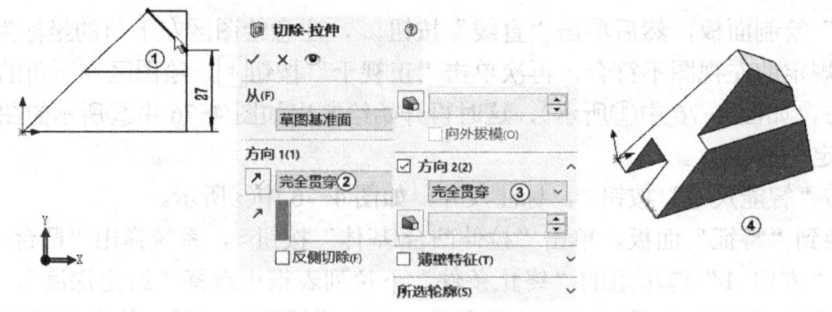

图 4-78 切除右端斜面

7）单击"另保存"按钮，在"文件名"文本框中输入"14 切割组合体"，单击"保存"按钮。

4.5.3 综合组合体

【例 4-7】 建立如图 4-79 所示的组合体。

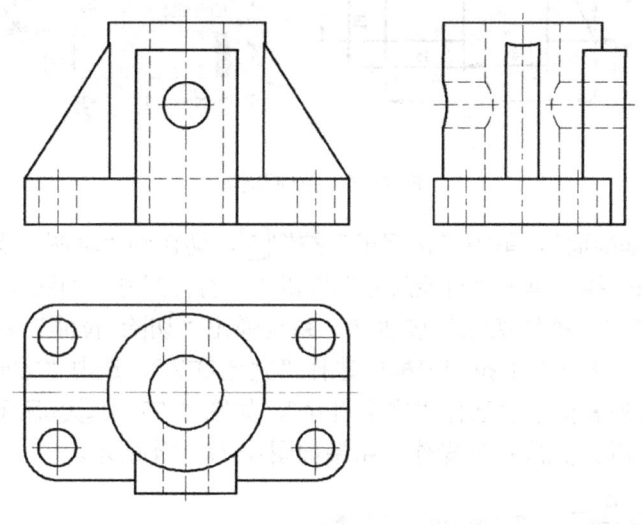

图 4-79 组合体

分析：将组合体分解为 4 个部分后，要根据构形选择第一个基本特征的草图轮廓。第一部分和第二部分的形状特征图在"前视"（如图 4-80 中①②所示），且与后续特征无关，但它们的特征依赖于圆筒（第三部分，如图 4-80 中③所示）。第三部分圆筒的形状特征图在"上视"，圆筒的尺寸比底板小，且定位依赖于底板。第四部分底板的形状特征图也在"上视"（如图 4-80 中④所示），可直接拉伸后获得，尺寸较大，且置于最下方起支撑作用。在此基础上，可利用其草图特征创建圆筒，其轮廓利用度较高，适合作为第一个基本特征草图。

建立第一个基本特征时所选的草图平面会影响到模型的观察角度，通常会选择 3 个基本面之一（如图 4-81 中①～③所示）。建模时通常使零件位置与观察方向吻合，既方便看图，也方便后续装配中的定位，以及在工程图中出图。底板草图位于"上视"，才符合正常的视图方向（如图 4-81 中③所示）。

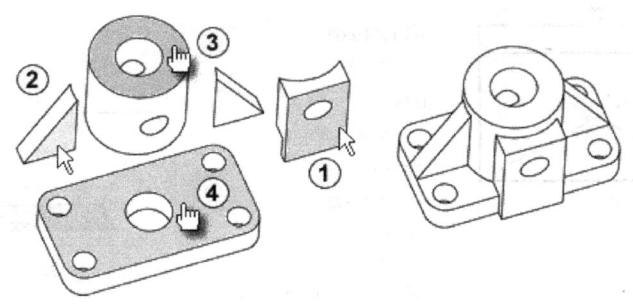

图 4-80 组合体的组成

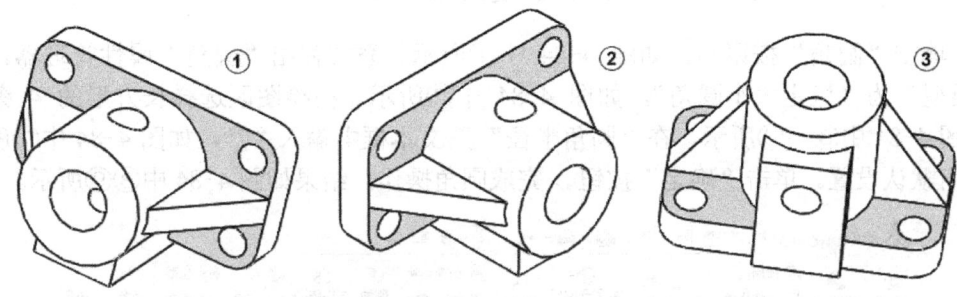

图 4-81 第 1 个基本特征的草图平面

将零件形体进行分解时，应该先叠加后切割、先外部后内部、先实心后空心。建模过程如图 4-82 中①～⑧所示。

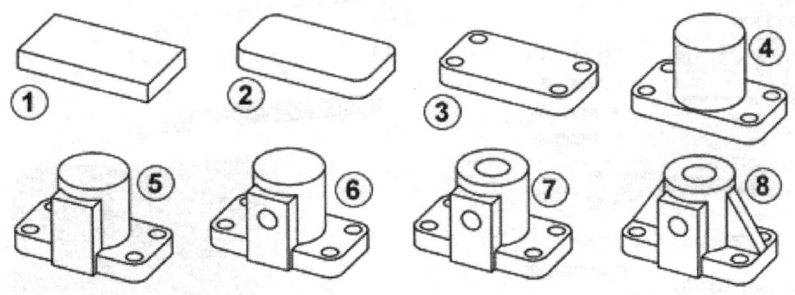

图 4-82 建模过程

组合体的建模步骤如下。

1）新建文件。选择"文件"→"新建"命令，在弹出的"新建 SolidWorks 文件"对话框中选择"零件"或"模板"文件，单击"确定"按钮。

2）从特征管理器中选择"上视基准面"，单击"正视于"按钮，单击"草图"，切换到"草图"绘制面板，再单击"中心矩形"按钮，绘制出"草图 1"（应注意原点在长方形的正中间）。绘制完后单击"确定"按钮。再单击"智能尺寸"按钮，标注尺寸，如图 4-83 中①所示。

3）切换到"特征"面板，单击"拉伸凸台/基体"按钮，系统弹出"凸台-拉伸"属性管理器，在"方向 1"选项组的"终止条件"列表框中选择"给定深度"，在"深度"文本框中输入"10"，如图 4-83 中②所示。其他采用默认设置，单击"确定"按钮完成拉伸操作，结果如图 4-83 中③所示。

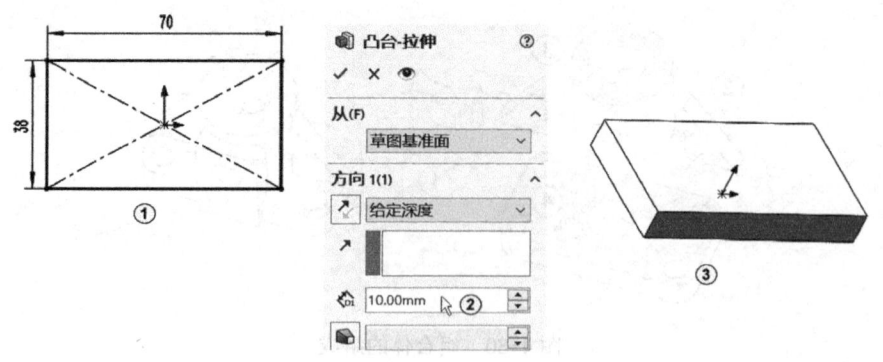

图 4-83 建立基础特征

4)单击"圆角"按钮,如图 4-84 中①所示。系统弹出"圆角"属性管理器,选择"圆角类型"为"恒定大小圆角",如图 4-84 中②所示。在绘图区选择长方形的 4 条垂直线,如图 4-84 中③~⑥所示,在"圆角半径"文本框中输入"7",如图 4-84 中⑦所示。其他采用默认设置。单击"确定"按钮 完成圆角操作,结果如图 4-84 中⑧⑨所示。

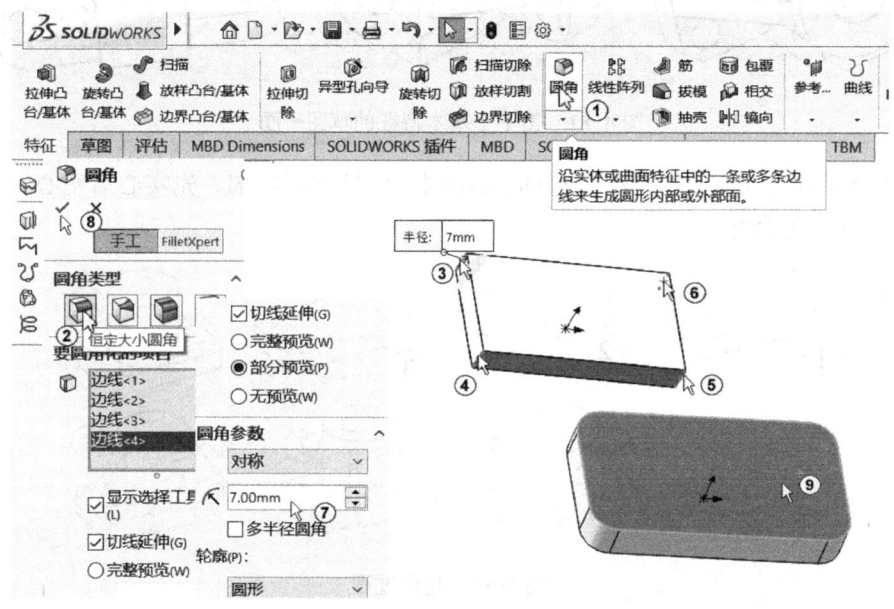

图 4-84 圆角操作

5)切换到"草图"面板,选择长方体的上表面,如图 4-84 中⑨所示。单击"正视于"按钮,再单击"点"按钮,绘制出一个位于圆弧中心点上的点,选择绘图区右上角的"退出草图"按钮 或"取消"按钮,如图 4-85 中①所示。

6)切换到"特征"面板,单击"异型孔向导"按钮,系统弹出"孔规格"属性管理器并默认选中"类型",如图 4-85 中②所示。在"孔类型"列表中选择"孔",在"标准"下拉列表框中选择"GB"标准,在"类型"下拉列表框中选择"钻孔大小",在"孔规格"的"大小"下拉列表框中选择⌀8,输入深度为"10",如图 4-85 中③~⑦所示。单击"孔规格"中的" 位置"选项卡,在绘图区选择长方体的上表面,如图 4-85 中⑧⑨所示。再选择刚刚绘制的点(如图 4-85 中①所示),单击"确定"按钮 完成孔创建。

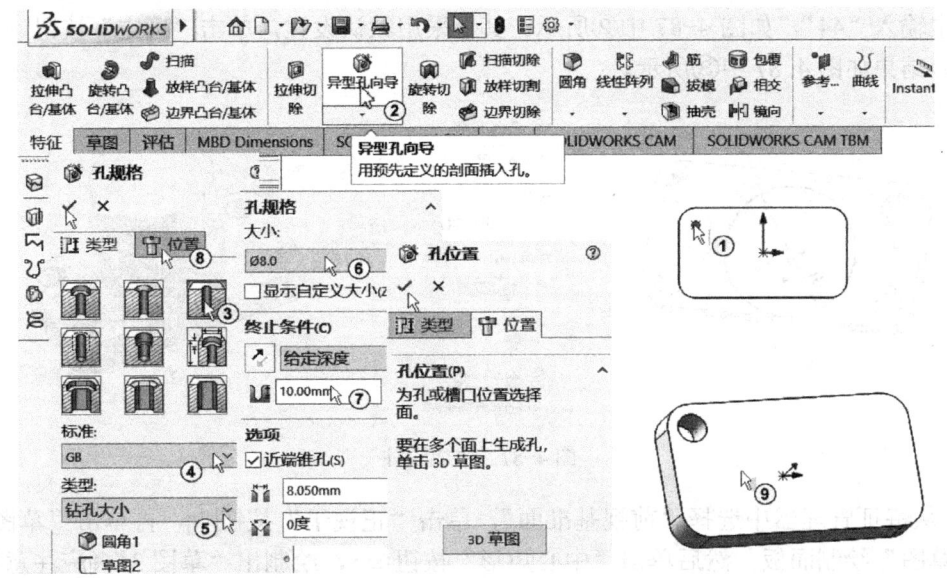

图 4-85 生成小孔

7）在特征管理器中选择"右视基准面"，单击"特征"面板上的"镜像"按钮，选择刚刚生成的小孔，单击"确定"按钮，如图 4-86 中①②所示。在特征管理器中选择"前视基准面"，再次单击"特征"面板上的"镜像"按钮，选择刚刚镜像出的小孔，如图 4-86 中③所示，单击"确定"按钮，如图 4-86 中④所示，结果如图 4-86 中⑤所示。

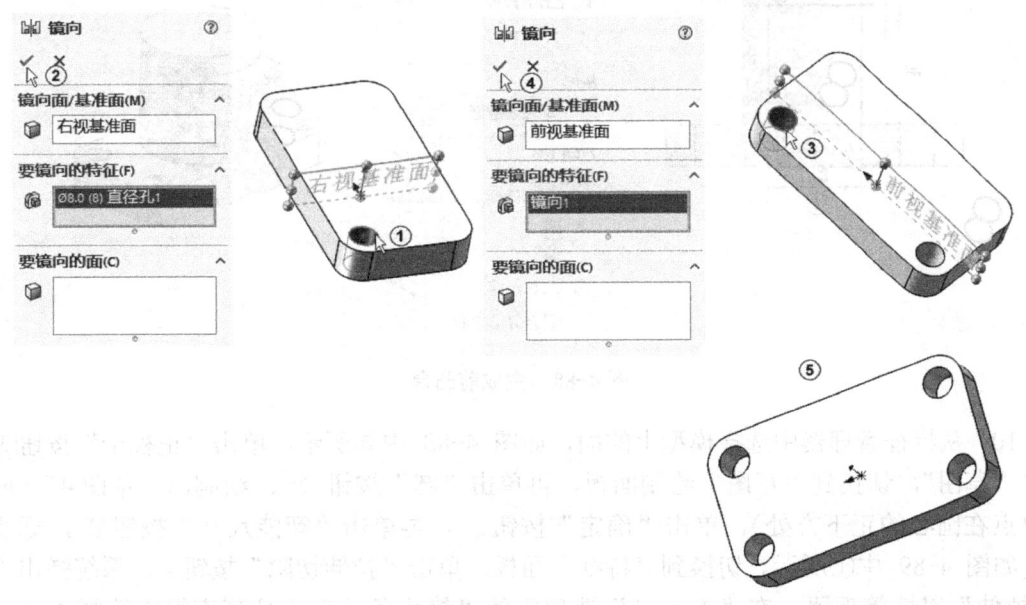

图 4-86 镜像小孔

8）从特征管理器中选择"上视基准面"，单击"正视于"按钮，再单击"草图"，切换到"草图"绘制面板，然后单击"圆"按钮，绘制出"草图 2"（应注意原点在圆的圆心处），单击"确定"按钮。单击"智能尺寸"按钮，标注尺寸，如图 4-87 中①所示。切换到"特征"面板，单击"拉伸凸台/基体"按钮，系统弹出"凸台-拉伸"属性管理器，在"方向 1"选项组的"终止条件"下拉列表框中选择"给定深度"，在"深度"

99

文本框中输入"44",如图 4-87 中②所示。其他采用默认设置,单击"确定"按钮✓完成拉伸操作,结果如图 4-87 中③所示。

图 4-87 生成圆柱

9)从特征管理器中选择"前视基准面",单击"正视于"按钮↑,再单击"草图",切换到"草图"绘制面板,然后单击"中心矩形"按钮▣,绘制出"草图 3"(应注意原点在长方形下端的中心处),单击"确定"按钮✓。再单击"智能尺寸"按钮✎,标注尺寸,如图 4-88 中①所示。切换到"特征"面板,单击"拉伸凸台/基体"按钮⬚,系统弹出"凸台-拉伸"属性管理器,在"方向 1"选项组的"终止条件"下拉列表框中选择"给定深度",在"深度"✎文本框中输入"22",如图 4-88 中②所示。其他采用默认设置,单击"确定"按钮✓完成拉伸操作,结果如图 4-88 中③所示。

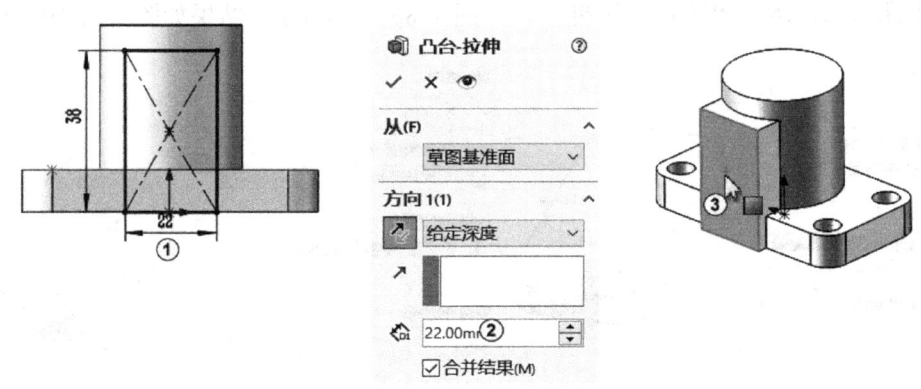

图 4-88 生成前凸台

10)从特征管理器中选择模型上的面,如图 4-88 中③所示,单击"正视于"按钮↑,单击"草图",切换到"草图"绘制面板,再单击"圆"按钮⊙,绘制出"草图 4"(应注意原点在圆心的正下方处),单击"确定"按钮✓。再单击"智能尺寸"按钮✎,标注尺寸,如图 4-89 中①所示。切换到"特征"面板,单击"拉伸切除"按钮⬚,系统弹出"切除-拉伸"属性管理器,在"方向 1"选项组的"终止条件"下拉列表框中选择"完全贯穿",如图 4-89 中②所示。其他采用默认设置,单击"确定"按钮✓完成拉伸切除操作,结果如图 4-89 中③所示。

11)从特征管理器中选择模型的上表面,如图 4-89 中③所示,单击"正视于"按钮↑,再单击"草图",切换到"草图"绘制面板,然后单击"圆"按钮⊙,绘制出"草图 5"(应注意原点在圆心处),单击"确定"按钮✓。再单击"智能尺寸"按钮✎,标注尺寸,如图 4-90 中①所示。切换到"特征"面板,单击"拉伸切除"按钮⬚,系统弹出"切除-拉伸"

属性管理器，在"方向 1"选项组的"终止条件"下拉列表框中选择"完全贯穿"，如图 4-90 中②所示。其他采用默认设置，单击"确定"按钮 完成拉伸切除操作，结果如图 4-90 中③所示。

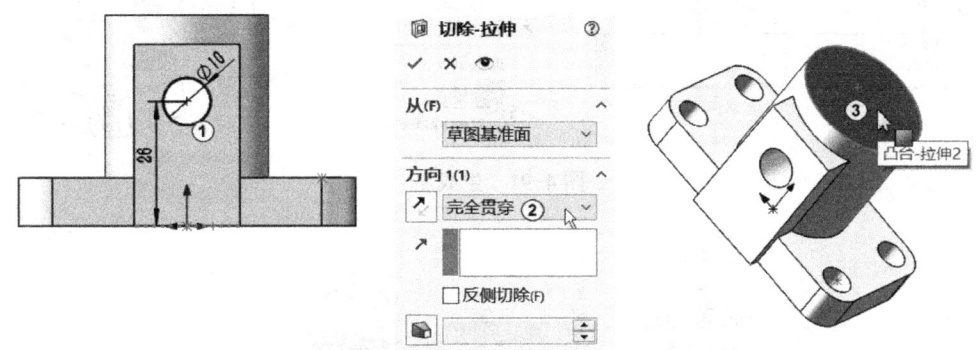

图 4-89　生成水平的小孔

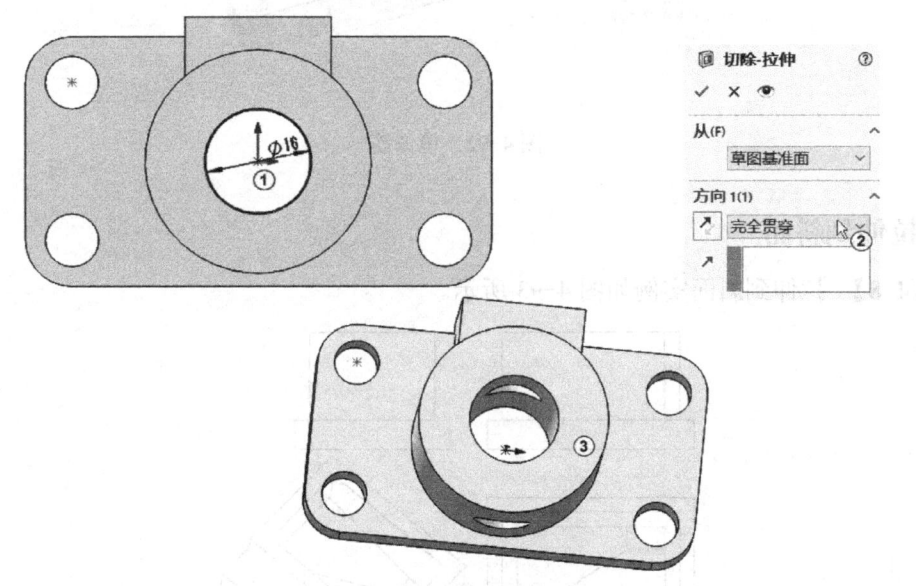

图 4-90　生成垂直的小孔

12）从特征管理器中选择"前视基准面"，单击"正视于"按钮，再单击"草图"，切换到"草图"绘制面板，然后单击"直线"按钮，绘制出一条斜线，最后单击"智能尺寸"按钮，标注角度尺寸，如图 4-91 中①所示，单击"确定"按钮 。切换到"特征"面板，单击"筋"按钮，系统弹出"筋"属性管理器，在"厚度："中选择"两侧"，输入深度为"7"，在"拉伸方向："中选择"平行于草图"，如图 4-91 中②③所示。其他采用默认设置，单击"确定"按钮 完成筋操作，结果如图 4-91 中④所示。

13）在特征管理器中选择"右视基准面"，单击"特征"面板上的"镜像"按钮，选择刚刚生成的筋（如图 4-92 中①所示），单击"确定"按钮 。

14）单击"另保存"按钮，在"文件名"文本框中输入"15 综合组合体"，单击"保存"按钮。

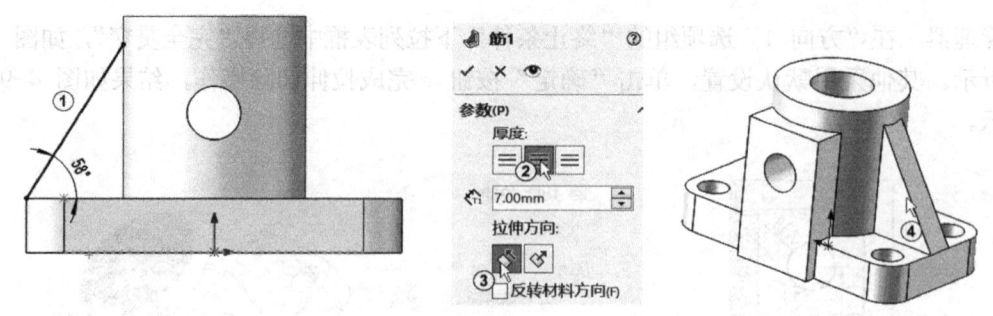

图 4-91 生成筋

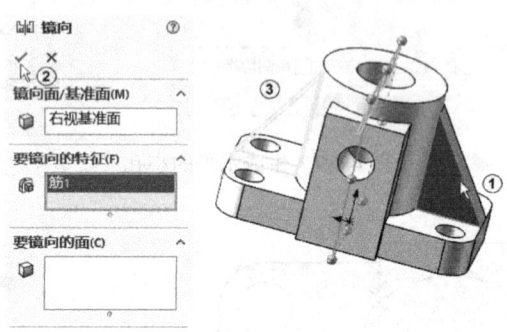

图 4-92 镜像筋

4.5.4 拉伸到斜面

【例 4-8】 拉伸到斜面实例如图 4-93 所示。

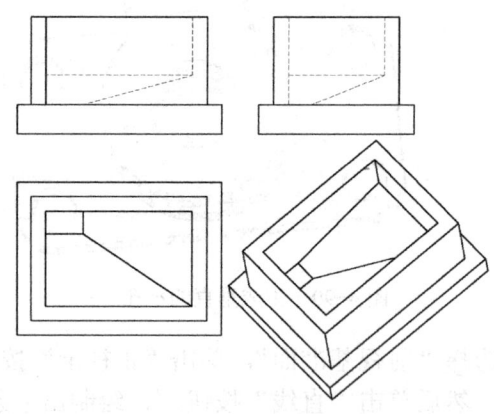

图 4-93 拉伸到斜面

1）绘制草图 1。从特征管理器中选择"上视基准面"，单击"正视于"按钮，再单击"草图"，切换到"草图"绘制面板，然后单击"中心矩形"按钮，绘制出以原点为中心的矩形。单击"智能尺寸"按钮，标注尺寸，如图 4-94 中①所示。单击"等距实体"按钮，在弹出的"等距实体"属性管理器的"等距距离"输入"10"，其他采用默认设置，确定没有问题单击"确定"按钮，如图 4-94 中②③④所示。与上述操作相同，选中"等距实体"属性管理器中的"反向"选项，结果如图 4-94 中⑤⑥所示。

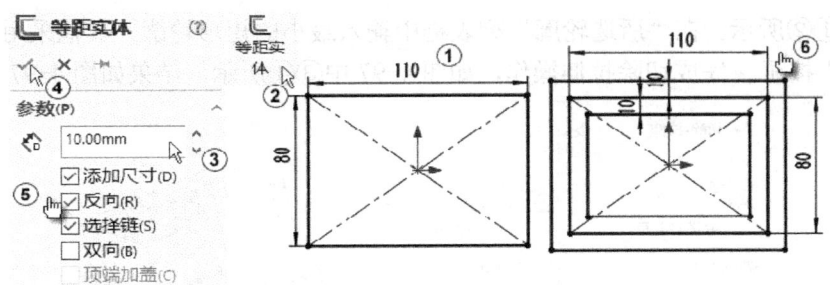

图 4-94　绘制草图 1

2）建立"拉伸 1"。退出草图，进入特征界面，单击"拉伸凸台/基体"按钮，"方向 1"选择"给定深度"，在"深度"文本框中输入"60"，"所选轮廓"选择中间框，如图 4-95 中①②③所示。其他采用默认设置，拉伸结果如图 4-95 中④所示。

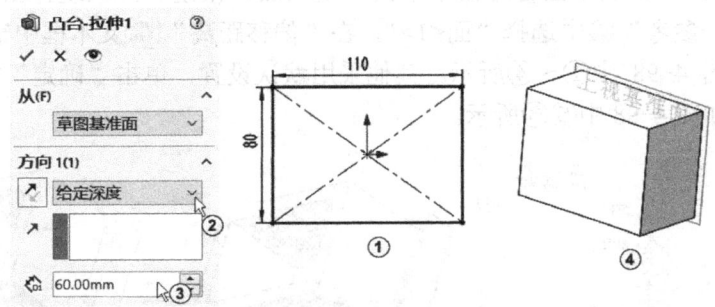

图 4-95　拉伸 1

3）建立"拉伸 2"。在特征管理器中单击"凸台-拉伸 1"前的级联按钮，选择"草图 1"，在"特征"面板中单击"拉伸凸台/基体"按钮，系统弹出"凸台-拉伸"属性管理器。在"方向 1"选项组的"终止条件"下拉列表框中选择"给定深度"，在"深度"文本框中输入"20"，单击"反向"按钮，选中"合并结果"复选框，如图 4-96 中①～④所示。在"所选轮廓"列表框中输入最大的矩形轮廓，其他采用默认设置，单击"确定"按钮完成拉伸操作，如图 4-96 中⑤⑥所示。结果如图 4-96 中⑦所示。

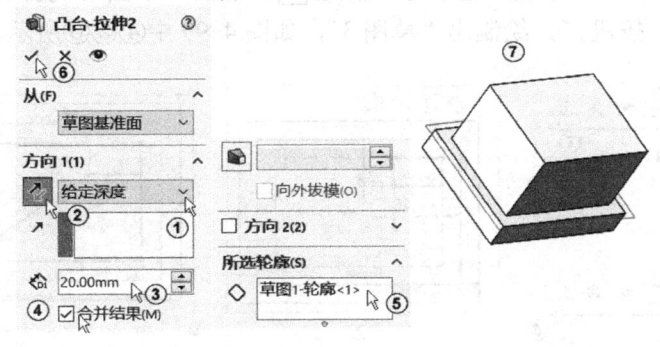

图 4-96　拉伸 2

4）切除拉伸。在特征管理器中单击"凸台-拉伸 1"前的级联按钮，选择"草图 1"，在"特征"面板中单击"拉伸切除"按钮，系统弹出"切除-拉伸"属性管理器。在"方向 1"选项组的"终止条件"下拉列表框中选择"完全贯穿"，单击"反向"按钮，如

图 4-97 中①②所示。在"所选轮廓"列表框中输入最小的矩形轮廓,其他采用默认设置,单击"确定"按钮✓完成切除拉伸操作,如图 4-97 中③④所示,结果如图 4-97 中⑤所示。

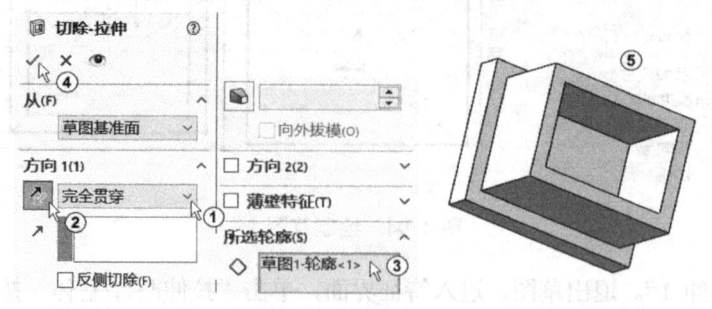

图 4-97 切除拉伸

5)创建基准面 1。在草图管理器中单击"基准面"按钮,系统弹出"基准面"属性管理器。在"第一参考"中选择"面<1>",在"偏移距离"文本框中输入"16",选中"反转等距",如图 4-98 中①~④所示。其他采用默认设置,单击"确定"按钮✓完成创建基准面的操作,如图 4-98 中⑤⑥所示。

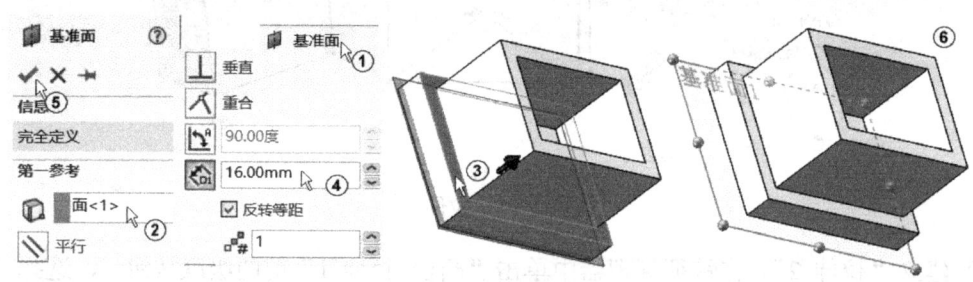

图 4-98 创建基准面 1

6)绘制草图 2、草图 3。从特征管理器中选择"上视基准面",单击"正视于"按钮,再单击"草图",切换到"草图"绘制面板,然后单击"直线"按钮,绘制出一个矩形。单击"智能尺寸"按钮,标注尺寸,绘制出"草图 2"如图 4-99 中①②③所示。退出草图,选择"基准面 1",单击"正视于"按钮,单击"草图",切换到"草图"绘制面板,再单击"直线"按钮,绘制出"草图 3",如图 4-99 中④⑤⑥所示。

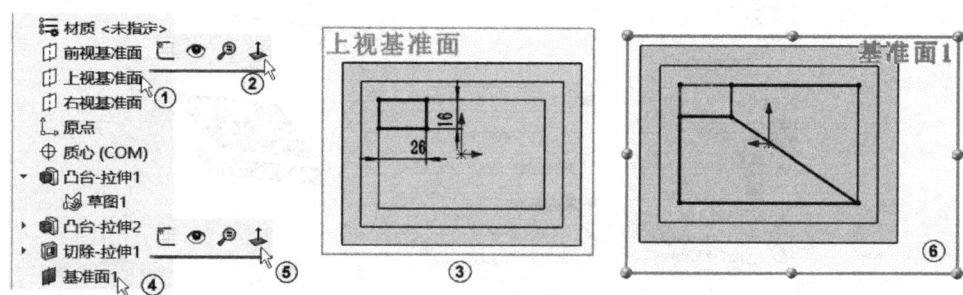

图 4-99 绘制底面草图

7)绘制草图 4、草图 5。选择"显示样式",再选择模型样式为"线框架图",如图 4-100 中①②所示。单击内侧平面,单击"绘制草图"按钮,再单击"正视于"按钮。在内侧绘制出草图，单击"智能尺寸"按钮，标注尺寸，绘制出"草图 4"，如图 4-100 中④所示。单击另一个内侧平面，单击"绘制草图"→"直线"按钮，在内侧绘制出"草图 5"，如图 4-100 中⑤⑥所示。

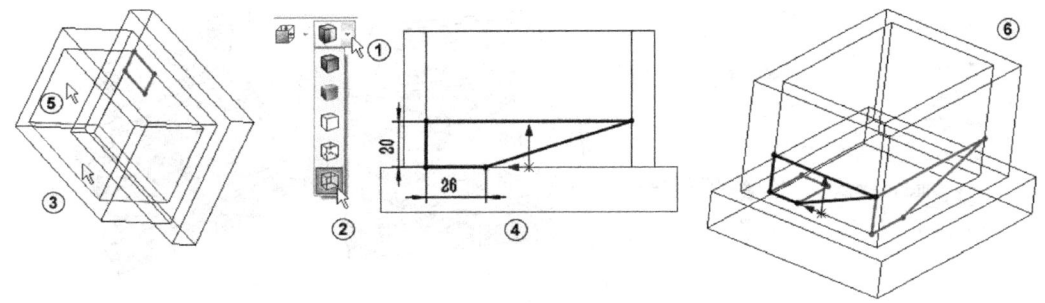

图 4-100　绘制侧面草图

8）创建基准面 2。在草图管理器中单击"基准面"按钮，系统弹出"基准面"属性管理器，在"第一参考"中选择"面<1>"，在"偏移距离"文本框中输入"20"，如图 4-101 中①～④所示。其他采用默认设置，单击"确定"按钮 完成创建基准面操作，结果如图 4-101 中⑤⑥所示。

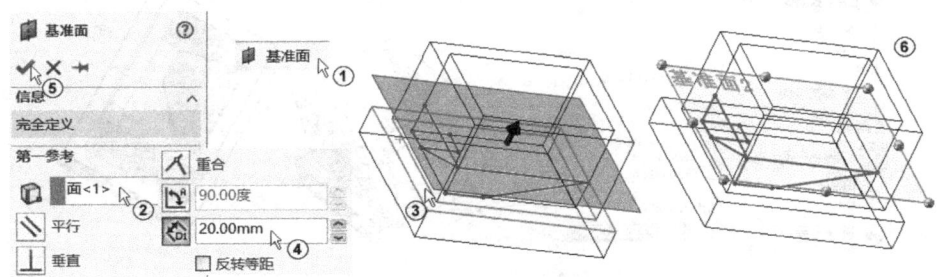

图 4-101　创建基准面 2

9）绘制草图 6、草图 7。将显示样式转变为"带边线上色"，单击"基准面 2"，再单击"正视于"按钮，然后单击"绘制草图"按钮，在基准面 2 中绘制草图，如图 4-102 中①所示。退出草图，单击"草图 5"对面内侧，单击"绘制草图"按钮，再单击"正视于"按钮，绘制出"草图 7"，如图 4-102 中②所示，其尺寸可在"草图 5"上绘制出来。结果如图 4-102 中③中所示。

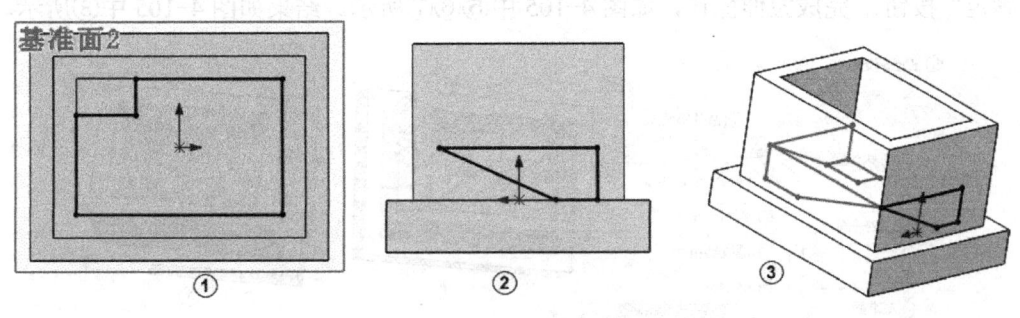

图 4-102　绘制草图

10）创建基准面 3、基准面 4。在草图管理器中单击"基准面"按钮，系统弹出"基准面"属性管理器。在"第一参考"列表框中选择一条边线,在"第二参考"列表框中选择另一条边线,如图 4-103 中①②③所示。单击"确定"按钮,如图 4-103 中④所示。用同样的方法,创建基准面 4,如图 4-103 中⑤⑥所示。

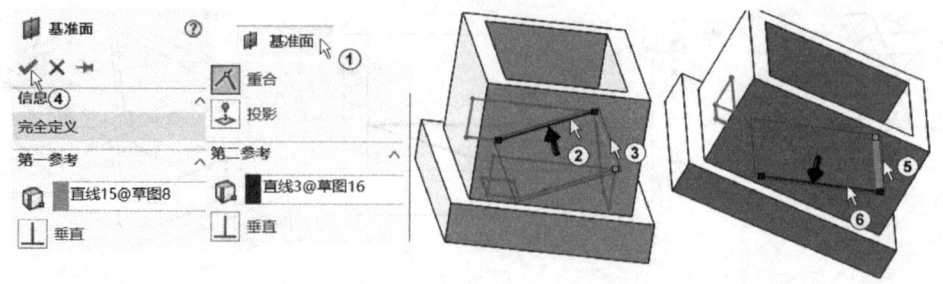

图 4-103　创建基准面 3、基准面 4

11）拉伸到面 1。选择特征管理器,单击"拉伸凸台/基体"按钮,系统弹出"凸台-拉伸"对话框,"方向"选择"成形到一面",单击"反向"按钮,在"面/平面"列表框中选择"基准面 3",在"所选轮廓"中选择"草图 3-局部范围",如图 4-104 中①~⑤所示,然后单击"确定"按钮,如图 4-104 中⑥⑦所示。

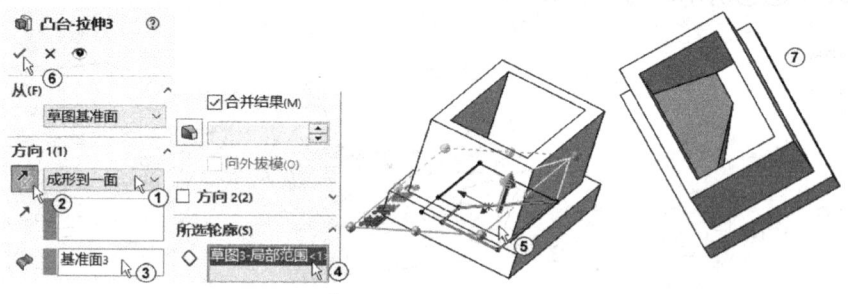

图 4-104　拉伸到面 1

12）拉伸到面 2。在特征管理器中单击"凸台-拉伸 3"前的级联按钮,选择"草图 3",在"特征"面板中单击"拉伸凸台/基体"按钮,系统弹出"凸台-拉伸"属性管理器。在"方向 1"选项组的"终止条件"下拉列表框中选择"成形到一面",单击"反向"按钮,在"面/平面"列表框中选择"基准面 4",选中"合并结果"复选框,如图 4-105 中①~④所示。在"所选轮廓"列表框中选择"草图 3 局部范围",其他采用默认设置,单击"确定"按钮完成拉伸操作,如图 4-105 中⑤⑥⑦所示。结果如图 4-105 中⑧所示。

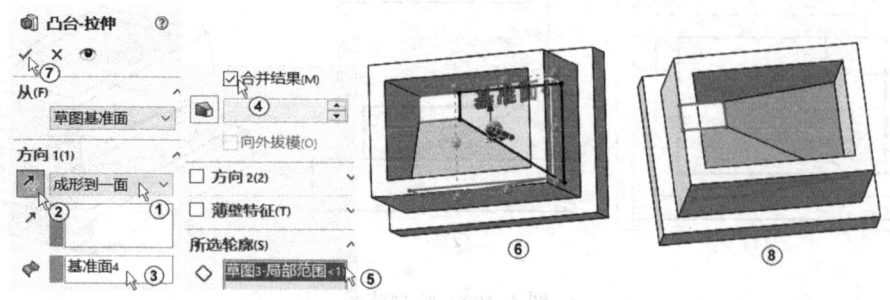

图 4-105　拉伸到面 2

13）单击"保存"按钮，在"文件名"文本框中输入"16 拉伸到斜面"，单击"保存"按钮。

4.6 思考与练习

1．建立如图 4-106 所示的圆柱两边切口的模型。
2．建立如图 4-107 所示的圆筒两边切口的模型。

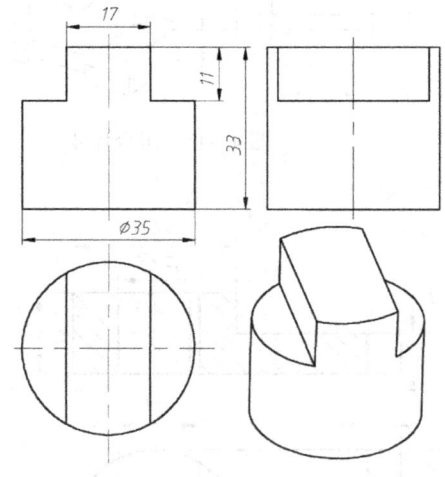

图 4-106　圆柱两边切口

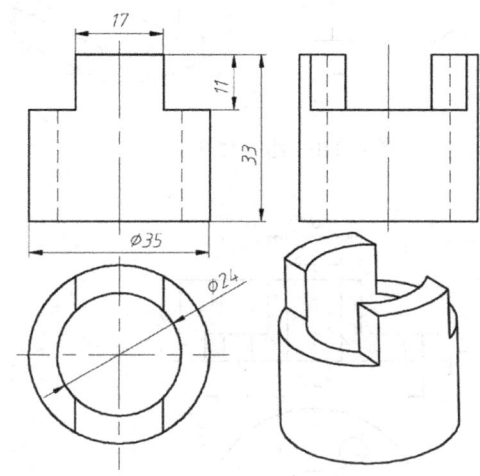

图 4-107　圆筒两边切口

3．建立如图 4-108 所示的简单组合体的模型。
4．建立如图 4-109 所示的简单组合体的模型。

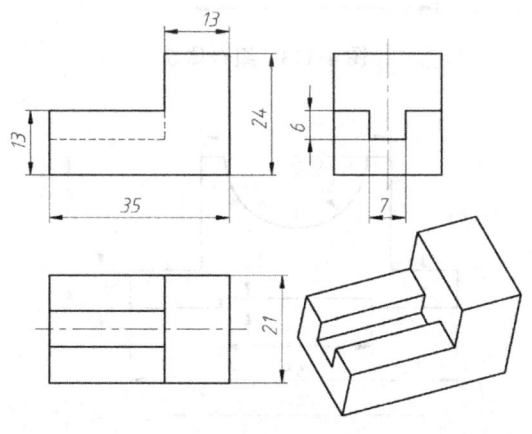

图 4-108　组合体 1

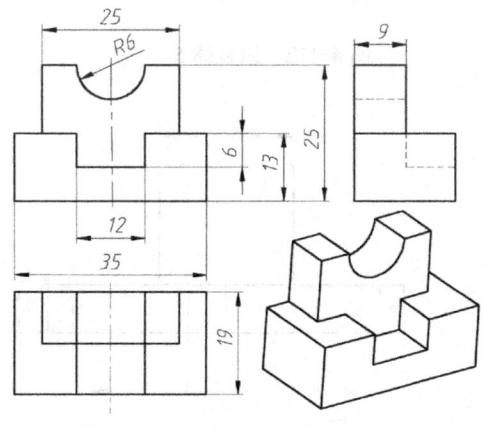

图 4-109　组合体 2

5．建立如图 4-110 所示的组合体的模型。
6．建立如图 4-111 所示的组合体的模型。
7．建立如图 4-112 所示的组合体模型。
8．建立如图 4-113 所示的组合体模型。
9．建立如图 4-114 所示的组合体模型。
10．建立如图 4-115 所示的组合体模型。

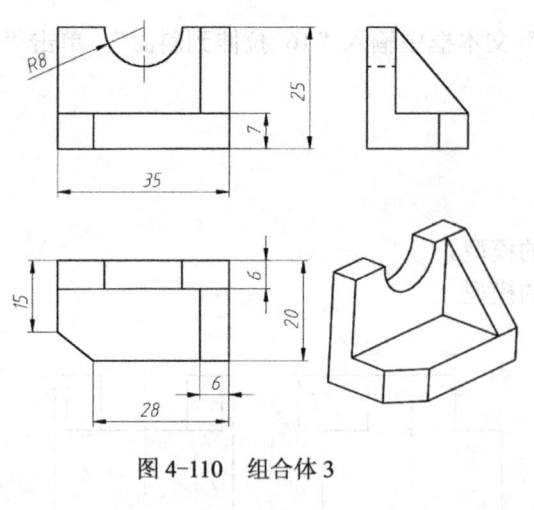

图 4-110　组合体 3

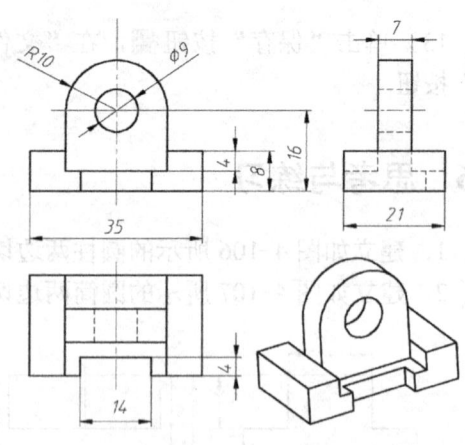

图 4-111　组合体 4

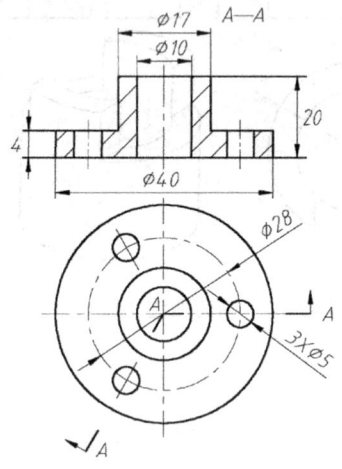

图 4-112　组合体 5

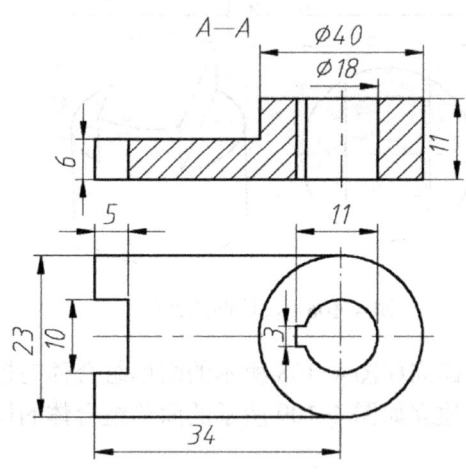

图 4-113　组合体 6

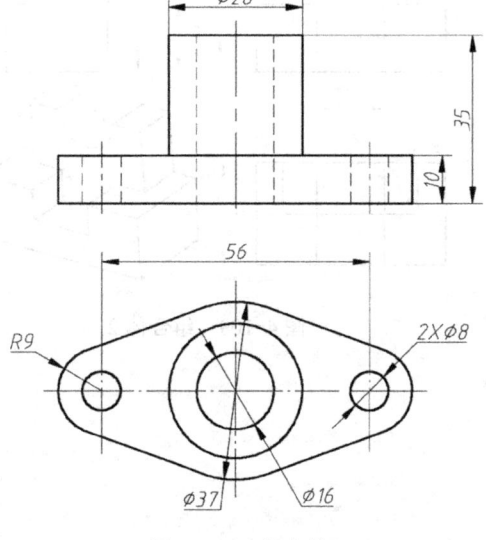

图 4-114　组合体 7

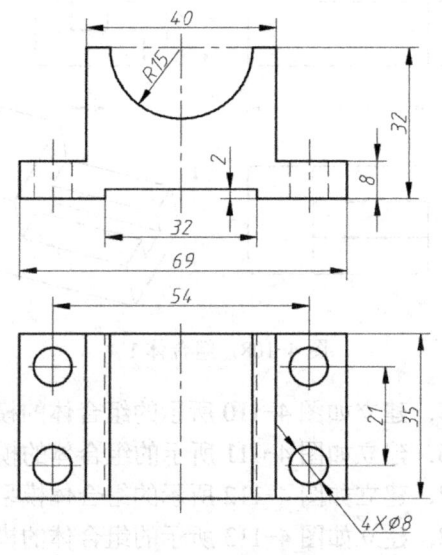

图 4-115　组合体 8

11. 建立如图 4-116 所示的组合体模型。
12. 建立如图 4-117 所示的组合体模型。

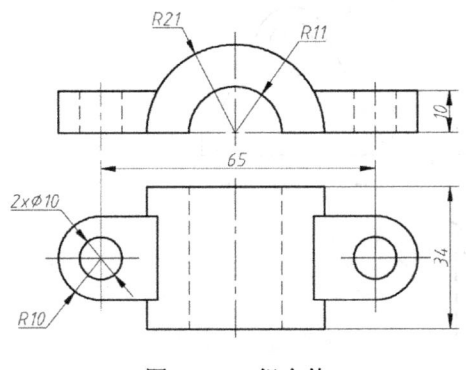

图 4-116 组合体 9

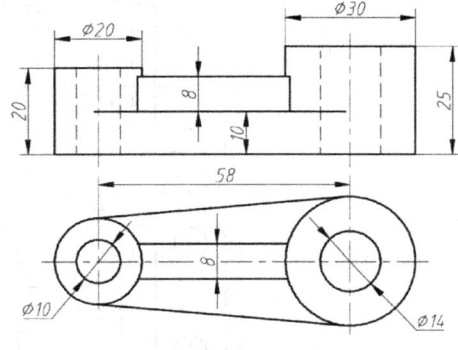

图 4-117 组合体 10

13. 建立如图 4-118 所示的组合体模型。
14. 建立如图 4-119 所示的组合体模型。

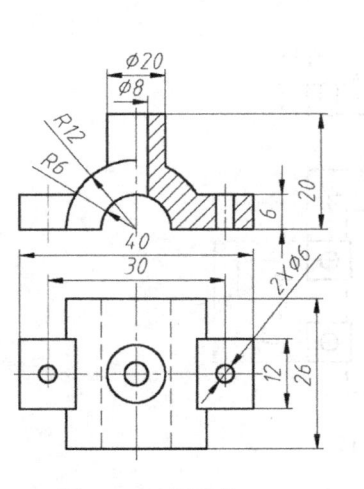

图 4-118 组合体 11

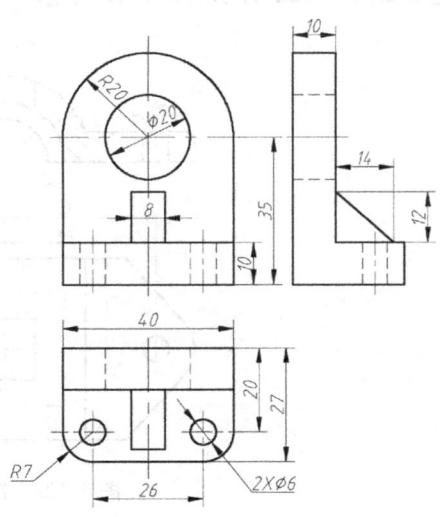

图 4-119 组合体 12

15. 建立如图 4-120 所示的组合体模型。

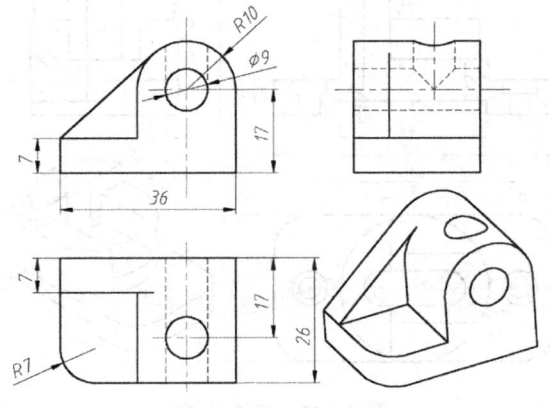

图 4-120 组合体 13

16. 建立如图 4-121 所示的组合体模型。

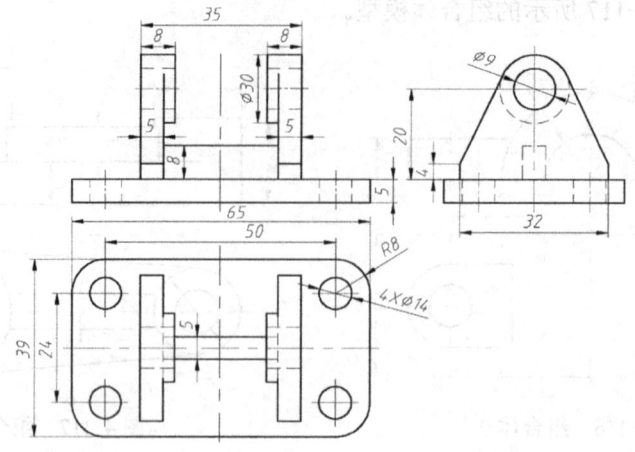

图 4-121　组合体 14

17. 建立如图 4-122 所示的组合体模型。

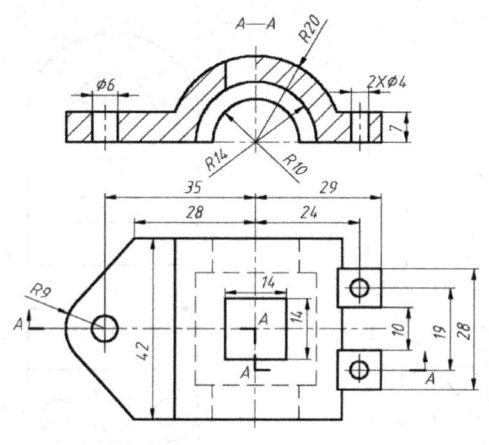

图 4-122　组合体 15

18. 建立如图 4-123 所示的组合体的模型。

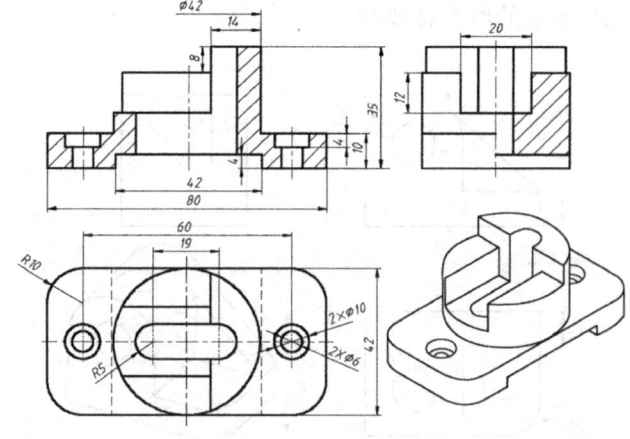

图 4-123　组合体 16

19. 建立如图 4-124 所示的简单模型，尺寸自行确定。
20. 建立如图 4-125 所示的模型，尺寸自行确定。

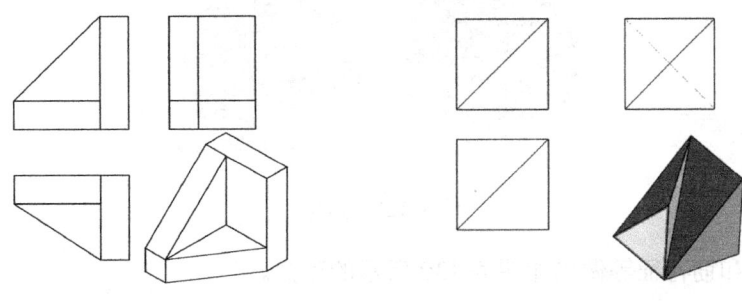

图 4-124　简单模型　　　　　　图 4-125　模型

21. 建立基准面。用拉伸和切除特征建立如图 4-126 所示的模型，尺寸自行确定。本例是一个典型的叠加类组合体，可以分为 4 个部分，建立模型时一部分一部分地做，每个部分都是先确定基准面（如果系统现有基准面不能满足要求，则要另外建立基准面）→绘制草图→拉伸或切除。本例的目的是使读者学会 SolidWorks 建模的基本思路：先分解模型；草图最好与系统的原点重合；在建模过程中经常放大或缩小视图或旋转视图；对称的模型先做一半，再镜像另一半等。

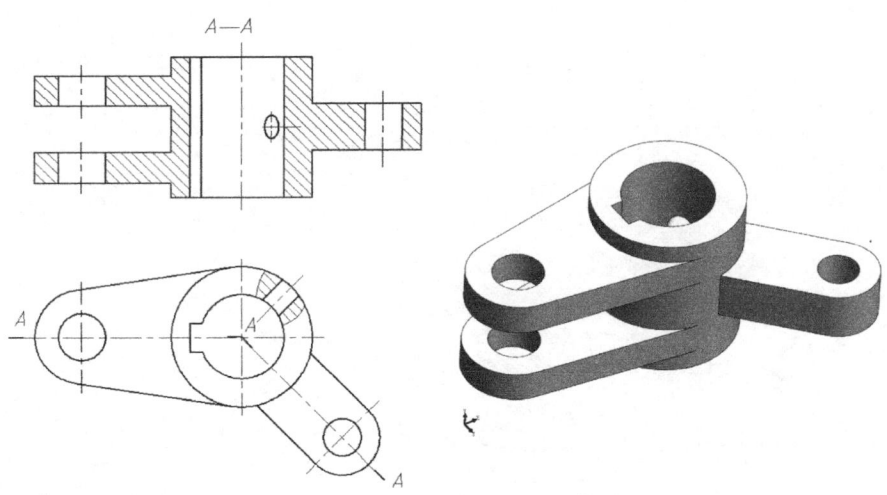

图 4-126　组合体

22. 建立基准面，用拉伸和切除特征建立如图 4-127 所示的模型，尺寸自行确定。
23. 用切除旋转等特征生成圆锥台，建立如图 4-128 所示的模型，尺寸自行确定。

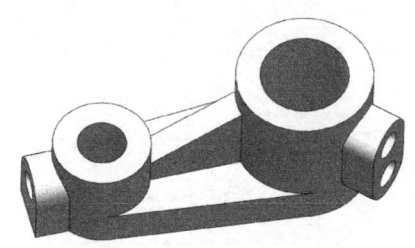 

图 4-127　旋转剖切的模型　　　　　图 4-128　切除旋转模型

24. 建立如图4-129所示的篮球模型，尺寸自行确定。

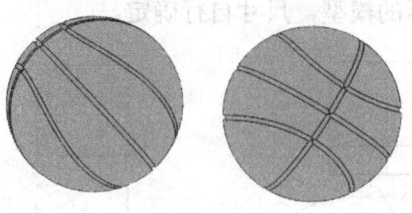

图4-129 篮球

25. 用抽壳和筋特征等做出如图4-130所示的冰盒。

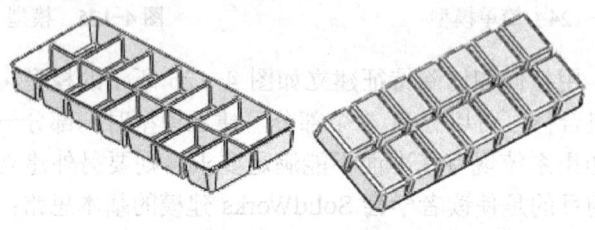

图4-130 冰盒

第 5 章　零件常用设计方法

单击"设计库"按钮，展开设计库，从设计库中可以进行派生零件、标准件库和库特征等操作。

5.1 派生零件

派生零件以原始零件作为第一特征，并通过外部参考方式联结到原始零件。这意味着用户对原始零件所做的任何更改都将反映到派生零件中。

1. 插入派生零件

在设计库中有很多派生零件，可以选择一种合适的，或者自定义制作一个。

【例 5-1】 派生零件。

（1）建立新文件

单击"新建"按钮，系统弹出"新建 SolidWorks 文件"对话框，单击"零件"按钮，再单击"确定"按钮。

（2）插入派生零件

单击软件界面右边的"设计库"按钮，展开设计库，选择"Design Library"→"parts"→"hardware"，找到"nut"零件，如图 5-1 中①～⑤所示。

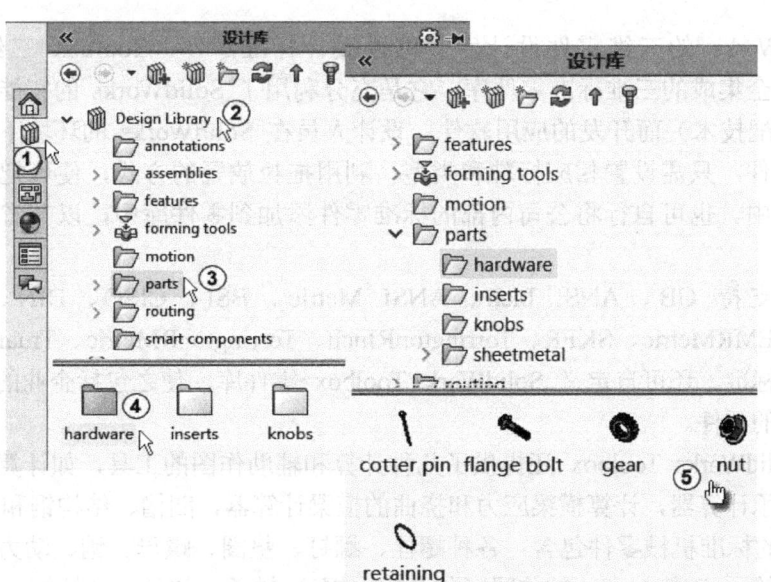

图 5-1　从设计库中找到"nut"零件

将"nut"零件拖到绘制区，系统弹出如图 5-2 所示的对话框，单击"是"按钮。系统弹出"插入零件"属性管理器，根据需要可以在这里作一些设置，然后单击"确定"按钮

✓，完成派生零件的插入，如图 5-3 所示。

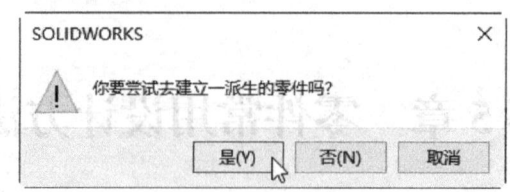

图 5-2 弹出"确认"对话框

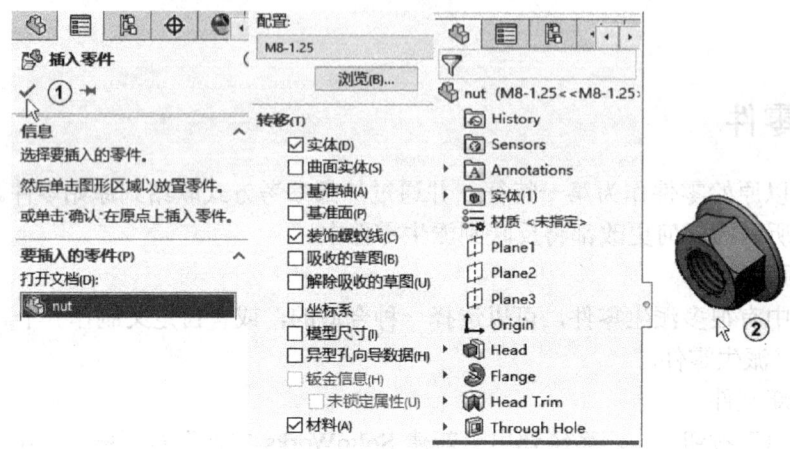

图 5-3 插入派生零件

5.2 标准件库

在 SolidWorks 的三维零件设计库中可以设计标准零件。Toolbox 三维零件库是同 SolidWorks 完全集成的三维标准零件库。它是充分利用了 SolidWorks 的智能零件技术（独特的自动化装配技术）而开发的应用软件。设计人员在 SolidWorks 的环境下，选择要加入的标准机械零件，只需设置相应标准和类型，利用拖拉放置的方式，便可把标准机械零件加入至组合件中。也可自行将公司内部的标准零件添加到零件库中，以节省日后建立标准零件的时间。

Toolbox 支持 GB、ANSI Inch、ANSI Metric、BSI、CISC、DIN、ISO、JIS、PEMRInch、PEMRMetric、SKFR、TorringtonRInch、TorringtonRMetric、TruarcR、UnistrutR 和自定义企业标准。还可自定义 SolidWorks Toolbox 零件库，使之包括企业的标准，或包括用户最常引用的零件。

此外，SolidWorks Toolbox 还提供了几种计算和辅助作图的工具，如计算轴承负载力和使用寿命的轴承计算器，计算横梁应力和挠曲的横梁计算器，凹槽、结构钢和凸轮等。

Toolbox 的标准机械零件包含：各种螺栓、螺钉、垫圈、螺母、销、动力传递（包含链轮、齿轮、带轮）、工模衬套、结构梁（包含铝、钢）、轴承、扣环、凸轮等。

使用设计库时应该注意将用过的标准件也保存成零件文件，可避免重装系统后由于路径改变等原因而造成在使用 Toolbox 时出现问题。

Toolbox 中的 GB 库包括如图 5-4 所示的 11 种类型。

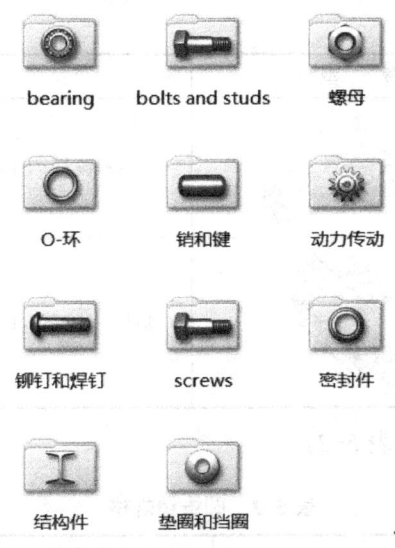

图 5-4 GB 库

Toolbox 中几种键的分类、模型和名称见表 5-1。

表 5-1 键的分类、模型和名称

分 类	模 型	名 称
平行键		普通平键 GB/T 1096—2003
		导向平键 GB/T 1097—2003
		薄型平键 GB/T 1567—2003
切向键		C 普通切向键 GB/T 1974—2003
		普通切向键 GB/T 1974—2003
半月形键		半圆键 GB/T 1099.1—2003
楔键		普通楔键 GB/T 1564—2003

(续)

分　类	模　型	名　称
楔键		钩头楔键 GB/T 1565—2003
花键		矩形花健 GB/T 1144—2001

Toolbox 中圆锥销的规格见表 5-2。

表 5-2　圆锥销规格

d（公称）h10	a≈	l（商品规格范围）	100mm 长的质量（kg）≈
0.6	0.08	4～8	0.0003
0.8	0.10	5～12	0.0005
1	0.12	6～16	0.0010
1.2	0.16	6～20	0.0012
1.5	0.20	8～24	0.0015
2	0.25	10～35	0.0027
2.5	0.30	10～35	0.0040
3	0.40	12～45	0.0062
4	0.50	14～55	0.0107
5	0.63	18～60	0.0160
6	0.80	22～90	-
8	1.00	22～120	-
10	1.20	26～160	-
12	1.60	22～180	-

由于篇幅的关系，Toolbox 中其他库的内容在此就不展开了，有兴趣的读者可以自己打开查看。

【例 5-2】　建立圆锥销的模型：圆锥销 GB/T 117—2000 A5×30，如图 5-5 所示。

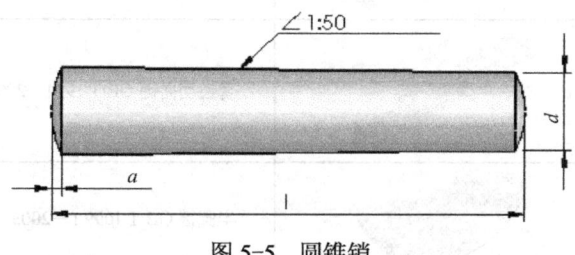

图 5-5　圆锥销

从表 5-2 中得到圆锥销数据：d=5，l=30，a=0.63，锥度为 1∶50。

1）建立新文件。单击"新建"按钮，系统弹出"新建 SolidWorks 文件"对话框。单击"零件"按钮，再单击"确定"按钮。

2）单击"设计库"按钮，展开设计库。

3）双击"Toolbox" Toolbox，再双击"现在插入"按钮，如图5-6中①~③所示。

4）选择"GB"→"销和键"→"锥销"命令，右击"圆锥销"，从弹出的快捷菜单中选择"生成零件"命令，如图5-7中①~⑤所示。

图 5-6　调用标准件库

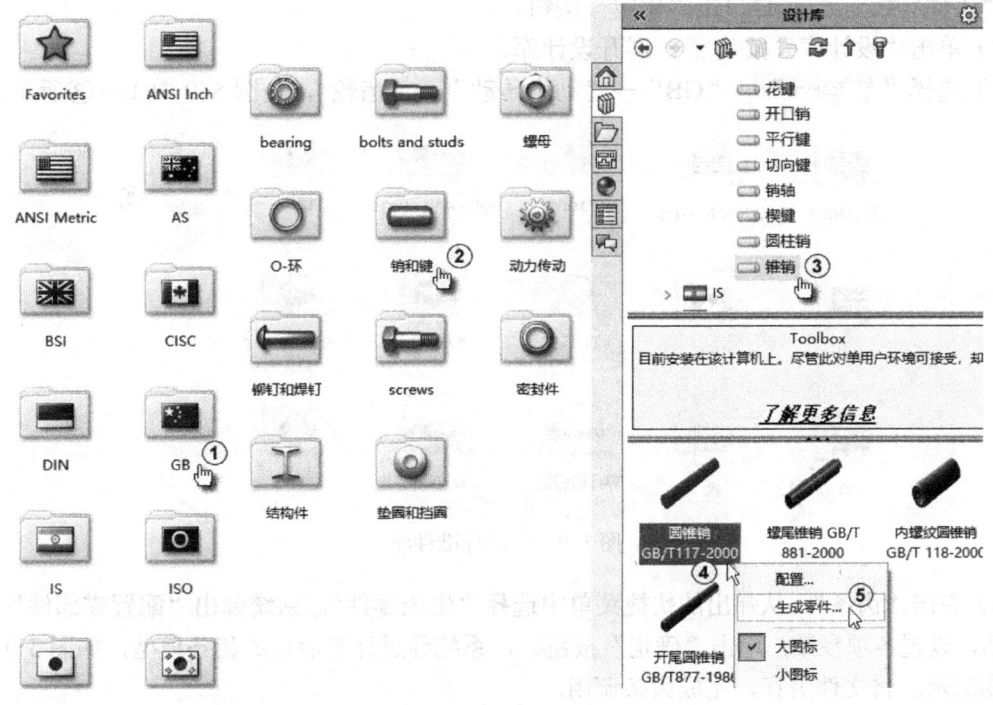

图 5-7　选择生成零件

5)系统弹出"配置零部件"属性管理器,设置各项参数,单击"确定"按钮✓,系统经过计算后建成圆锥销模型,如图5-8所示。将文件另存,完成圆锥销设计。

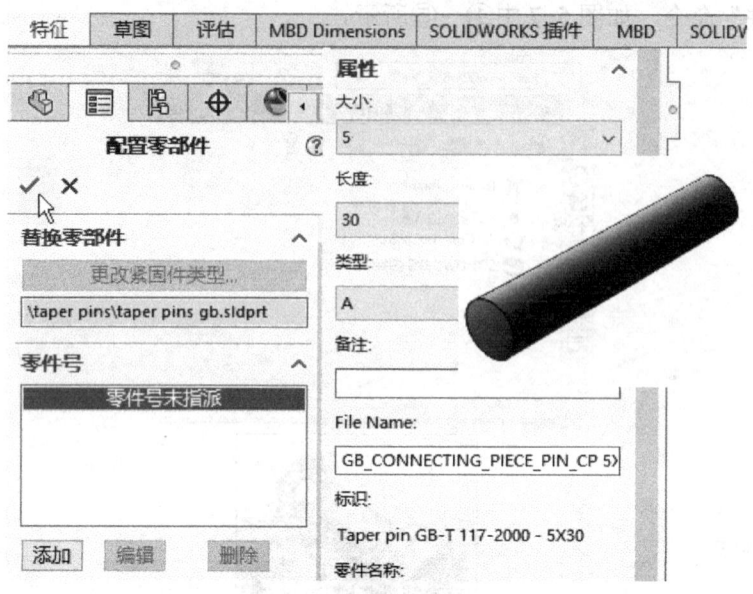

图5-8 生成的圆锥销模型

【例5-3】 调用齿条。齿轮是机械设计中非常常用的零件,且齿轮大多已形成标准件,所以在SolidWorks中为了提高设计效率省去不必要的绘图步骤,可以直接从设计库中调用齿轮。调用齿轮的步骤如下。

1)建立新文件。单击"新建"按钮 ,系统弹出"新建 SolidWorks 文件"对话框,单击"零件"按钮 ,再单击"确定"按钮。

2)单击"设计库"按钮 ,展开设计库。

3)选择" Toolbox"→"GB"→"动力传动"→"齿轮",如图5-9中①~③所示。

图5-9 调用标准件库

4)右击"齿条",从弹出的快捷菜单中选择"生成零件",系统弹出"配置零部件"属性管理器,设置各项参数,单击"确定"按钮✓,系统经过计算后建成齿条模型,如图5-10中①~⑤所示。将文件另存,完成齿条调用。

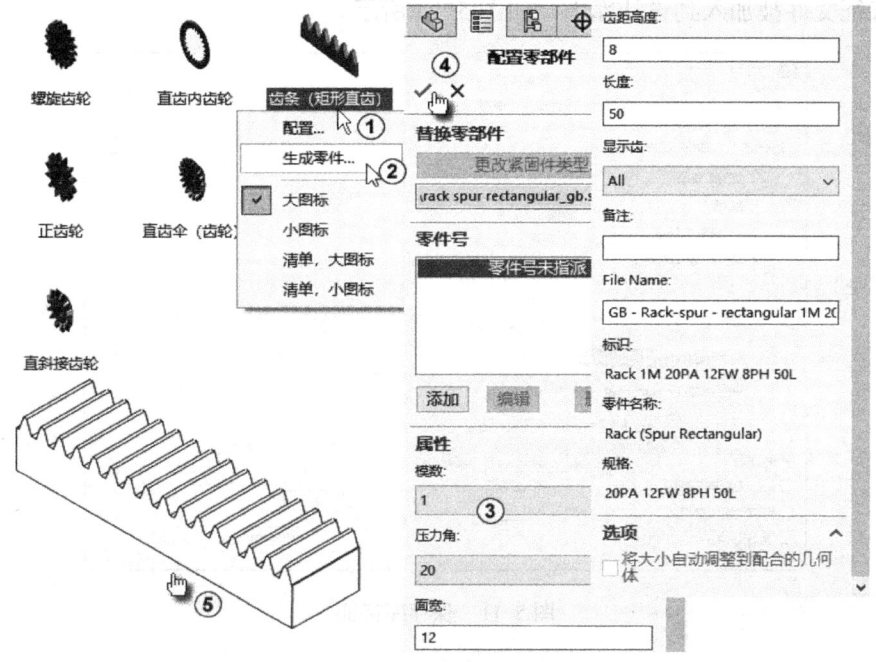

图 5-10 齿条模型

5.3 设计库

1．库特征

库特征通常由添加到基体特征的特征组成，但不包括基体特征本身。因为在一个零件中不能有两个基体特征，无法将包含基体特征的库特征添加到已经具有基体特征的零件上。然而，可以生成包括基体特征的特征，并将其插入到空零件中。建立库特征可以实现特征重用。库特征文件使用单独的文件类型来保存，其后缀是.SLDLFP。

2．应用实例

【例 5-4】 用库特征建立键槽。

1）建立新文件。单击"新建"按钮 ，系统弹出"新建 SolidWorks 文件"对话框，单击"零件"按钮 ，再单击"确定"按钮。选取"右视基准面"，建立一个直径为 25，长度为 60 的圆柱。建立与圆柱上表面相切的基准面 1，选取基准面 1，绘制一个长度为 35，宽度 5 的键槽，切除深度为 12.5。保存零件为"键槽.SLDPRT"。

2）选取将要创建库特征的零件。在特征管理器中按住〈Ctrl〉键，选择"草图 2""基准面 1"和"切除-拉伸 1"。

3）另存为库特征文件。选择"文件"→"另存为"命令，弹出"另存为"对话框。在"保存类型"下拉列表框中选择库特征零件（*.SLDLFP），在"文件名"文本框输入"键槽.SLDLFP"，选择保存路径，新建一个"键槽"文件夹，进入"键槽"文件夹，如图 5-11 所示，单击"保存"按钮。将文件保存在"键槽"文件夹中。

4）将自定义库特征载入设计库。单击界面右侧的"设计库"按钮 ，展开设计库，单击"添加文件位置"按钮 ，如图 5-12 所示，系统弹出"选取文件夹"对话框，在"查找范围"列表框中找到刚才新建的"键槽"文件夹，如图 5-13 所示，单击"确定"按钮。自定义的库特征文件被加入到设计库中，如图 5-14 所示。

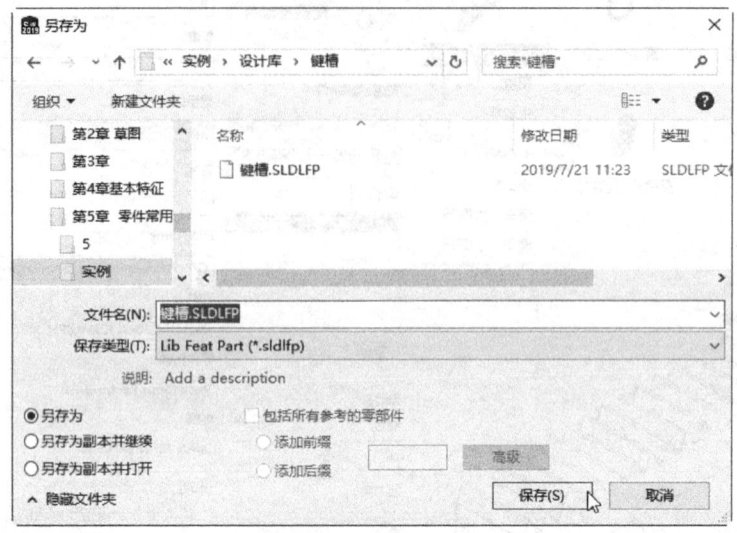

图 5-11　保存库特征

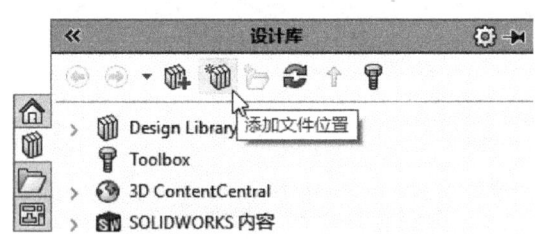

图 5-12　选择"添加文件位置"

图 5-13　选择文件夹　　　　图 5-14　设计库中增加了选择的文件

5）打开文件。单击"打开"按钮，在弹出的文件管理器中找到对应的文件，"轴未加槽.SLDPRT"文件，单击"打开"按钮。

6）插入库特征。单击界面右侧的"设计库"按钮，选择"键槽"库特征键槽，出现"键槽"库特征，并将它拖到绘图区，系统弹出"键槽"库特征属性管理器。在"方位基准面"列表框选择轴的端面，在"配置"列表框中选择"默认"配置，"参考"列表框中的"草图绘制点 1"和"上视基准面"分别选择轴端面的中心和"上视基准面"，如图 5-15 中①～④所示。添加库特征后的零件如图 5-16 所示。

7）编辑库特征。如果槽深、槽长、槽宽和位置有不符合要求的地方，可以通过对库特征的编辑来达到要求。在特征管理器中右击"键槽"库特征，在弹出的快捷菜单中选择"编辑特征"，弹出"键槽"库特征属性管理器，在"大小尺寸"中选中"覆写尺寸数值"

复选框，将槽长的尺寸 D2 为"30"改成"50"，如图 5-17 所示，单击"确定"按钮✓，完成编辑。

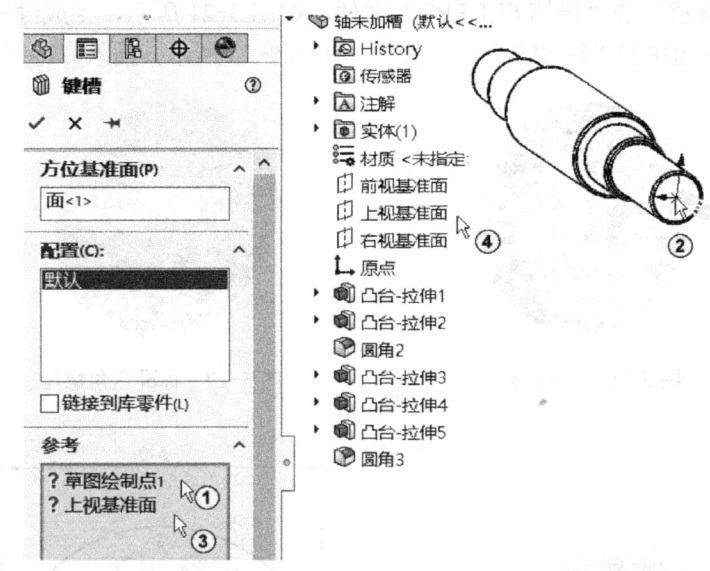

图 5-15 选择参考点和参考面

图 5-16 添加库特征后的零件

名称	数值
D1	25.00mm
D1	12.50mm
D1	5.00mm
D1	5.00mm
D2	30.00mm

图 5-17 编辑添加的库特征

5.4 思考与练习

1. 建立一个齿轮的派生零件，如图 5-18 所示。齿轮基本参数见表 5-3。

表 5-3 齿轮基本参数

齿轮类型	模数	齿数	齿形角	面宽	标称轴直径
直齿轮	3mm	40	20°	30mm	30mm

2. 建立一个 GB/T 6170—2015[①]的标准六角螺母的派生零件，其规格有 M3，M4、M5、M6、M8、M10 六种，依据设计手册查出尺寸后，用系列零件设计表方式和手工配置，做出 6 种规格的螺母。保存为"螺母.SLDPRT"，如图 5-19 所示。

3. 建立一个六槽的花键槽轴孔的库特征，基体直径为 40mm，深度为 20mm，花键槽轴孔尺寸参考图如图 5-20 所示，孔的"终止条件"为"完全贯穿"，保存文件，文件名为"六

---

① 在 SolidWorks 2019 中此标准为 GB/T 6170—2000。

121

槽花键孔的库特征.SLDLFP"。

4．键槽库特征。

1）打开随书网盘中的"键槽.SLDPRT"文件，如图5-21所示，生成键槽库特征。

2）打开随书网盘中的"轮.SLDPRT"文件，如图5-22所示。插入库特征，生成键槽。

图5-18 齿轮模型

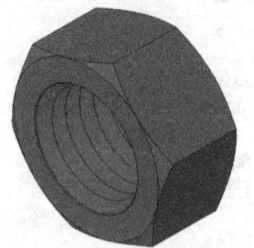
图5-19 标准六角螺母

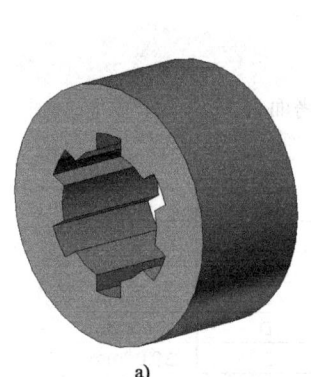

a)   b)

图5-20 轴孔花键槽的库特征

a) 模型　b) 轴孔花键槽的库特征

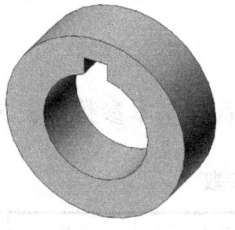
图5-21 键槽

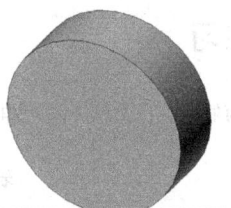
图5-22 轮

第 6 章 装　　配

在机械设计中，大多数的零件都不是由单一的零件组成的，需要由许多零件装配而成。例如，简单的螺栓与螺母紧固件、柱塞泵、减速器、轴承等。在 SolidWorks 中可以生成由许多零部件组成的复杂装配体。装配体的零部件可以包括独立的零件和其他装配体，称为子装配体。对于大多数的操作，两种零部件的绘图方式是相同的。本章针对不同类型的零件讲述相应的装配方法。

6.1 装配体操作

1．新建装配体文件

单击界面最上方的"新建"按钮，系统弹出"新建 SolidWorks 文件"对话框，在模板内单击"装配体"按钮，单击"确定"按钮，进入装配体制作界面，装配体文件的扩展名为*.SLDASM。"插入零部件"按钮默认时为激活状态，"插入零部件"属性管理器自动出现。单击"浏览"按钮，如图 6-1 中①所示，出现"打开"对话框，找到想插入的零部件文件，然后单击"打开"按钮，如图 6-1 中②③所示，单击"确定"按钮即可在原点插入零部件，如图 6-1 中④所示。

如果所插入的零部件是第一个零件，则该零部件会被固定。特征管理器中的零件前面自动标有"固定"，表明其已定位，如图 6-1 中⑤所示。如果插入的不是第一个零件，该零部件不会被固定。在装配体窗口的图形区域中，单击要放置零部件的位置。如果插入位置不太恰当，选择零部件，按住鼠标左键，将其拖动到恰当位置。

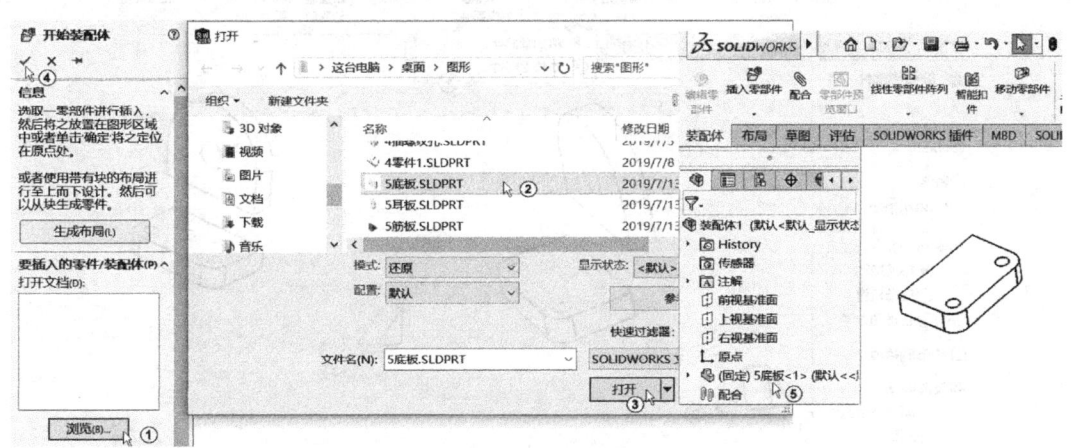

图 6-1　插入零部件

2．移动零部件和旋转零部件

单击"插入零部件"按钮，如图 6-2 中①所示。单击"浏览"按钮，出现"打开"对话框,找到"耳板.SLDPRT"文件,单击"打开"按钮,在图形区域中任意位置单击插入耳板。单击"移动零部件"按钮,出现"移动零部件"属性管理器,指针变成,在图形区域选择耳板后按住鼠标拖动到所需的位置,单击"确定"按钮,如图 5-2 中②~⑤所示。

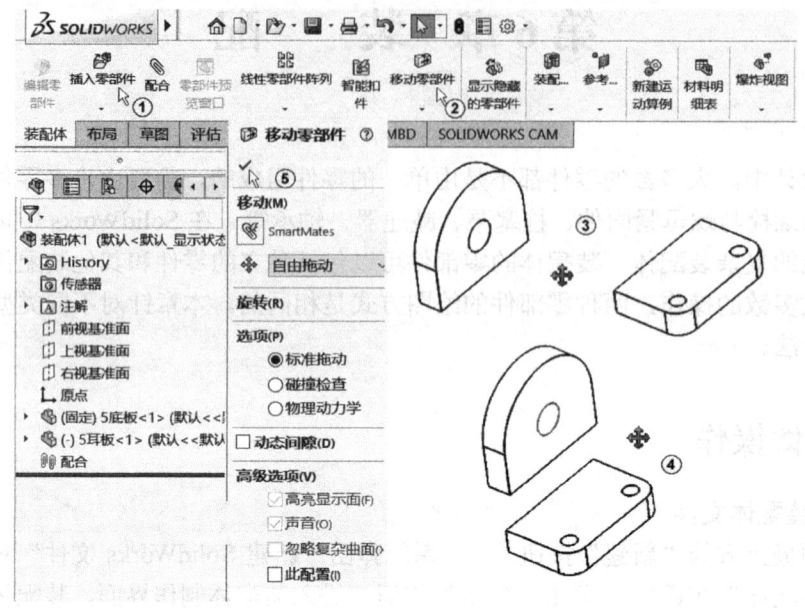

图 6-2 移动零部件

单击"插入零部件"按钮,单击"浏览"按钮,出现"打开"对话框,找到"筋板.SLDPRT"文件,单击"打开"按钮,在图形区域中任意位置单击插入筋板。单击"旋转零部件"按钮,出现"旋转零部件"属性管理器,鼠标指针变成,在图形区域选择筋板后按住鼠标旋转到所需的位置,单击"确定"按钮,如图 6-3 中①~④所示。

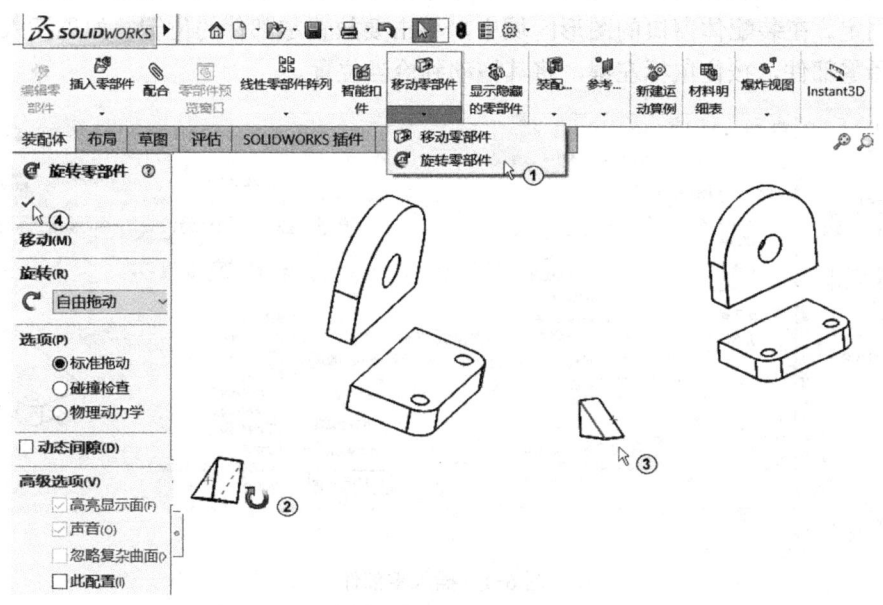

图 6-3 旋转零部件

移动和旋转零部件时各选项的作用见表6-1。

表6-1 移动和旋转零部件时各选项的作用

移动零部件的方式	
自由拖动	选择零部件并沿任意方向拖动
沿装配体XYZ	选择零部件并沿装配体的X、Y或Z方向拖动。图形区域中显示坐标系,以帮助确定方向。若要选择沿轴拖动,应在拖动前在轴附近单击
沿实体	选择实体,然后选择零部件并沿该实体拖动。如果实体是一条直线、边线或轴,所移动的零部件具有一个自由度。如果实体是一个基准面或平面,所移动的零部件具有两个自由度
由三角形XYZ	选择零部件,在"移动零部件"属性管理器中输入x、y或z值,然后单击"应用"按钮。零部件按照指定的数值移动
到XYZ位置	选择零部件上的一点,在"移动零部件"属性管理器中输入x、y或z坐标,然后单击"应用"按钮。零部件上的点移动到指定坐标。如果选择的项目不是顶点或角点,则零部件的原点会被置于所指定的坐标处
旋转零部件的方式	
自由拖动	选择零部件并沿任意方向拖动
绕实体	选择一条直线、边线或轴,然后围绕所选实体拖动零部件
由三角形XYZ	选择零部件,在"旋转零部件"属性管理器中输入x、y或z值,然后单击"应用"按钮。零部件按照指定角度数值绕装配体的轴转动

6.2 配合方式

1. 标准配合

单击"配合"按钮,出现"配合"属性管理器,如图6-4所示。选择零部件上所需配合实体。所选实体被列在"配合选择"的列表框中。有效的配合关系见表6-2。

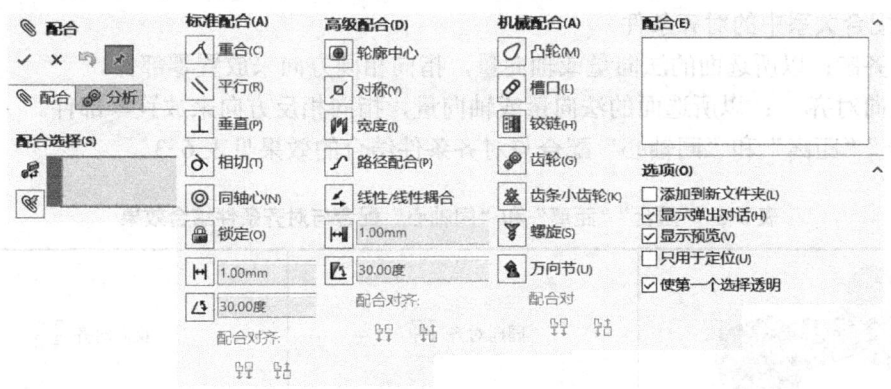

图6-4 "配合"属性管理器

表6-2 配合关系

配合	说明	配合	说明
重合	将所选择的两个零部件面、边线及基准面(它们之间相互组合或与单一顶点组合)重合在一条无限长的直线上,或将两个点重合配合	平行	将所选的两个零部件保持相同的方向,并且互相保持相同的距离配合
垂直	将所选的两个零部件以90°相互垂直配合	相切	将所选的两个零部件保持相切配合(至少有一选择项目必须为圆柱面、圆锥面或球面)

(续)

配合	说 明	配合	说 明
同轴心	将所选的两个零部件位于同一中心线配合	锁定	将所选的对象固定
距离	将所选的两个零部件之间保持指定的距离配合	角度	将所选的两个零部件以指定的角度配合
对称	强制使两个相似的零部件相对于零部件的基准面、平面或者装配体的基准面对称	宽度	"宽度"配合可以使目标零部件位于凹槽宽度内的中心
路径配合	将零部件上所选的点约束到路径。可以在装配体中选择一个或多个对象来定义路径。可以定义零部件在沿路径经过时的纵倾、偏转和摇摆	线性/线性耦合	此配合在一个零部件的平移和另一个零部件的平移之间建立几何关系
限制距离	限制两个零部件在一定的距离范围内移动,需要指定开始距离以及最大和最小值	限制角度	限制两个零部件在一定的角度范围内移动,需要指定开始角度以及最大和最小值
凸轮	"凸轮"配合为"相切"或"重合"配合类型。它允许将圆柱、基准面或点与一系列相切的拉伸曲面相配合	铰链	"铰链"配合将两个零部件之间的移动限制在一定的旋转范围内。其效果相当于同时添加"同心"配合和"重合"配合
齿轮	将选择的两个零部件绕所选轴相对旋转。"齿轮"配合的有效旋转轴包括圆柱面、圆锥面、轴和线性边线	齿条小齿轮	通过"齿条小齿轮"配合,使零部件(齿条)的线性平移引起另一零部件(小齿轮)作圆周旋转
螺旋	将两个零部件约束为同心,并在一个零部件的旋转和另一个零部件的平移之间添加纵倾几何关系。一零部件沿轴方向的平移会根据纵倾几何关系引起另一个零部件的旋转。同样,一个零部件的旋转可引起另一个零部件的平移	万向节	"万向节"配合会使一个零部件(输出轴)绕自身轴的旋转是由另一零部件(输入轴)绕其轴的旋转驱动的

2. 对齐条件

(1) 配合关系中的对齐条件

- 对齐：以所选面的法向量或轴向量,指向相同方向来放置零部件。
- 反向对齐：以所选面的法向量或轴向量,指向相反方向来放置零部件。

"重合""距离"和"同轴心"配合与对齐条件结合的效果见表6-3。

表6-3 "重合""距离"和"同轴心"配合与对齐条件结合效果

	同向对齐	反向对齐
重合		
距离 10.00mm □反转尺寸(F)		

（续）

（2）组合体的装配过程

此组合体由 3 个部分组成，底板固定后，耳板与底板间通过 3 个方向的重合完成耳板的固定，筋板也同样是通过 3 个方向的重合完成固定。

1）单击"配合"按钮，如图 6-5 中①所示，出现"配合"属性管理器。选择如图 6-5 中②③所示的两个平面，作"重合"配合，预览无误后，单击"确定"按钮，如图 6-5 中④⑤所示，结果如图 6-5 中⑥所示。

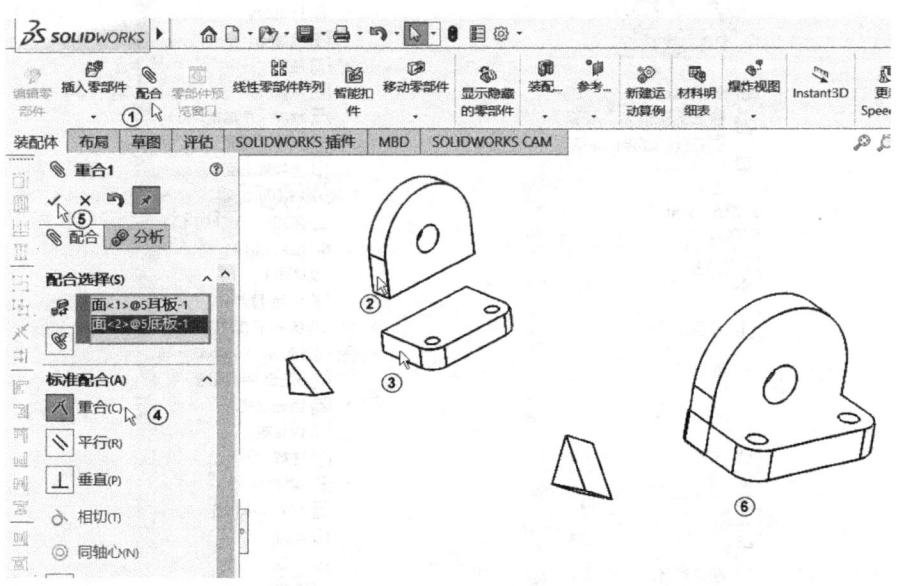

图 6-5　选择的两个面作"重合"配合（一）

2）分别选择如图 6-6 中①②所示的两个面，作"重合"配合，预览无误后，单击"确定"按钮。分别选择如图 6-6 中③④所示的两个面，作"重合"配合，预览无误后，单击"确定"按钮，结果如图 6-6 中⑤所示。

3）展开特征树，分别选择底板的"右视基准面"和筋板的"右视"，如图 6-7 中①②所示，作"重合"配合，预览无误后，单击"确定"按钮。

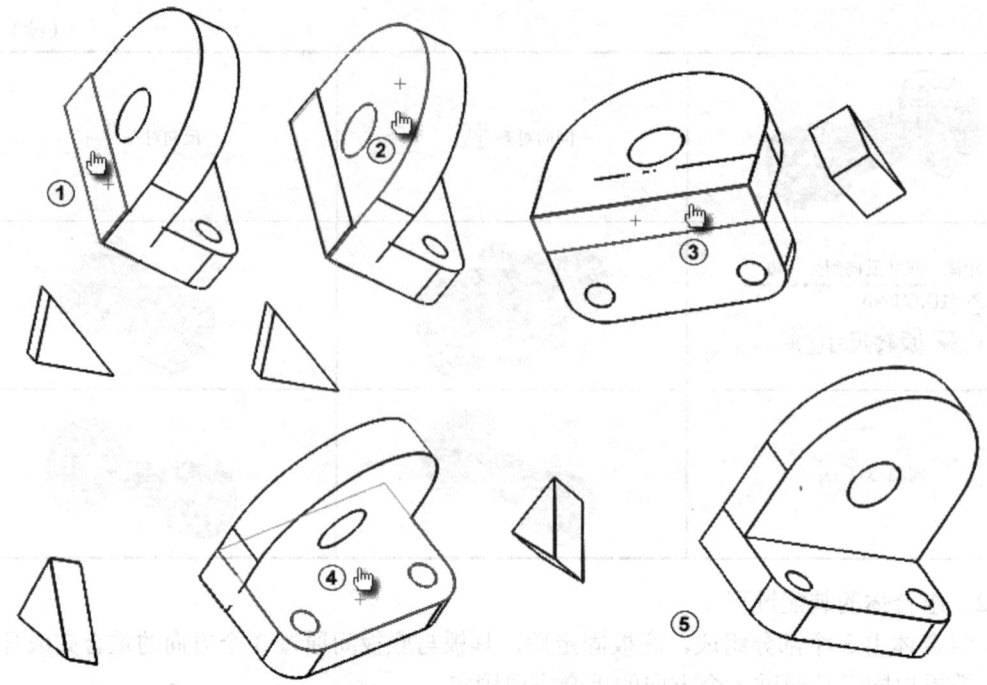

图 6-6 选择的两个面作"重合"配合（二）

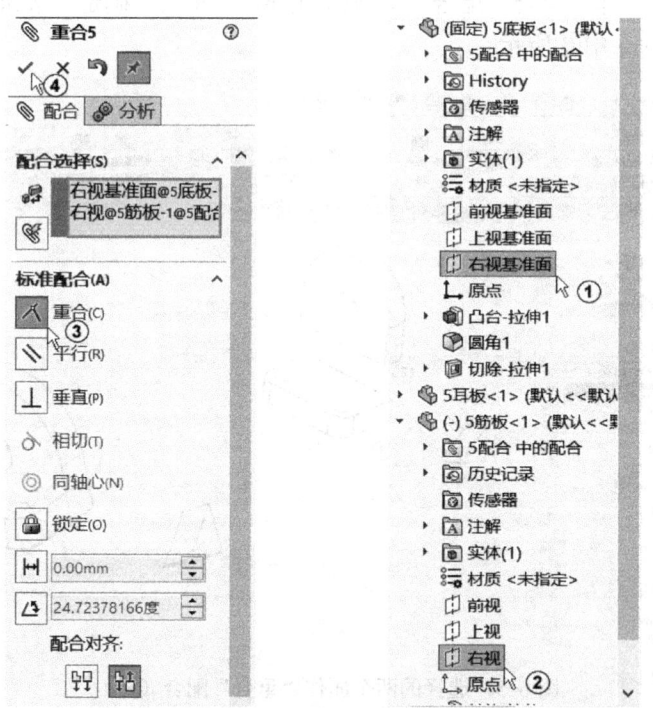

图 6-7 将选择的两个面作"重合"配合（三）

4）分别选择如图 6-8 中①②所示的两个面，作"重合"配合，预览无误后，单击"确定"按钮。分别选择如图 6-8 中③④所示的两个面，作"重合"配合，预览无误后，单击"确定"按钮，结果如图 6-8 中⑤所示。

128

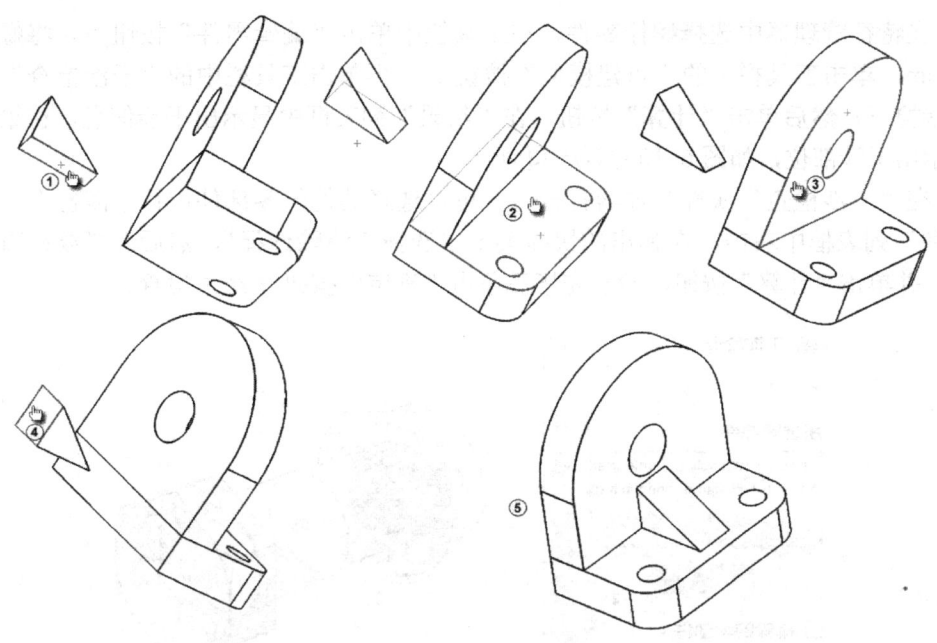

图 6-8 将选择的两个面作"重合"配合(四)

6.3 干涉检查

6.3.1 干涉体积检查

在一个复杂的装配体中,如果想用视觉来检查零部件之间是否有干涉的情况,是件困难的事。利用干涉体积检查功能,可以方便地在零部件之间进行干涉检查,并且能查看所检查到的干涉体积。干涉体积检查操作步骤如下。

1)打开随书网盘的"螺栓装配.SLDASM"装配图文件。

2)选择"评估"→"干涉检查"命令 ,出现"干涉检查"属性管理器。在"所选零部件"列表框中,右击并从弹出的快捷菜单中选择"清除选择",然后选择"螺母"和"螺杆",单击"计算"按钮,单击"确定"按钮 ,如图 6-9 中①~③所示。"结果"列表框显示"无干涉",说明螺母的体积和螺栓的体积没有重合部分,如果有重合,则在"结果"列表框里会显示出干涉信息,并在干涉处以红色显示。

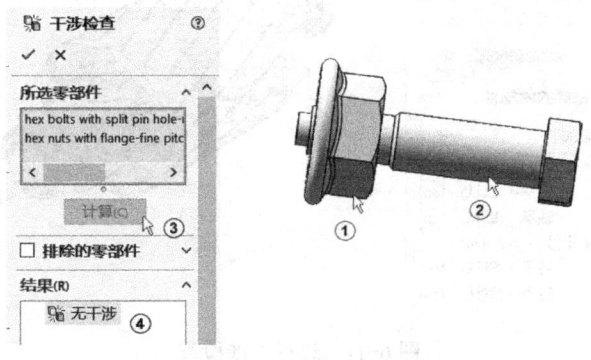

图 6-9 选择"干涉检查"检查零件

3）在特征管理器中选择螺栓零件，在工具栏中单击"编辑零件"按钮，将螺栓直径增大 2mm，单击工具栏中的"重建模型"按钮，再单击工具栏中的"干涉检查"按钮进行干涉检查，然后单击"计算"按钮，在"结果"列表框中显示出干涉信息，在绘图区以红色显示出干涉部位，如图 6-10 中①～③所示。

4）在"干涉检查"属性管理器打开时，可以选择其他的零部件进行干涉检查。在"所选零部件"列表框中右击，在弹出的快捷菜单中选择"清除选择"，然后选择要检查的其他零部件，并单击"计算"按钮，检查完毕后单击"确定"按钮结束检查。

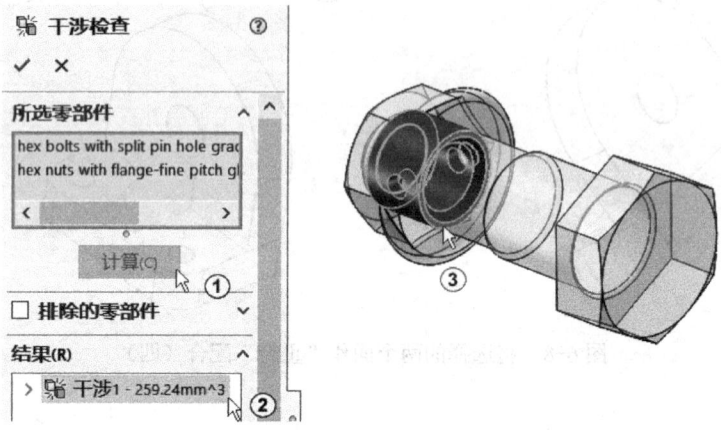

图 6-10　提示干涉信息

6.3.2　电动机转子装配干涉检查

1）单击工具栏中的"打开"按钮，出现"打开"对话框，找到随书网盘中的"转子"装配文件，单击"确定"按钮。单击工具栏中的"干涉检查"按钮，弹出"干涉检查"属性管理器，在"所选零部件"列表框中已输入"转子.SLDASM"，这是系统默认的。如果要对某两个或几个零部件进行干涉检查，可以先清空列表框中的所有检查项目，再选择要进行干涉检查的某两个零部件。现在要对整个转子装配进行干涉检查，单击"计算"按钮，系统经过计算后在"结果"列表框中显示出干涉项目，一共有两项干涉，如图 6-11 所示。

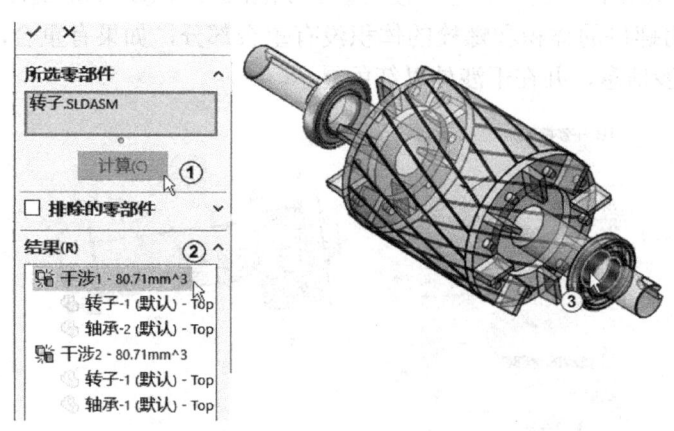

图 6-11　进行干涉检查

2）展开"干涉 1"和"干涉 2"，可以看到这两项是轴直径大于轴承内径的干涉，可见轴和轴承的配合是"过盈"配合，轴的直径要大于轴承内径 0.06～0.1，配合时要加热轴承使之膨胀，再和轴进行配合，所以这两项干涉是正常的。选中"干涉 1"，轴与轴承的干涉处会以红色显示，如图 6-12 中①②所示。选中"干涉 2"轴与轴承的干涉处会以红色显示，如图 6-12 中③④所示，检查完毕后单击"确定"按钮 结束检查。

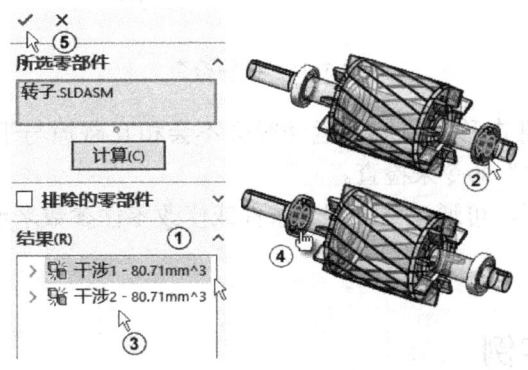

图 6-12　显示轴与轴承的干涉

6.3.3　运动碰撞检查

移动或旋转零部件时，检查其与其他零部件之间的冲突，可以发现所选的零部件是否发生碰撞，其操作步骤如下。

1）打开随书网盘中的"螺杆-活灵装配碰撞检查.SLDASM"装配体文件。

2）单击"移动零部件"按钮，出现"移动零部件"属性管理器。选择"碰撞检查""碰撞时停止""高亮显示面"和"声音"等选项，如图 6-13 中①～④所示。然后将活灵（如图 6-13 中⑤所示）向螺杆头部（向右方）移动，在活灵与螺杆挡肩碰撞时，会发出声音，同时高亮度显示碰撞部分，并停止移动，如图 6-14 所示。

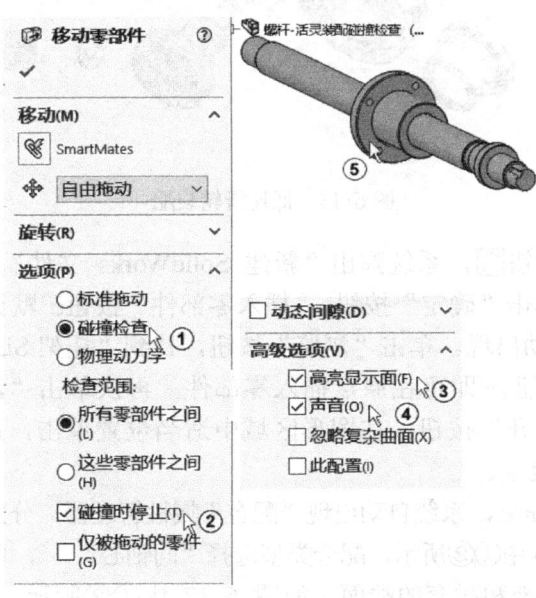

图 6-13　"移动零部件"属性管理器设置

图 6-14 碰撞检查

检查装配体中零部件在移动或旋转运动时会不会相互碰撞与干涉，可通过"移动零部件"命令和"旋转零部件"命令来检查。

查明装配干涉情况后，可通过修改配合条件或修改零件参数来消除干涉。限于篇幅，本章不对此展开叙述了。

6.4 装配体制作实例

在设计中可以自下而上设计一个装配体，或自上而下进行设计，或两种方法结合使用。

自下而上设计法是比较传统的方法。在自下而上设计中，先生成零件并将其插入装配体，然后根据设计要求配合零件。当使用以前生成的零件时，自下而上的设计方案是首选的方法。

自下而上设计法的另一个优点，是因为零部件是独立设计的，与自上而下设计法相比，它们的相互关系及重建行为更为简单。使用自下而上设计法，可以专注于单个零件的设计工作。当不需要建立控制零件大小和尺寸参考关系时（相对于其他零件），此方法较为适用。

【例 6-1】 完成低速滑轮装置的装配，如图 6-15 所示。

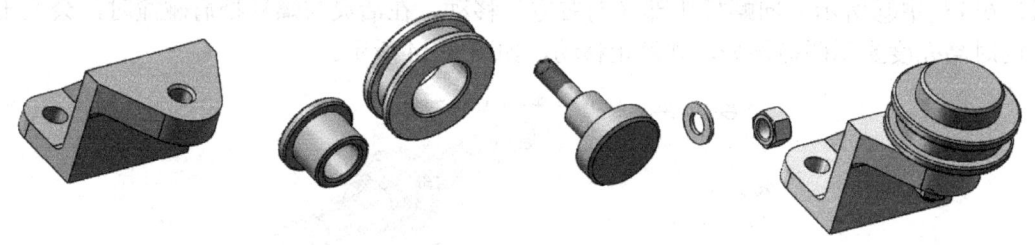

图 6-15 低速滑轮装配

1）单击"新建"按钮，系统弹出"新建 SolidWorks 文件"对话框，在模板内单击"装配体"按钮，再单击"确定"按钮。"插入零部件"按钮默认处于激活状态，"插入零部件"属性管理器自动出现。单击"浏览"按钮，找到"托架.SLDPRT"，单击"打开"按钮，单击"确定"按钮即可在原点插入零部件。再次单击"浏览"按钮，找到"衬套.SLDPRT"，单击"打开"按钮；在图形区域中适当位置单击，放置零部件在恰当的位置，再单击"确定"按钮。

2）单击"配合"按钮，系统自动出现"配合"属性管理器，分别选择欲配合的衬套和托架的圆柱孔面，如图 6-16 中①②所示，配合类型选择"同轴心"，单击"确定"按钮。

3）选择欲配合的托架和衬套的端面，如图 6-17 中①②所示，配合类型选择"重合"，单击"确定"按钮，再单击"关闭"按钮，关闭"配合"属性管理器。

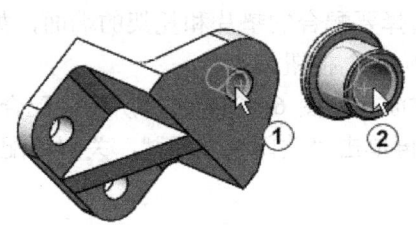
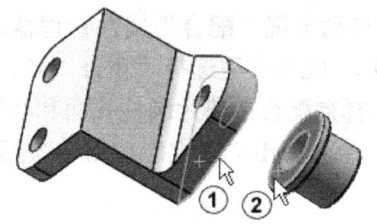

图 6-16　两圆柱孔的"同轴心"配合　　　　图 6-17　托架和衬套的端面"重合"配合

4）单击"插入零部件"按钮，再单击"浏览"按钮，找到"滑轮.SLDPRT"，然后单击"打开"按钮，放置零部件在恰当的位置，最后单击"确定"按钮。单击"配合"按钮，系统自动出现"配合"属性管理器，分别选择想要配合的圆柱孔面，如图 6-18 中①②所示，配合类型选择"同轴心"，单击"确定"按钮。

5）选择欲配合的滑轮和衬套的端面，如图 6-19 中①②所示，配合类型选择"重合"，单击"确定"按钮，再单击"关闭"按钮，关闭"配合"属性管理器。

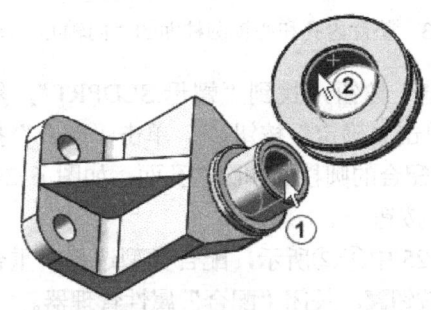
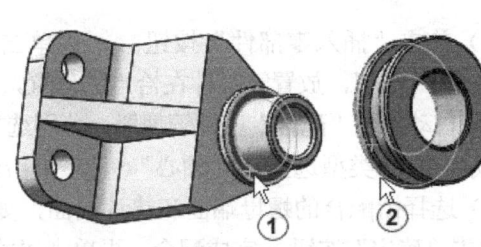

图 6-18　两圆柱孔面"同轴心"配合　　　　图 6-19　衬套和滑轮的端面"重合"配合

6）单击"插入零部件"按钮，再单击"浏览"按钮，找到"心轴.SLDPRT"，然后单击"打开"按钮，放置零部件在恰当的位置，最后单击"确定"按钮。单击"配合"按钮，系统自动出现"配合"属性管理器，分别选择需要配合的圆柱面和圆柱孔面，如图 6-20 中①②所示，配合类型选择"同轴心"，单击"确定"按钮。

7）选择欲配合的心轴与衬套的端面，如图 6-21 中①②所示，配合类型选择"重合"，单击"确定"按钮完成配合，再单击"关闭"按钮，关闭"配合"属性管理器。

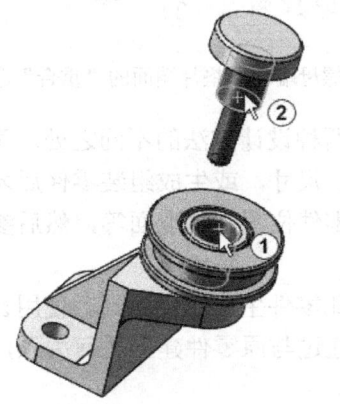
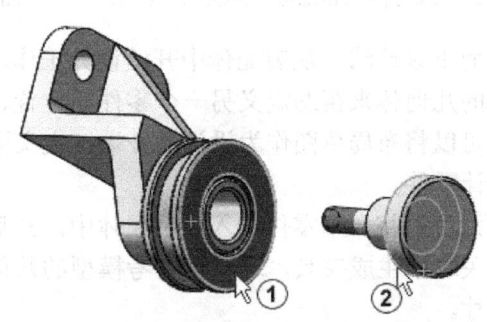

图 6-20　两圆柱孔面"同轴心"配合　　　　图 6-21　心轴和衬套端面"重合"配合

8）单击"插入零部件"按钮，再单击"浏览"按钮，找到"垫片.SLDPRT"，然后单击"打开"按钮，放置零部件在恰当的位置，最后单击"确定"按钮。单击"配合"按钮，系统自动出现"配合"属性管理器，分别选择要配合的垫片和托架的端面，如图6-22中①②所示，配合类型选择"重合" ，单击"确定"按钮 。

9) 选择欲配合的垫片圆柱孔面和心轴的圆柱面，如图6-23中①②所示，配合类型选择"同轴心" ，单击"确定"按钮 完成配合，再单击"关闭"按钮 ，关闭"配合"属性管理器。

图6-22 垫片端面和托架端面"重合"配合　　　图6-23 垫片内孔和心轴圆柱面的"同轴心"配合

10) 单击"插入零部件"按钮 ，再单击"浏览"按钮，找到"螺母.SLDPRT"，然后单击"打开"按钮，放置零部件在恰当的位置，最后单击"确定"按钮 。单击"配合"按钮 ，系统自动出现"配合"属性管理器，分别选择需要配合的圆柱面和圆柱孔面，如图6-24中①②所示，配合类型选择"同轴心" ，单击确定"按钮 。

11) 选择欲配合的螺母端面和垫片端面，如图6-25中①②所示，配合类型选择"重合" ，单击"确定"按钮 完成配合，再单击"关闭"按钮 ，关闭"配合"属性管理器。

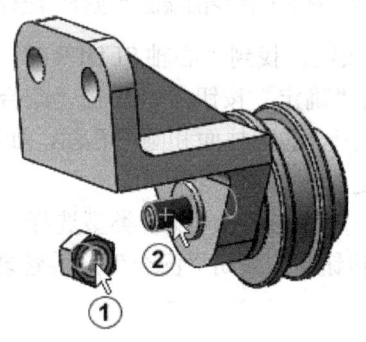 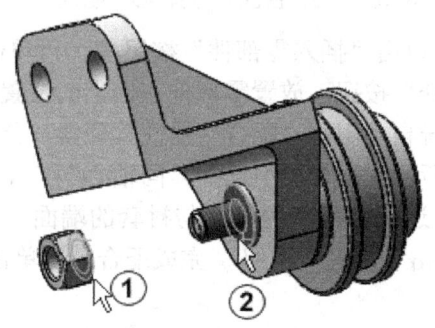

图6-24 螺母内孔和螺栓"同轴心"配合　　　图6-25 螺母端面和垫片端面的"重合"配合

自上而下设计法，从装配体中开始设计工作，这是两种设计方法的不同之处。可以使用一个零件的几何体来帮助定义另一个零件的位置、形状、尺寸，或生成组装零件后才添加加工特征。可以将布局草图作为设计的开端，定义固定的零件位置、基准面等，然后参考这些定义来设计零件。

例如，可以将一个零件插入到装配体中，然后根据此零件生成一个夹具。使用自上而下设计法在关联中生成夹具，这样可参考模型的几何体，通过与原零件建立几何关系，来控制夹具的尺寸。

【例6-2】 自上而下设计机床夹具。

利用电动机后轴承盖中φ320内止口定位尺寸（如图6-26中深色面①所示）和大小孔直径（如图6-26中深色面②③所示），设计7个φ18的大钻套、2个φ10的小钻套和模板（如

图 6-26 中④~⑥所示）零件，并完成其装配（如图 6-26 中⑦所示）。拟采用自上而下的设计方法。

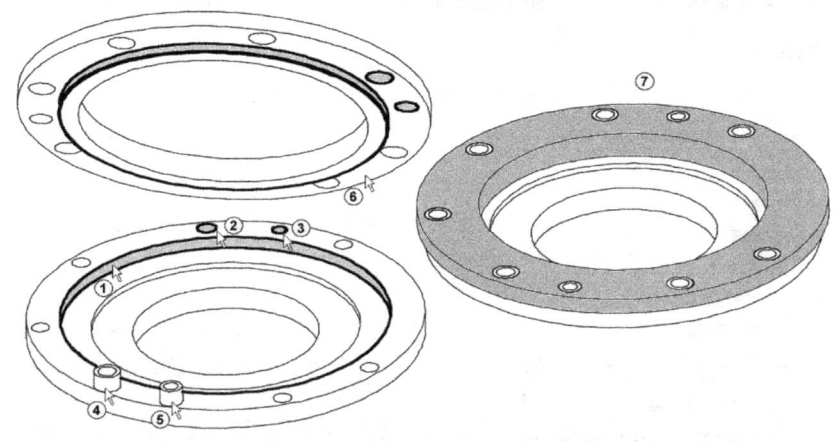

图 6-26 产品零件图

1）单击"新建"按钮，系统弹出"新建 SolidWorks 文件"对话框，在模板内单击"装配体"按钮，再单击"确定"按钮。"插入零部件"按钮默认处于激活状态，"插入零部件"属性管理器自动出现。单击"浏览"按钮，找到"后轴承盖.SLDPRT"，再单击"打开"按钮，然后单击"确定"按钮 即可在原点插入零部件。选择"文件"→"保存"命令，保存为"装配体 1.SLDASM"。

2）选择"工具"→"选项"→"装配体"命令，如图 6-27 中①~③所示，选中"将新零件保存到外部零件"复选框，单击"确定"按钮，如图 6-27 中④⑤所示。

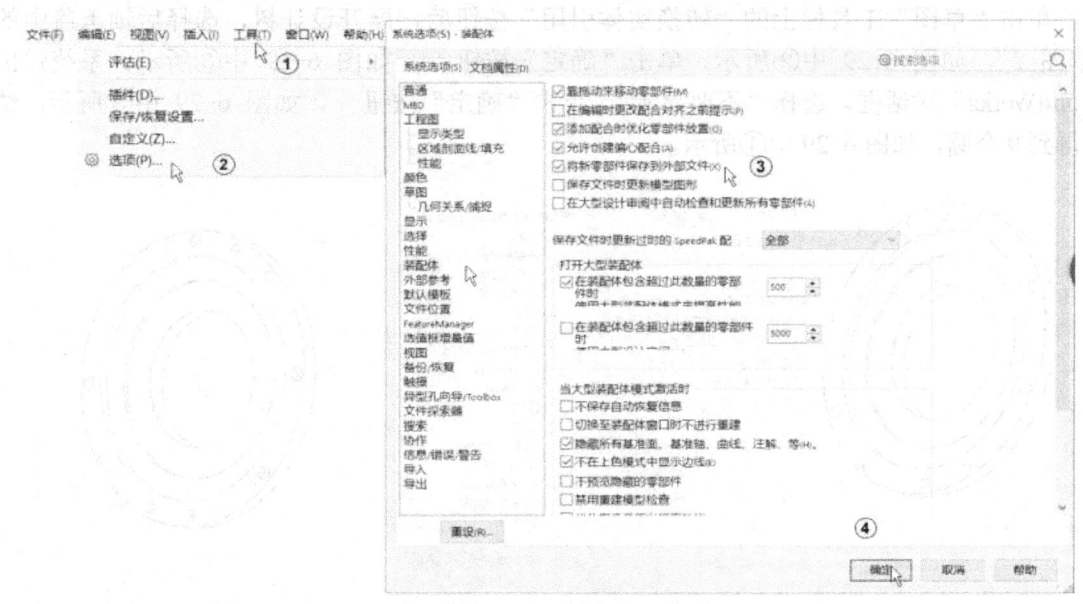

图 6-27 设置装配体新零件

3）选择"插入"→"零部件"→"新零件"命令，如图 6-28 中①~③所示，为外部保存的零件即新零件在"另存为"对话框中输入其名称，然后单击"保存"按钮，如图 6-28 中④⑤所示。

图 6-28 建立新零部件

4）新零件出现在特征管理设计树中。系统要求选择放置新零件的面，在绘图区选择放置新零件的面，如图 6-29 中①所示。编辑焦点更改到新零件，有一草图在新零件文件中打开。单击"草图"工具栏上的"转换实体引用"按钮，展开设计树，选择后轴承盖中的"草图 2"，如图 6-29 中②所示，单击"确定"按钮，如图 6-29 中③所示。系统弹出"SolidWorks"对话框，选择"不要显示"，单击"确定"按钮，如图 6-29 中③所示，结果得到 9 个圆，如图 6-29 中④所示。

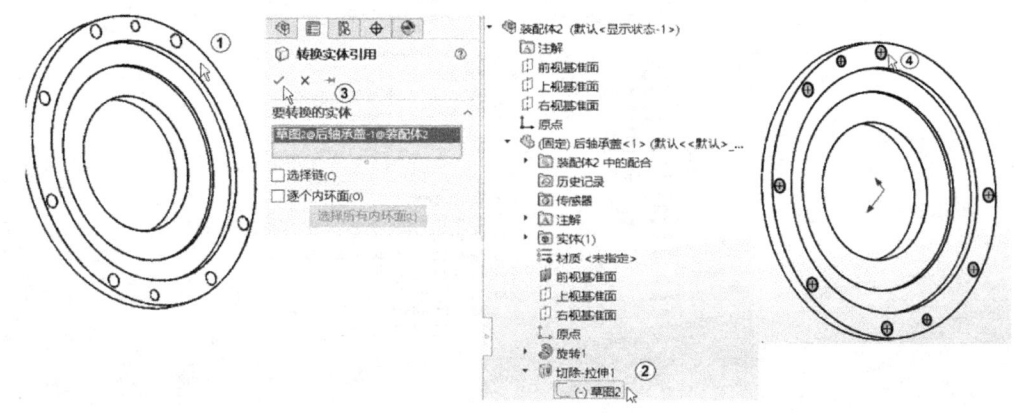

图 6-29 建立小孔特征

5）单击"草图"面板上的"等距实体"按钮，打开"等距实体"属性管理器，选择 9 个小孔，参数设为"4"，如图 5-30 中①②所示，单击"确定"按钮，如图 6-30 中③④

所示。

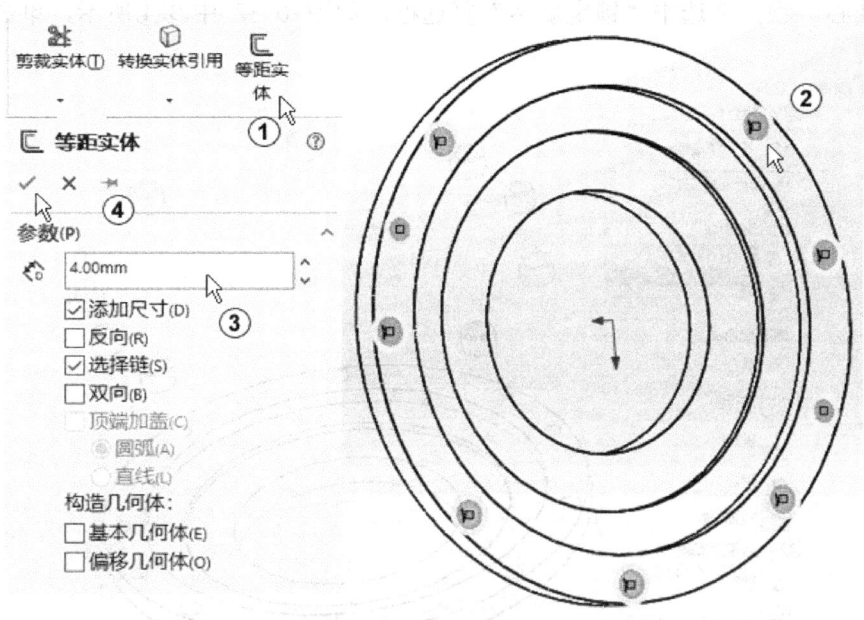

图 6-30 等距实体

6）单击"特征"，切换到"特征"面板，单击"拉伸凸台/基体"按钮，系统弹出"凸台-拉伸"属性管理器，在"深度"文本框中输入"16"，"方向 1"选择"给定深度"，如图 6-31 中①所示，其他采用默认设置，单击"确定"按钮，完成拉伸操作，如图 6-31 中②③所示。

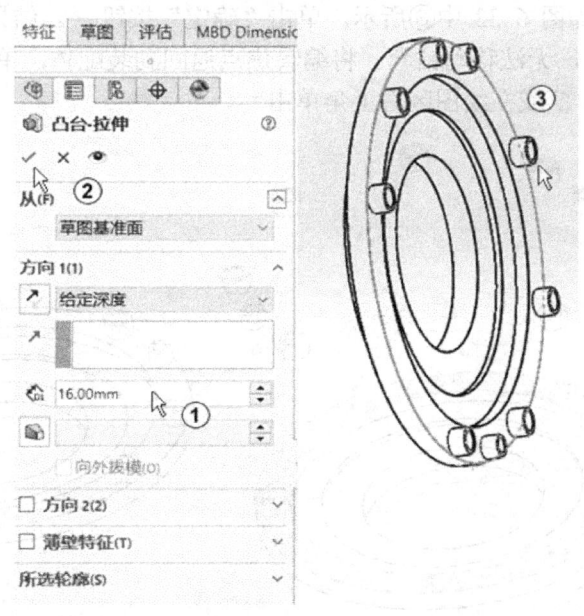

图 6-31 拉伸钻套

7）单击"移动零部件"按钮，指针变成，在图形区域选择钻套后按住鼠标向上拖动一定的位置，单击"确定"按钮。单击"配合"按钮，系统自动出现"配合"属性管理器，分别选择后轴承盖上孔的端面和钻套的外表面，如图 6-32 中①②所示，配合类型选择"同轴心" ，并选中"锁定旋转"复选框，如图 6-32 中③④所示，单击"确定"按钮 。

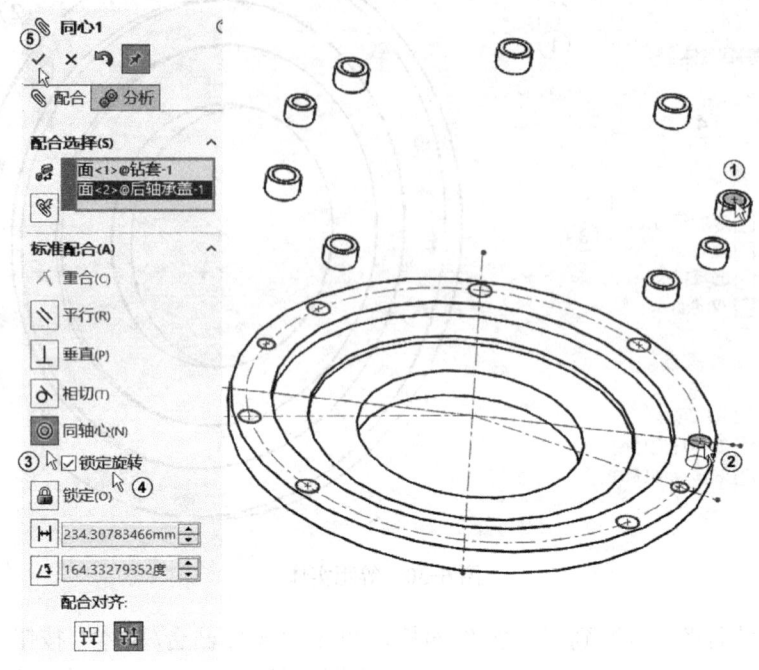

图 6-32 "同轴心"配合

8）分别选择后轴承盖和钻套的上表面，如图 6-33 中①②所示，配合类型选择"距离" 并输入距离"16"，如图 6-33 中③所示，单击"确定"按钮 。结果如图 6-33 中④⑤所示。此时已完全约束了，无法移动钻套。将编辑焦点返回到装配体，单击"装配体"工具栏的"编辑零部件"按钮 或在绘图区右上角单击 。

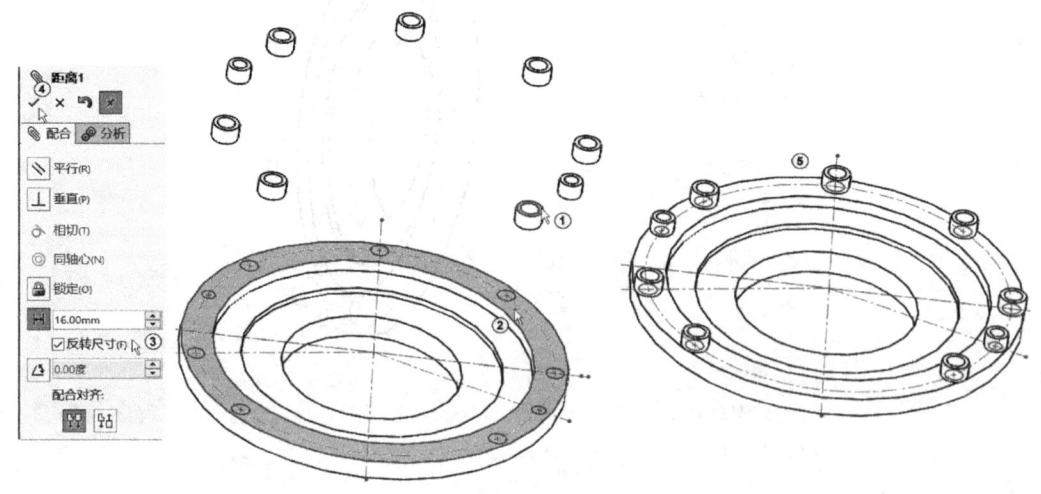

图 6-33 距离"配合"

9）在特征树中右击"后轴承盖"，从弹出的快捷菜单中选择"孤立"命令，如图 6-34 中①②所示。选择"插入"→"零部件"→"新零件" ，为外部保存的零件即新零件在

"另存为"对话框中输入其名称"模板",然后单击"保存"按钮。新零件出现在特征管理设计树中,系统要求选择放置新零件的面,选择后轴承盖零件的"前视基准面",如图6-34中③所示。编辑焦点更改到新零件,有一草图在新零件文件中打开。

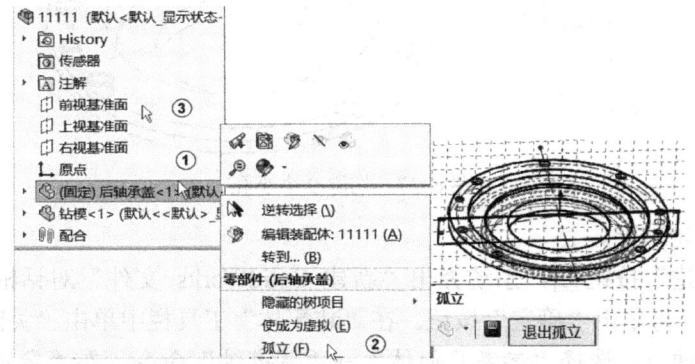

图6-34 孤立零件

10)单击"正视于"按钮,绘制一条通过原点的垂直中心线(如图6-35中①所示),3条垂直线和3条水平线绘成封闭草图,注意水平线⑤与后轴承盖上表面的线重合,用"智能尺寸"命令标注尺寸,如图6-35中②~⑦所示。切换到"特征"面板,单击"特征"面板中的"旋转凸台/基体"按钮,系统弹出"旋转"属性管理器,单击"旋转轴"后的列表框,选择通过原点的垂直中心线作为旋转轴,在"角度"文本框中输入"360",其他采用默认设置,单击"确定"按钮,结果如图6-35中⑧所示。

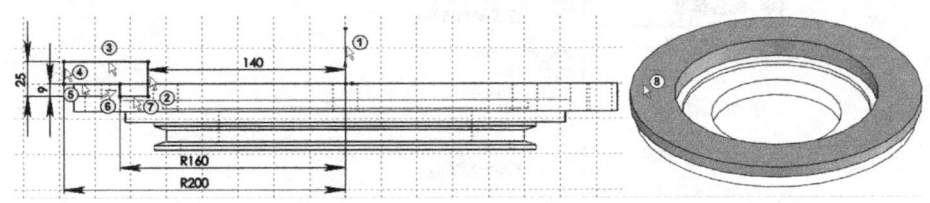

图6-35 绘制草图并创建基体

11)选择模板的上表面,如图6-36中①所示,单击"草图"工具栏上的"转换实体引用"按钮,选择9个大圆,如图6-36中②所示,单击"确定"按钮,如图6-36中③所示。

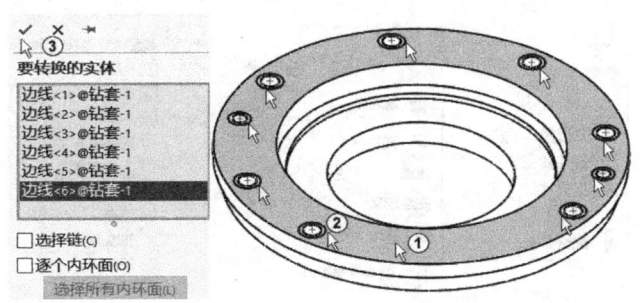

图6-36 转换实体引用

12)切换到"特征"面板,单击"切除拉伸"按钮,终止条件为"成形到下一面"。单击"装配体"工具栏上的"编辑零件"按钮,完成钻模板创建,如图6-37所示。单击"退出孤立"按钮。

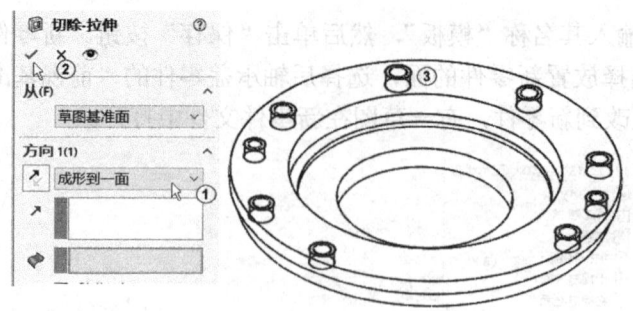

图 6-37 切除 9 个小孔

【例 6-3】 齿轮装配。

1）单击"新建"按钮,系统弹出"新建 SolidWorks 文件"对话框,在模板中单击"装配体"按钮,再单击"确定"按钮。在"装配体"工具栏中单击"关闭"按钮×。

2）建立基准轴 1。选择"参考几何体"→"基准轴"命令,在"参考实体"对话框中选择"前视基准面"和"后视基准面",单击"确定"按钮。步骤如图 6-38 中①～⑥所示。

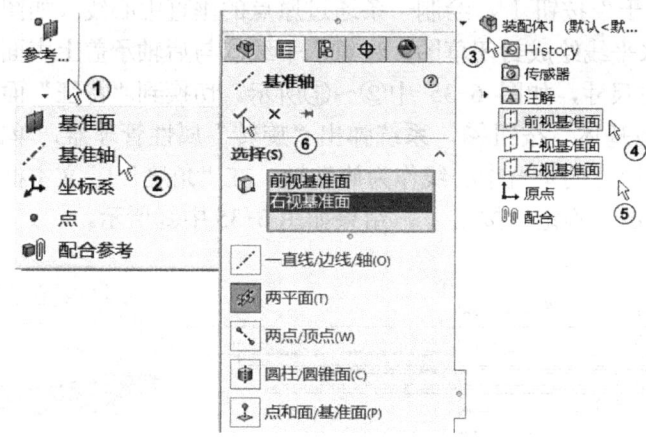

图 6-38 建立基准轴 1

3）建立基准面 1。选择"参考几何体"→"基准面"命令,在出现的"基准面"属性管理器的"第一参考"中选择"右视基准面",在"偏移距离"文本框中输入"180",此距离为两齿轮的中心距,单击"确定"按钮生成基准面 1。步骤如图 6-39 中①～⑥所示。

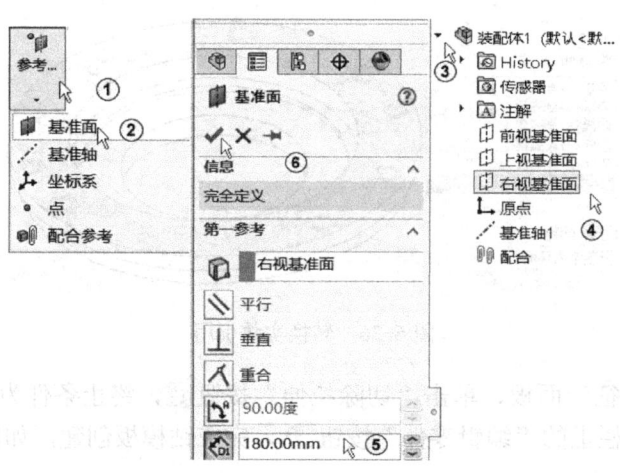

图 6-39 建立基准面 1

4)建立基准轴 2,方法与步骤 2)相同。在"参考实体"对话框中选择"基准面 1"和"前视基准面"。

5)单击"关闭可见性"按钮 ,再依次单击"观阅基准面" →"观阅基准轴"按钮,使得在界面中出现基准面和基准轴。

6)单击"插入零件"按钮 ,再单击"浏览"按钮,找到"小齿轮.SLDPRT",单击"打开"按钮。选择合适位置后单击"确定"按钮 。右击小齿轮,将小齿轮设置为浮动。

7)单击"配合"按钮 ,选择需要配合的小齿轮的圆柱孔面和基准轴 1,如图 6-40 中①②所示,单击"同轴心"配合按钮 。

8)单击"配合"按钮 ,选择需要配合的小齿轮端面和前视基准面如图 6-41 中①②所示。

9)单击"插入零件"按钮 ,再单击"浏览"按钮,找到"大齿轮.SLDPRT",单击"打开"按钮。选择合适位置后单击"确定"按钮 。

10)单击"配合"按钮 ,选择需要配合的大齿轮的圆柱孔面和基准轴 2,如图 6-42 中①②所示,单击"同轴心"配合按钮 。

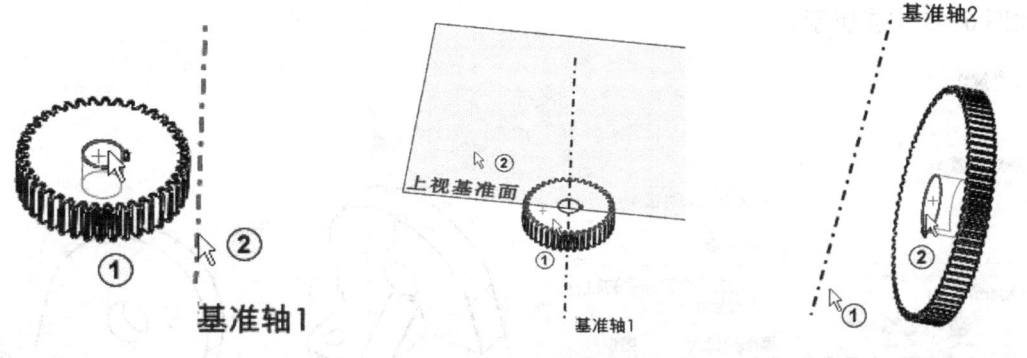

图 6-40 齿轮配合步骤 1　　　图 6-41 齿轮配合步骤 2　　　图 6-42 齿轮配合步骤 3

11)单击"配合"按钮 ,选择需要配合的大齿轮端面和前视基准面,如图 6-43 中①②所示。

12)单击"配合"按钮 ,选择"机械"配合,单击"齿轮" 配合,选择大、小齿轮的两个圆柱孔面。如图 6-44 中①②所示,单击"确定"按钮 。

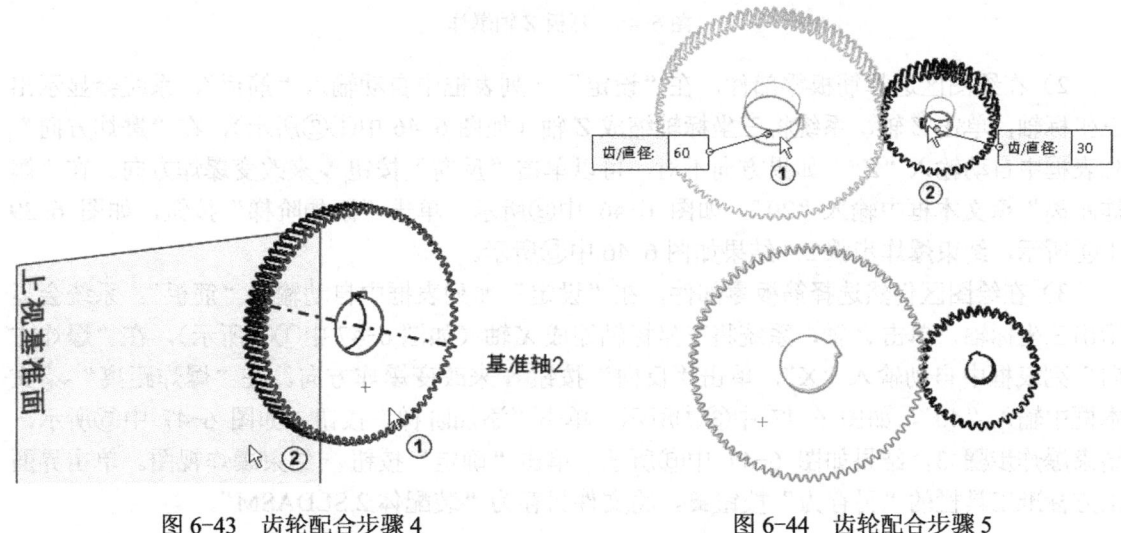

图 6-43 齿轮配合步骤 4　　　　　　　　图 6-44 齿轮配合步骤 5

6.5 创建爆炸视图

出于制造目的，经常需要分离装配体中的零部件，以形象地分析它们之间的相互关系。装配体的爆炸视图，可以分离其中的零部件，以便查看装配体。装配体爆炸后，不能给装配体添加配合。

【例6-4】 建立扩口模装配爆炸图。

1) 单击界面最上方的"打开"按钮，弹出"打开"对话框。找到随书网盘中的"装配体 1.SLDASM"装配文件，单击"打开"按钮，进入装配图界面。单击工具栏中的"爆炸视图"按钮，弹出"爆炸"属性管理器，在绘图区选择"耳板"零部件，在"设定"列表框中自动输入"耳板"。系统会显示出三坐标轴，单击 Z 轴，系统将三坐标轴缩成 Z 轴（如图 6-45 中①②所示），在"爆炸方向"列表框中自动输入 Z，如果方向不对，可以单击"反向"按钮来改变爆炸方向。在"爆炸距离"文本框中输入"20"，如图 6-45 中③所示，单击"添加阶梯"按钮，如图 6-45 中④所示，结束爆炸步骤 1，结果如图 6-45 中⑤所示。

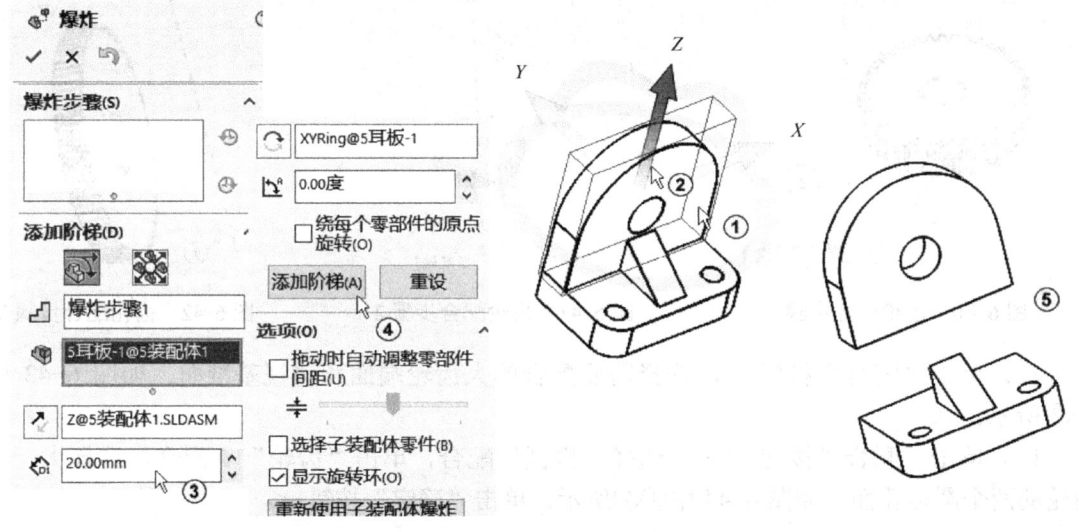

图 6-45 耳板 Z 轴爆炸

2) 在绘图区选择筋板零部件，在"设定"列表框中自动输入"筋板"，系统会显示出三坐标轴，单击 Z 轴，系统将三坐标轴缩成 Z 轴（如图 6-46 中①②所示），在"爆炸方向"列表框中自动输入"Z"，如果方向不对，可以单击"反向"按钮来改变爆炸方向。在"爆炸距离"文本框中输入"20"，如图 6-46 中③所示，单击"添加阶梯"按钮，如图 6-39 中④所示，结束爆炸步骤 2，结果如图 6-46 中⑤所示。

3) 在绘图区仍然选择筋板零部件，在"设定"列表框中自动输入"筋板"。系统会显示出三坐标轴，单击 X 轴，系统将三坐标轴缩成 X 轴（如图 6-47 中①②所示），在"爆炸方向"列表框中自动输入"X"，单击"反向"按钮来改变爆炸方向。在"爆炸距离"文本框中输入"40"，如图 6-47 中③④所示，单击"添加阶梯"按钮，如图 6-47 中⑤所示，结束爆炸步骤 3，结果如图 6-47 中⑥所示。单击"确定"按钮结束爆炸视图。单击界面上方标准工具栏的"另存为"按钮，将文件另存为"装配体 2.SLDASM"。

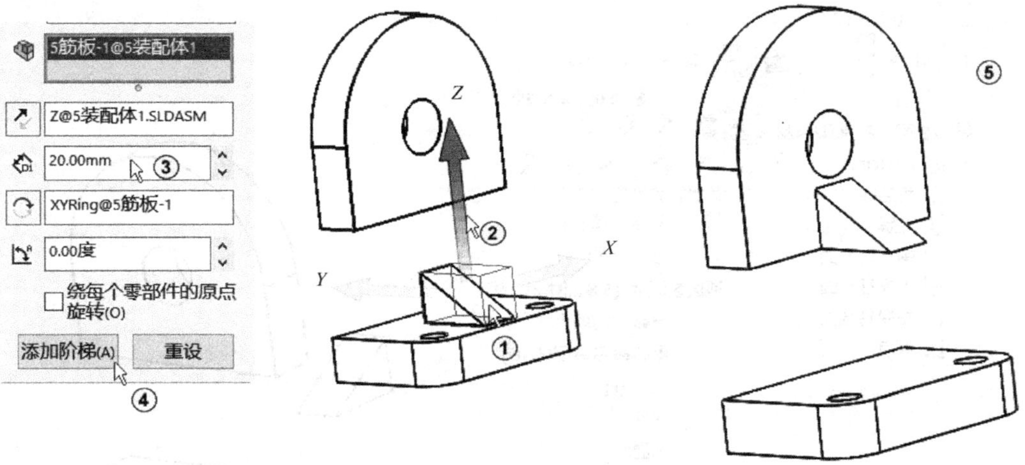

图 6-46 筋板 Z 轴爆炸

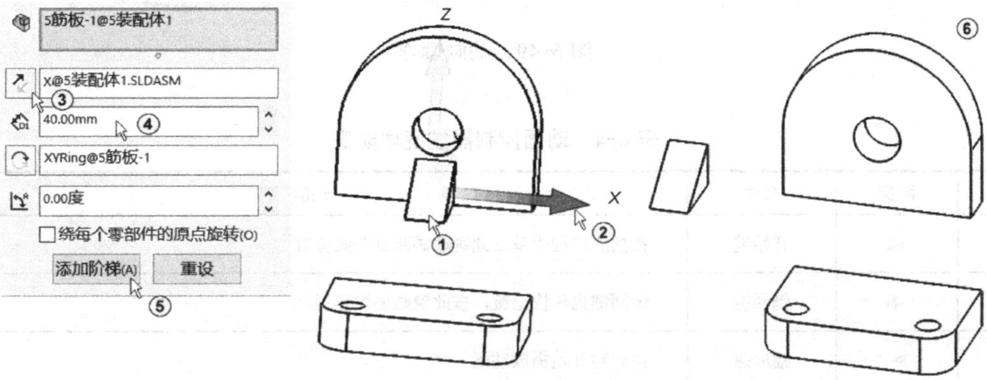

图 6-47 筋板 X 轴爆炸

4) 解除爆炸。在特征管理器中右击"装配体 2",在弹出的快捷菜单中选择"解除爆炸",如图 6-48 中①②所示,爆炸被解除后恢复到原来的状态,如图 6-48 中③所示。

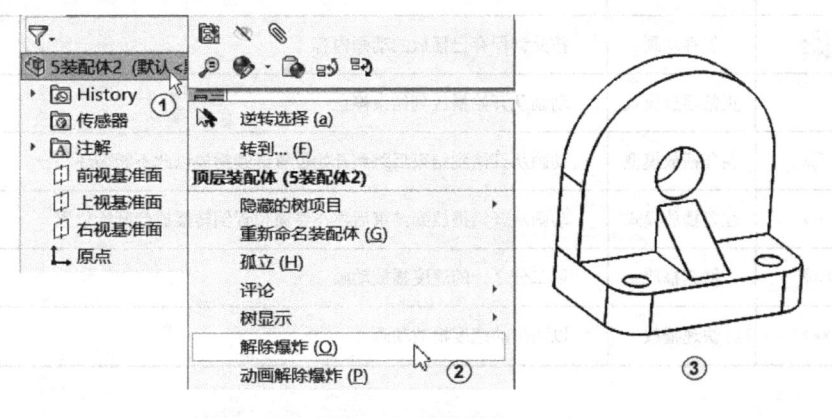

图 6-48 解除爆炸

5) 创建动画爆炸。在特征管理器中右击"装配体 2",在弹出的快捷菜单中选择"动画爆炸",如图 6-49 中①②所示。系统以动画形式显示装配体 2 的爆炸过程,系统在显示动画的同时显示出"动画控制器",如图 6-49 中③所示。动画控制器的功能见表 6-4。

143

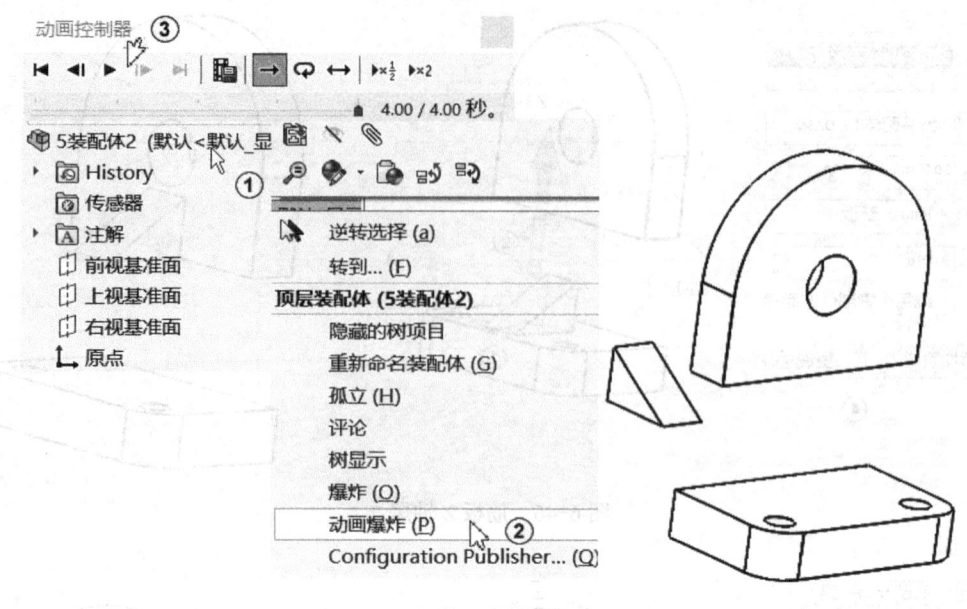

图 6-49 动画爆炸

表 6-4 动画控制器按键功能表

序号	图标	名称	功能
1	⏮	开始键	在播放过程中单击此键动画跳到开始位置
2	⏪	倒回键	倒回键也称快退键,按此键画面快速退回
3	▶	播放键	按此键开始播放动画
4	⏩	快进键	按此键画面快速播放动画
5	⏭	结束键	在播放过程中单击此键动画跳到结束位置
6	⏸	暂停键	按此键动画暂停
7	💾	保存动画	按此键保存已播放的动画内容
8	→	正常播放模式	动画从开始播放到结束停止
9	↻	循环播放模型	动画从开始到结束后跳到开始位置继续播放以此不断循环
10	↔	往复播放模式	动画从开始播放到结束后再在结束位置倒转播放到开始位置
11	▶×½	慢速播放	以二分之一的速度播放动画
12	▶×2	快速播放	以两倍的速度播放动画

6.6 思考与练习

1. 完成球铰的装配,如图 6-50 所示。

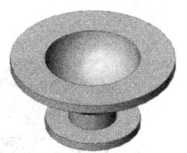

图 6-50　球铰装配

2．完成弹簧装配，如图 6-51 所示。

图 6-51　弹簧装配

3．完成直齿轮装配，如图 6-52 所示。

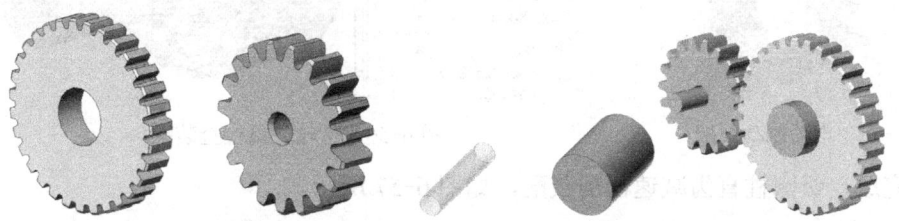

图 6-52　直齿轮装配

4．完成凉亭装配，如图 6-53 所示。

图 6-53　凉亭装配

5. 完成齿轮配合和动画，如图 6-54 所示。

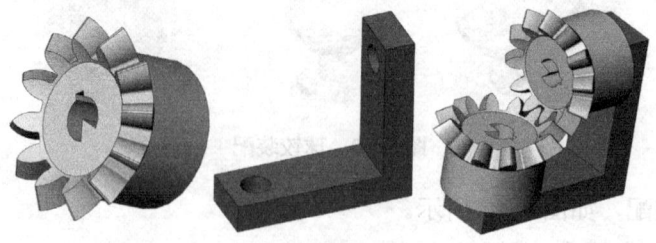

图 6-54　齿轮配合和动画

6. 完成电动制动的装配，如图 6-55 所示。
7. 完成带轮的干涉和碰撞检查装配，如图 6-56 所示。

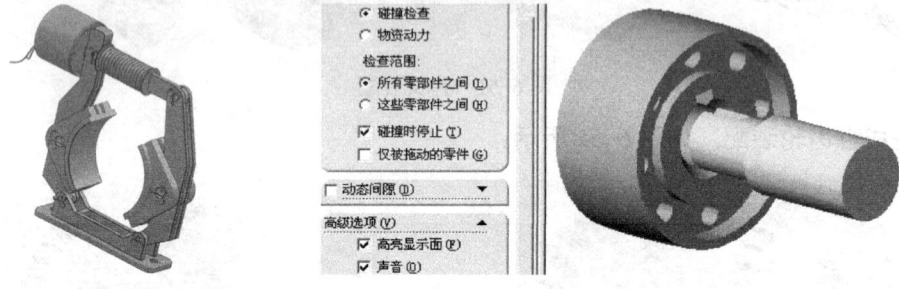

图 6-55　电动制动装配　　　　图 6-56　带轮碰撞检查装配

8. 完成一级圆柱直齿减速器的装配，如图 6-57 所示。

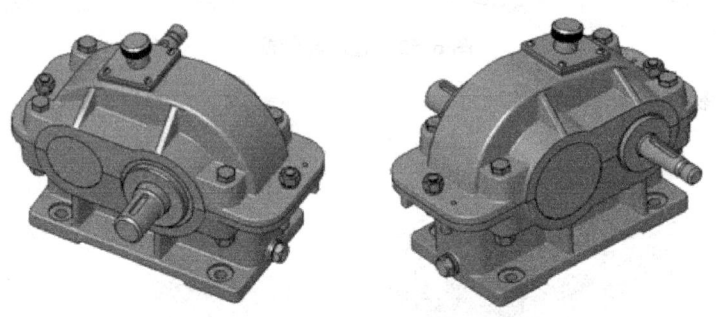

图 6-57　减速器装配体

9. 完成扩口模具装配体爆炸视图，如图 6-58 所示。

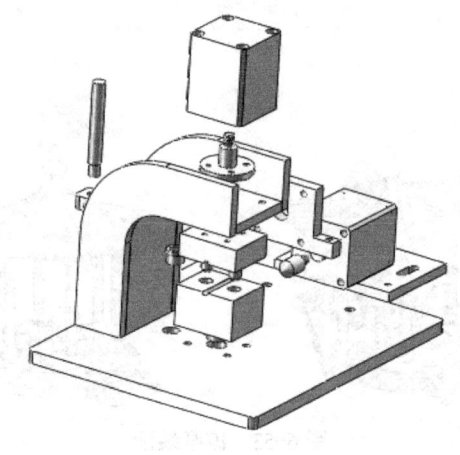

图 6-58　扩口模具装配爆炸视图

10. 完成电动机的装配和爆炸图,如图6-59所示。

图 6-59 电动机装配

11. 制作球阀的装配图及其爆炸视图,如图6-60所示。装配图明细表见表6-5。工作原理:此部件是用来控制管路中流体流量的。当球体的内孔轴线与左阀体、右阀体的孔的轴线重合时,流量最大。顺时针转动扳手时,通过阀杆带动球转动。这时,流量变小。当球体的孔轴线与左阀体的轴线垂直时管路被关闭。

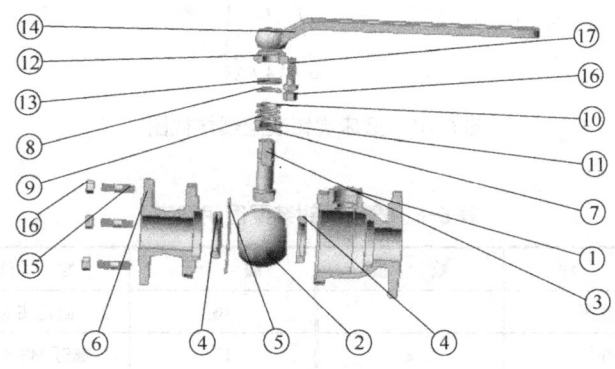

图 6-60 球阀装配爆炸视图

表 6-5 球阀装配图明细表

编 号	零 件	数 量	编 号	零 件	数 量
1	右阀体剖切	1	10	上填料剖切	1
2	球体	1	11	填料压套剖切	1
3	阀杆	1	12	填料压盖剖切	1
4	密封圈剖切	2	13	定位块	1
5	垫片-2 剖切	1	14	扳手	1
6	左阀体剖切	1	15	双头螺柱	3
7	垫片-1 剖切	1	16	六角螺母	4
8	填料垫剖切	1	17	六角螺栓	1
9	中填料剖切	2			

12. 制作磨床虎钳的装配图及其爆炸视图,如图6-61所示。装配图明细表,见表6-6。

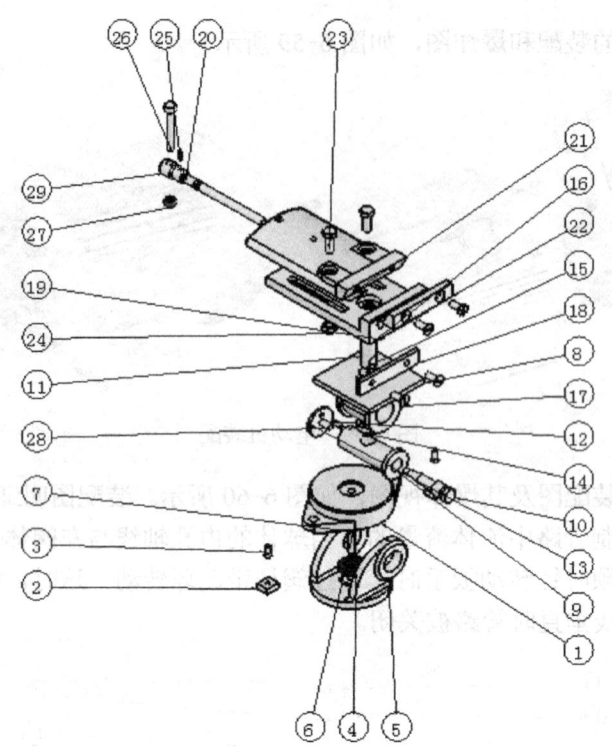

图 6-61 磨床虎钳装配爆炸视图

表 6-6 磨床虎钳装配图明细表

编号	零件	数量	编号	零件	数量
1	底座	1	16	固定钳身	1
2	导块	2	17	螺钉 M8×16	4
3	螺钉 M6×12	2	18	钢掌	1
4	导向环1	2	19	螺钉	1
5	支架	1	20	螺杆	3
6	螺栓 M8×35	1	21	活动钳身	4
7	螺母 M8	1	22	楔块	1
8	转座	1	23	螺栓 M10×25	2
9	横轴	2	24	螺母 M10×25	2
10	固定螺钉	1	25	销 $\phi 2.5 \times 16$	1
11	心轴	1	26	手柄	1
12	销 $\phi 6 \times 12$	1	27	手柄头	1
13	垫圈	1	28	螺栓 M8×20	1
14	导向环2	1	29	螺杆头	1
15	垫圈	1			

工作原理：此部件固定在机床的工作台上，用钳口夹持工件。转动螺杆，可带动螺母作直线移动，从而带动活动钳身。这样，活动钳身就与固定钳身的钳口靠近或远离，从而实现

夹紧或松开工件的动作。

13．制作柱塞泵的装配图及其爆炸视图，如图 6-62 所示。装配图明细表见表 6-7。

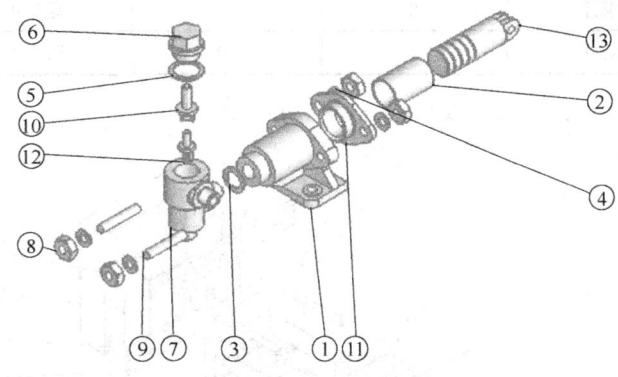

图 6-62　柱塞泵装配爆炸视图

表 6-7　柱塞泵装配图明细表

编　号	零件	数　量	编　号	零件	数　量
1	泵体	1	8	螺母	4
2	衬套	1	9	螺柱	2
3	垫片1	1	10	上阀瓣	1
4	垫圈	4	11	填料压盖	1
5	垫片2	1	12	下阀瓣	1
6	阀盖	1	13	柱塞	1
7	阀体	1			

工作原理：柱塞泵是输送液体的增压设备，由电动机及其他机构带动柱塞作往复运动。当柱塞向右移动时，泵体内空间增大，内腔压力降低，液体在大气压的作用下，从进口冲开下阀瓣进入泵体。当柱塞向左移动时，泵内液体压力增大，压紧下阀瓣而冲开上阀瓣，使液体从出口流出。柱塞不断地往复运动，液体不断地被吸入和输出。

14．制作连续模装配图及其爆炸视图，如图 6-63 所示。装配图明细表见表 6-8。

表 6-8　连续模装配图明细表

编　号	零件	数　量	编　号	零件	数　量
1	凹模	1	9	细凸模	2
2	承料板	1	10	垫板	1
3	导料板1	1	11	模柄	1
4	导料板	1	12	上模板	1
5	下模板	1	13	导正销	2
6	导板	1	14	固定挡料销	1
7	凸固板	1	15	弹簧	3
8	凸模	1	16	固定销	4

（续）

编　号	零　件	数　量	编　号	零　件	数　量
17	螺钉	8	19	螺钉0	2
18	销钉	2	20	销钉2	4

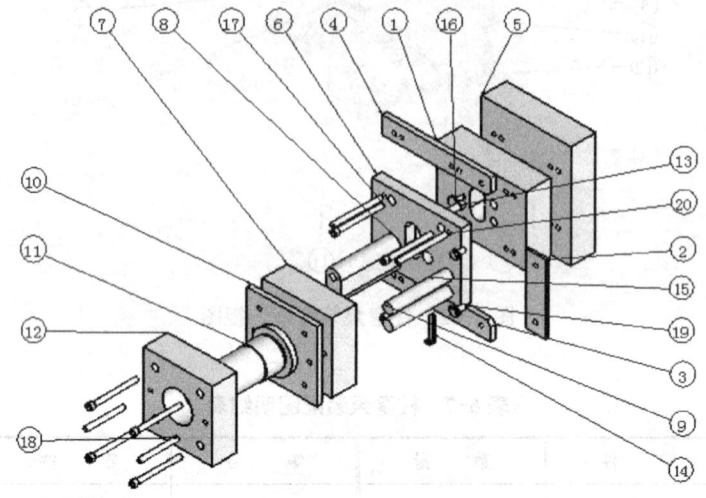

图 6-63　连续模装配爆炸视图

工作原理：本例为用导正销定距的冲孔落料连续模。上、下模板用导板导向。冲孔凸模与落料凸模之间的距离就是送料步距。送料时由固定挡料销进行初定位，由两个装在落料凸模上的导正销进行精确定位。

15．制作减速器装配图及其爆炸视图，如图 6-64 所示。

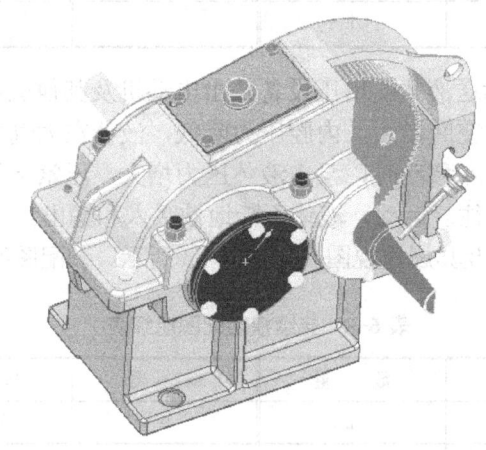

图 6-64　减速器装配图

16．制作楼梯装配图及其爆炸视图，如图 6-65 所示。
17．制作楼房装配图及其爆炸视图，如图 6-66 所示。
18．用自上而下法设计如图 6-67 中①所示的电动机风扇罩。

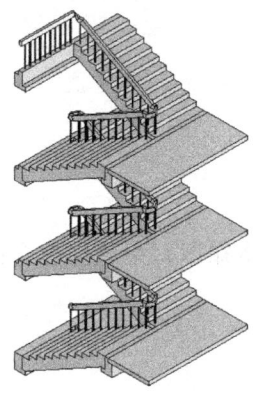
图 6-65 楼梯装配图

图 6-66 楼房装配图

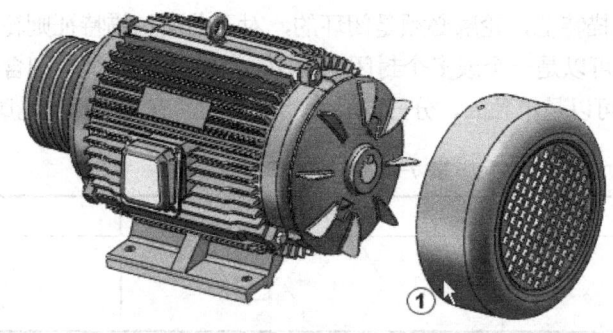
图 6-67 用自上而下法设计电动机风扇罩

第7章 扫　　描

本章主要讲述扫描的技法。所讲解的实例涵盖了扫描的基本知识、穿透与重合的概念、不允许出现自相交叉的情况等。

7.1 扫描的基本知识

扫描就是沿着一条路径移动轮廓（截面）来生成基体、凸台、曲面或实现切除。扫描必须有轮廓和路径。

对于基体或凸台扫描特征，轮廓必须是闭环的，对于曲面扫描特征则轮廓可以是闭环的也可以是开环的。扫描轮廓可以是一个或多个封闭的轮廓。如果基体特征草图含有多个轮廓，就会创建多个实体。扫描轮廓可以是单独的、分开的、互相嵌套的，有效的扫描轮廓见表7-1。

表 7-1　有效的扫描轮廓

单 个 轮 廓	多 个 轮 廓	嵌 套 轮 廓

7.1.1 扫描路径

路径可以是草图、曲线或已有模型的边线等，路径可以为开环的或闭环的。路径的起点必须位于轮廓的基准面上。该基准面不一定是真正的基准面，它可以是一个平面。如果路径不从轮廓基准面开始，扫描就不能完成。路径没必要垂直于扫描的起始位置，也没必要沿整个扫描路径相切。下面用具体实例来加深理解。

1）选择"文件"→"新建"命令，在弹出的"新建 SolidWorks 文件"对话框中选择"零件"，单击"确定"按钮。

2）在特征管理器中，右击"前视基准面"，在弹出的快捷菜单中选择"显示"，如图 7-1 中①②所示。结果如图 7-1 中③所示。对"上视基准面"和"右视基准面"作同样的操作，结果如图 7-1 中④所示。

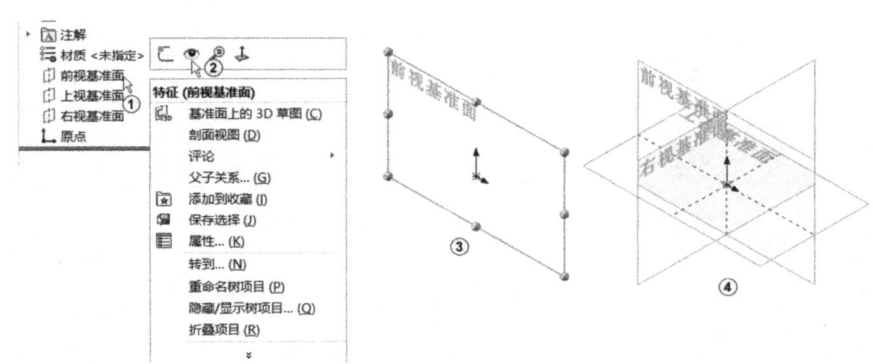

图 7-1　显示基准面

3)切换到"草图"面板,选择"插入"→"3D 草图"命令,如图 7-2 中①②③所示。单击"直线"按钮 ,再单击坐标原点,然后单击另一点(应确保笔指针下方出现几何关系图标 XY 时才单击),如图 7-2 中④⑤⑥所示。单击"重建模型"按钮 ,结果如图 7-2 中⑦所示。

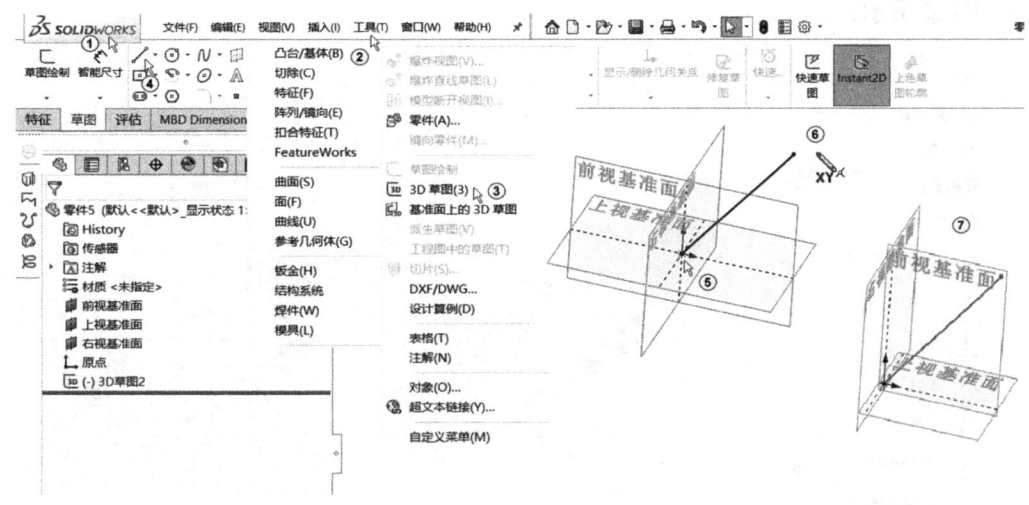

图 7-2 绘制直线

4)在绘图区中选择"上视基准面",单击"圆"按钮 ,绘制出一个圆,如图 7-3 所示。

5)切换到"特征"面板,单击"扫描"按钮 ,如图 7-4 中①所示。系统弹出"扫描"属性管理器,在绘图区中选择圆,再选择直线,如图 7-4 中②③所示,单击"确定"按钮 ,如图 7-4 中④⑤所示。可见,路径与扫描轮廓的起始位置不垂直,模型的长度与路径的长度一样长,单击"重建模型"按钮 。

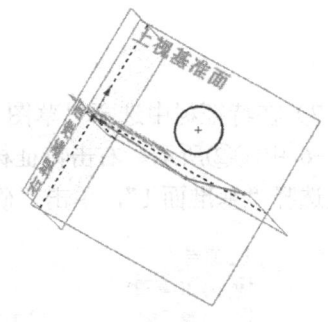

图 7-3 绘制圆

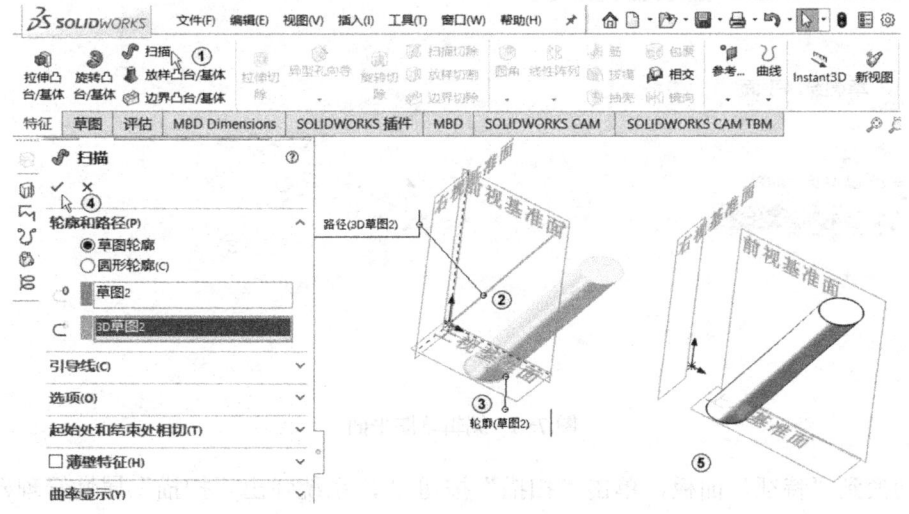

图 7-4 扫描(一)

153

6)单击"撤消"按钮，或者按组合键〈Ctrl+Z〉，取消扫描操作。选择"插入"→"参考几何体"→"基准面"命令，弹出"基准面"属性管理器。在绘图区中选择"上视基准面"，如图7-5中①所示。单击"偏移距离"按钮，输入"50"，如图7-5中②所示。选中"反转等距"复选框，如图7-5中③所示。单击"确定"按钮，建立了新的基准面，如图7-5中④⑤所示。

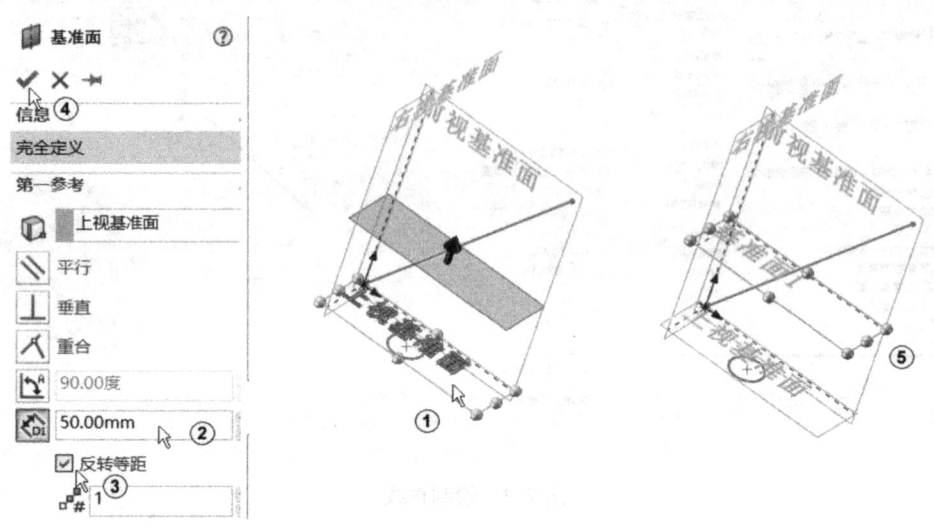

图 7-5 建立基准面 1

7)在特征树中选择"草图 1"，按住鼠标不放将其拖到新建的"基准面 1"的下方，如图7-6中①②所示。右击特征树中的"草图 1"，在快捷菜单中选择"编辑草图平面"，在绘图区选择"基准面1"，单击"确定"按钮，如图7-6中③④所示。

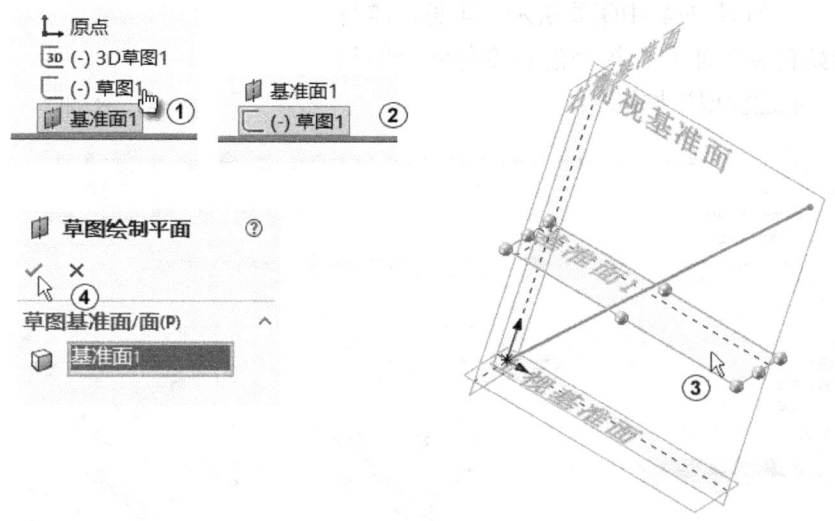

图 7-6 编辑草图平面

8)切换到"特征"面板，单击"扫描"按钮，系统弹出"扫描"属性管理器，在绘图区中选择圆，再选择直线，如图7-7中①②③所示，单击"确定"按钮，可见路径与扫描的起始位置不垂直。单击"重建模型"按钮。

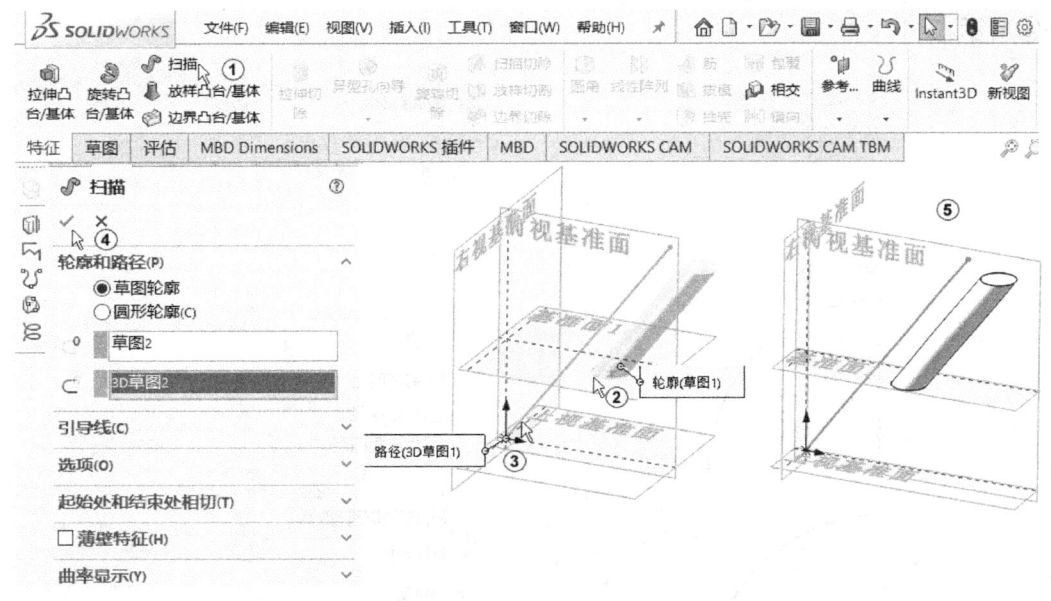

图 7-7 扫描（二）

9）在特征树中展开"扫描 1"特征，右击特征树中的"3D 草图 1"，在快捷菜单中选择"显示"命令，如图 7-8 中①所示。可见模型的长度比路径的长度短许多，扫描是从轮廓基准面开始的，如图 7-8 中②所示。

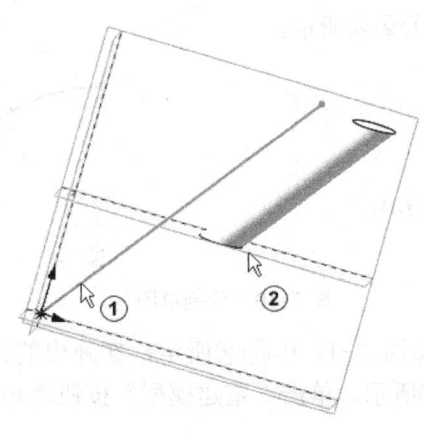

图 7-8 显示草图

7.1.2 随路径变化

"扫描"属性管理器中"方向/扭转类型"选项下的"随路径变化"是指由路径控制中间截面的方向和扭转。下面用具体实例来加深理解。

1）选择"文件"→"新建"命令，在弹出的"新建 SolidWorks 文件"对话框中选择"零件"，单击"确定"按钮。从特征管理器中选择"前视基准面"，再单击"正视于"按钮，单击"草图"切换到"草图"绘制面板，单击"圆心/起/终点画弧"按钮绘制一段中心在原点的圆弧，如图 7-9 中①所示。单击"中心线"按钮绘制出一条竖直的中心线，如图 7-9 中②所示。单击"圆周草图阵列"按钮阵列出 3 条中心线，如图 7-9 中

③~⑥所示。

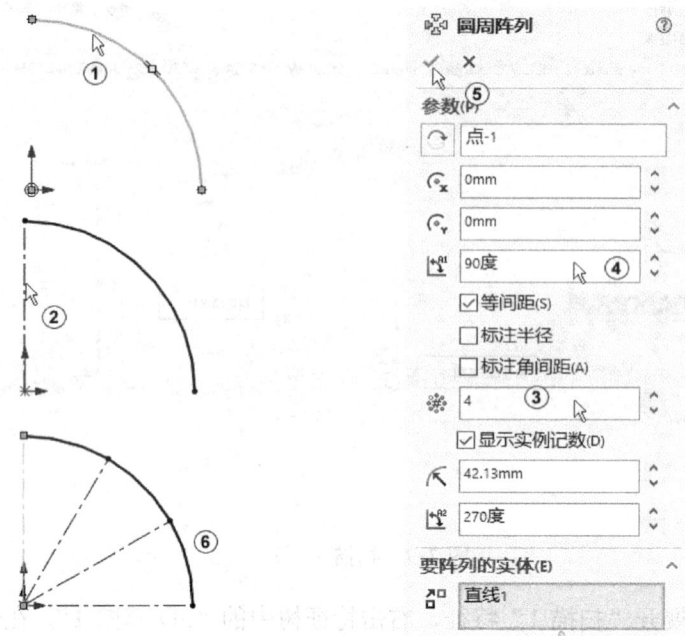

图 7-9 绘制草图

2）选择"工具"→"草图工具"→"分割实体"命令，在绘图区中选择两点，单击"关闭"按钮✖，如图 7-10 中①②③所示。

图 7-10 分割草图

3）右击分割后的圆弧，如图 7-11 中①②所示，在弹出的快捷菜单中选择"构造几何线"，结果如图 7-11 中③④所示。单击"重建模型"按钮退出草图绘制。

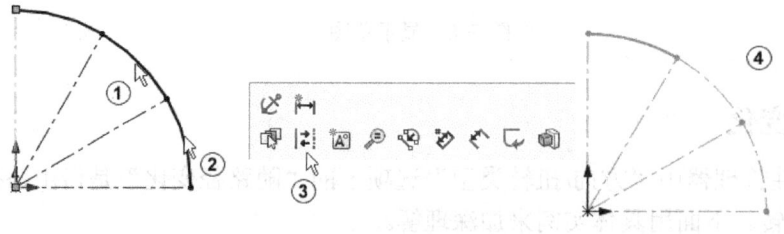

图 7-11 整理草图

4）从特征管理器中选择"右视基准面"，单击"正视于"按钮，单击"草图"切换到"草图"绘制面板，单击"圆"按钮绘制出一个圆。单击"添加几何关系"按钮，分别选择"圆心"和圆弧的上端点，如图 7-12 中①②所示。单击"重合"按钮，再单击"确定"按钮，如图 7-12 中③④所示。结果如图 7-12 中⑤所示。单击"重建模型"按钮退出草图绘制。

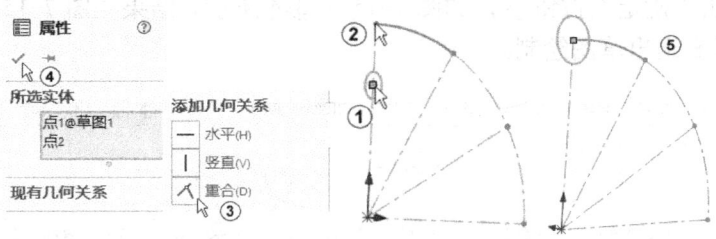

图 7-12　添加"重合"约束

5）为了清楚地观察扫描后的结果，分别右击特征管理器中的"草图 1"和"草图 2"，在快捷菜单中选择"显示"。按组合键〈Ctrl+7〉使草图呈立体显示。

6）切换到"特征"面板，单击"扫描"按钮，系统弹出"扫描"属性管理器，在绘图区中分别选择圆和圆弧，如图 7-13 中①②所示。选择"选项"选项组中的"随路径变化"，其他选项取默认值，单击"确定"按钮，如图 7-13 中③④所示。结果如图 7-13 中⑤所示。

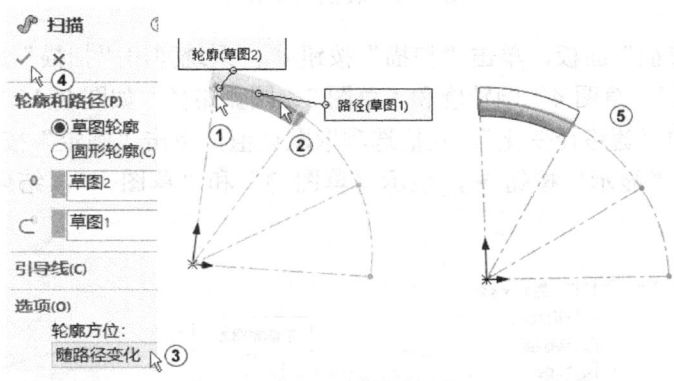

图 7-13　扫描设置（二）

7）从特征管理器中选择"前视基准面"，单击"正视于"按钮，单击"草图"切换到"草图"绘制面板，单击"草图绘制"按钮，如图 7-14 中①所示。单击"转换实体引用"按钮，在绘图区中选择圆弧，单击"确定"按钮，结果如图 7-14 中②～⑤所示。单击"重建模型"按钮退出草图绘制。

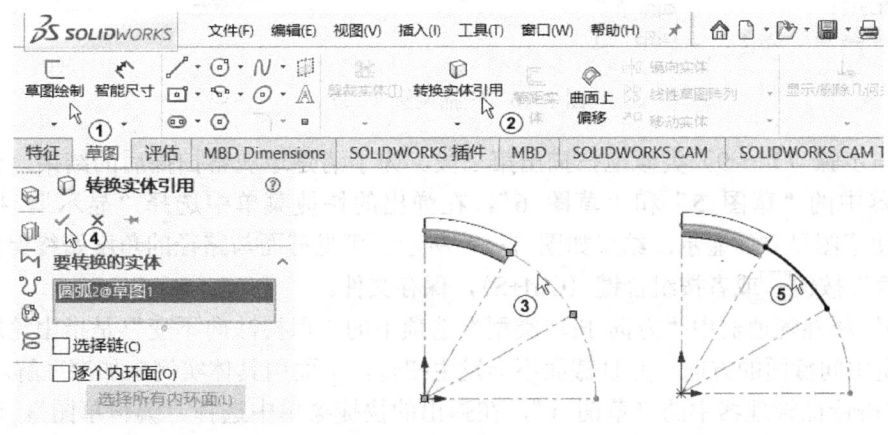

图 7-14　绘制路径

157

8)选择模型的面,单击"草图绘制"按钮,如图 7-15 中①②所示。单击"转换实体引用"按钮,单击"确定"按钮,如图 7-15 中③④所示。结果如图 7-15 中⑤所示。单击"重建模型"按钮退出草图绘制。

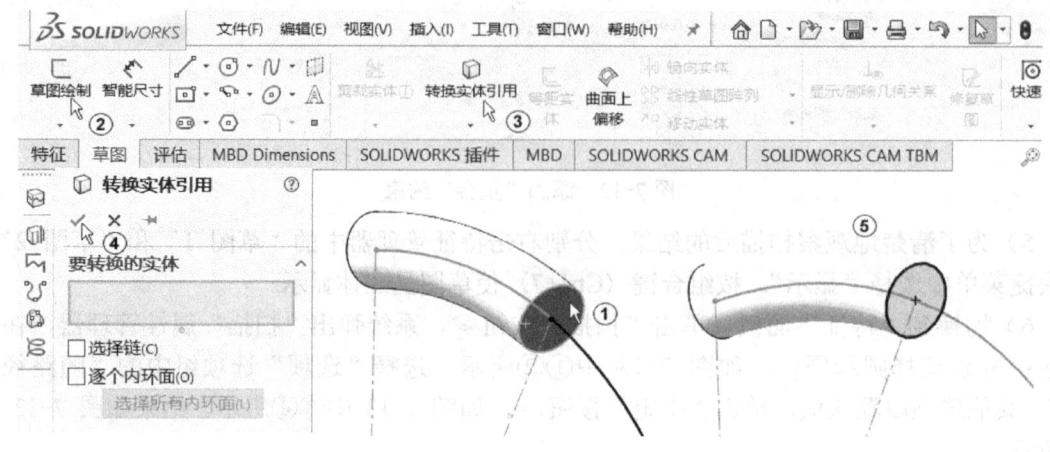

图 7-15 转换实体引用

9)切换到"特征"面板,单击"扫描"按钮,系统弹出"扫描"属性管理器,在特征管理器中分别选择"草图 4"圆轮廓和"草图 3"圆弧路径,如图 7-16 中①②所示。选择"选项"选项组中的"随路径变化",其他选项取默认值,单击"确定"按钮,如图 7-16 中③④所示。单击"显示"按钮,显示"草图 3"和"草图 4",结果如图 7-16 中⑤所示。

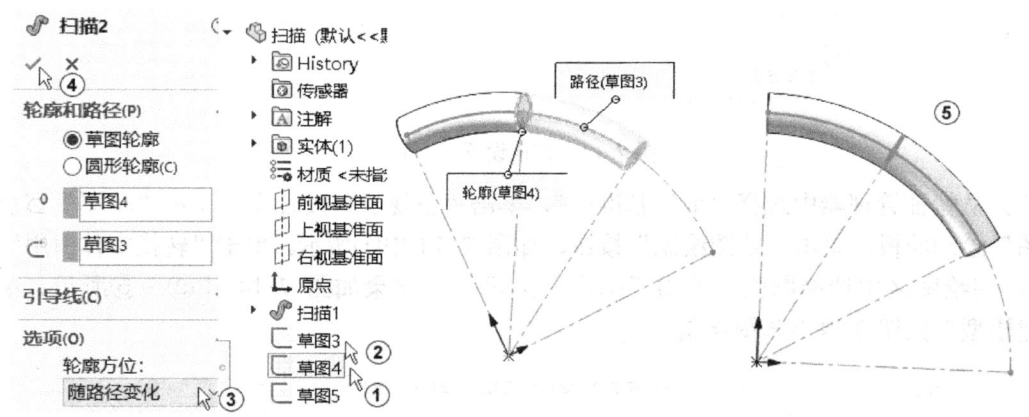

图 7-16 扫描设置(二)

10)与步骤 7)~9)类似地扫描出第三段。为了清楚地观察扫描后的结果,分别右击特征管理器中的"草图 5"和"草图 6",在弹出的快捷菜单中选择"显示"。按组合键〈Ctrl+7〉使草图呈立体显示,结果如图 7-17 所示。可见截面与路径的角度始终保持不变。单击"保存"按钮或者按组合键〈Ctrl+S〉,保存文件。

"扫描"属性管理器中"方向/扭转类型"选项下的"保持法向不变"是指由轮廓草图的基准面决定中间截面的方向,并且截面不会发生扭转。下面用具体实例来加深理解。

1)右击特征管理器中的"草图 1",在弹出的快捷菜单中选择"编辑草图"。用"剪裁实体"命令删除 3 条斜线,用"中心线"命令绘制出 3 条垂直线,如图 7-18 中①②③

所示。单击"重建模型"按钮 退出草图绘制。

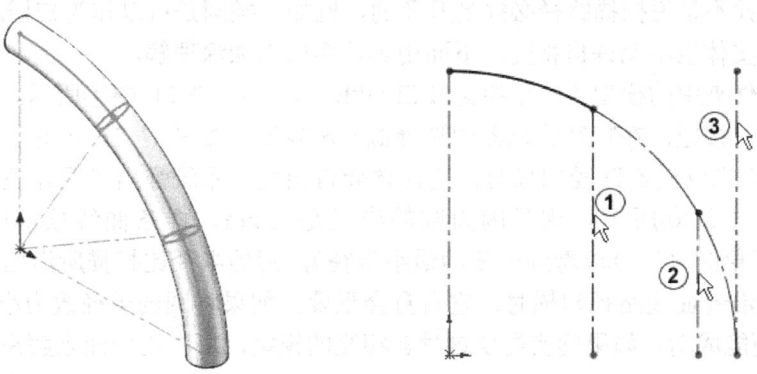

图 7-17　随路径变化的扫描　　　　　　图 7-18　绘制草图

2）右击特征管理器中的"扫描 1",在弹出的快捷菜单中选择"编辑特征"命令。在弹出的"扫描 1"属性管理器中修改"选项"选项组中的"方向/扭转控制"为"保持法向不变",单击"确定"按钮 ,如图 7-19 中①②所示。结果如图 7-19 中③所示。

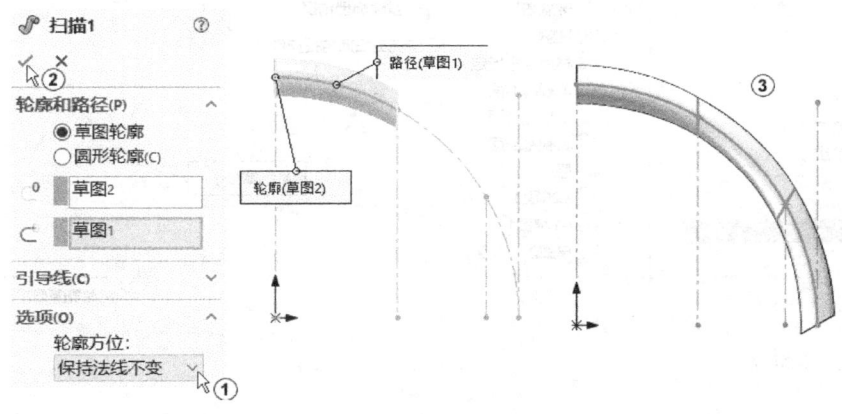

图 7-19　修改扫描选项

3）同理,右击特征管理器中的"扫描 2"和"扫描 3"特征,在弹出的快捷菜单中选择"编辑特征"命令,修改"选项"选项组中的"方向/扭转控制"为"保持法向不变",结果如图 7-20 中①②所示。单击"保存"按钮 或者按组合键〈Ctrl+S〉,保存文件并命名为"4 保持法向不变"。

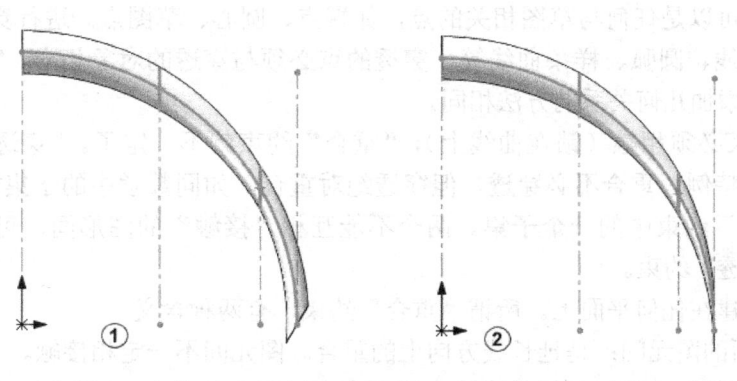

图 7-20　保持法向不变的扫描

在扫描操作中,不论是截面、路径,都不能出现自相交叉的情况。这说明路径不能在任意一点接触,但并不是说扫描路径必须是开环的,例如,椭圆是可以作为扫描路径的。

扫描形成的实体也不允许自相交。下面用具体实例来加深理解。

打开相应文件夹中的模型"5 自相交 1.SLDPRT",如图 7-21 中①所示。单击"特征"面板上的"扫描"按钮,在特征管理器中选择截面和轮廓,如图 7-21 中②③④所示,单击"确定"按钮。当圆沿着路径扫描时,几何体会自相交,系统弹出"重建模型错误"提示框,如图 7-21 中⑤⑥所示。这是因为圆的半径是 8mm,样条曲线顶部的最小半径是 2.24mm(编辑"草图 1"可以看到曲线的最小半径),圆的半径比扫描所沿曲线的半径大,当作为轮廓的圆沿着曲线路径扫描时,它自身会重叠。如果将圆的半径改为小于 2.24mm,如 2mm,扫描便能成功。如果确实需要这种自相交的模型,可以用曲面来解决。

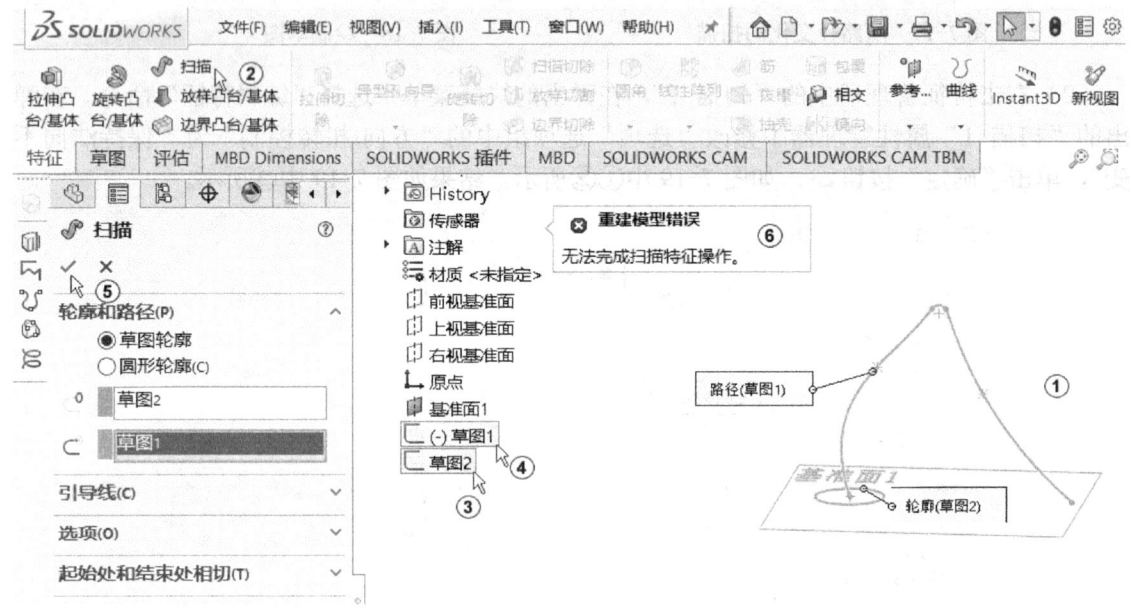

图 7-21 将产生自相交的扫描模型

7.1.3 穿透和重合

扫描中一个十分重要的概念是穿透。穿透是指草图点与基准轴(或边线或曲线)在草图基准面上穿透的位置重合。

被穿透的点可以是任何与草图相关的点,如端点、圆心、草图点。进行穿透的对象可以是轴、边线、直线、圆弧、样条曲线等。穿透的点必须与穿透的对象相交。"穿透"约束的添加方法与其他添加几何关系的方法相同。

"穿透"约束必须相触(锁在曲线上),"重合"约束就不一定了。"穿透"约束是"重合"约束的一个特例。重合不必穿透,但穿透绝对重合。如同数学中的子集概念,"穿透"约束正是"重合"约束中的一个子集。两个不能互相"接触"的图形间,可以"重合"约束,却不能"穿透"约束。

草图可以构建在任何平面上。所谓"重合"约束,有两种含义。

1)同一平面的图元间:是延长线方向上的重合。图元间不一定相接触。

2)不同平面的图元间:是指垂直这个平面方向投影上的重合。"重合"约束的对应点并不一定接触。

不论是否同一平面，穿透与否，首先是能否接触：能相触，则可以"穿透"约束，不能相触，则不能"穿透"约束。

1) 如平行平面上的两个草图之间，可以"重合"约束（投影），却不可能"穿透"约束。

2) 又如同平面的草图，被尺寸约束，可以"重合"约束（延长线），也不能"穿透"约束。

在大多数情况下，SolidWorks 可以用"重合"约束代替"穿透"约束，完成建模工作。然而在有些复杂的情况下，必须要用"穿透"约束。

由于 SolidWorks 在绘制草图时的默认状态是"自动添加几何关系"，所以许多的"重合"约束是自动加上的。尽管绝大多数情况下"重合"与"穿透"约束是不会冲突的，但并不是说任何情况下都不会冲突。在发生一些莫明其妙的过定义、无解等情况而不能扫描时，应该检查一下草图的约束情况（即查看几何关系），解除一些约束错误、约束冲突、双重甚至多重定义的约束，特别是对于有"重合"约束的地方，因为不可能"穿透"约束的草图，却是"重合"约束着的。建构草图时请务必认真，该"穿透"约束的地方不要用"重合"约束来代替。

1) 打开相应文件夹中的模型"6 重合.SLDPRT"文件。此时椭圆上的右端点与样条曲线是"重合"约束的，从图上可以看出实际上是与样条曲线的水平投影（图中虚线所示）重合，如图 7-22 中①所示。单击"特征"面板上的"扫描"按钮，在"扫描"属性管理器和绘图区域中进行设置和选择，如图 7-22 中②～⑤所示，单击"确定"按钮，弹出"重建模型错误"提示框，如图 7-22 中⑥⑦所示，再单击"确定"按钮。

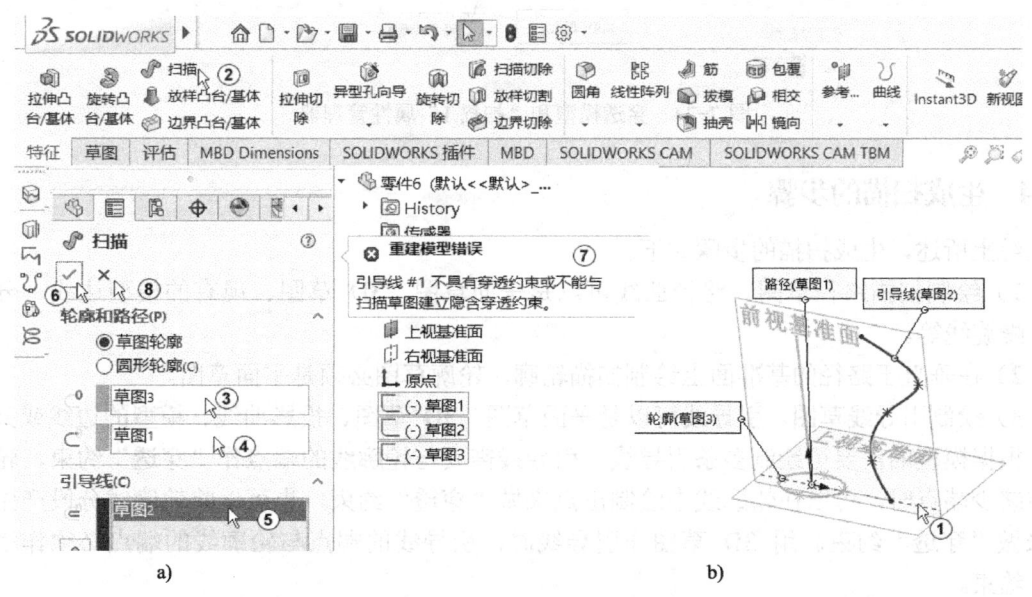

图 7-22 重合模型和"扫描"属性管理器

2) 单击"取消"按钮。右击特征管理器中的草图3，从弹出的快捷菜单中选择"编辑草图"。单击"尺寸/几何关系"工具栏上的"显示/删除几何关系"按钮，在弹出的"显示/删除几何关系"属性管理器中选择"重合"，单击"删除"按钮，再单击"确定"按钮。

3) 单击"添加几何关系"按钮，弹出"添加几何关系"属性管理器。在绘图区选择椭圆上的右端点与样条曲线，选择"穿透"，如图 7-23 中①②③所示。单击"确定"按钮，此时椭圆变大到与样条曲线下端点重合，如图 7-23 中④所示。

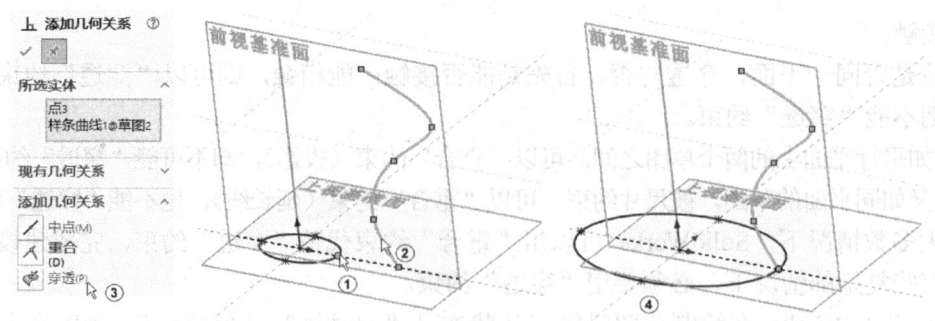

图 7-23 "添加几何关系"属性管理器和添加"穿透"约束后效果图

4）单击"特征"面板上的"扫描"按钮 ，在"扫描 1"属性管理器和绘图区域中进行设置和选择，如图 7-24 所示。由预览图可以看到，由于椭圆的圆心被锁定在路径上，"穿透"约束使得椭圆直径改变，即当椭圆沿着路径移动时，穿透点同时沿着引导线的形状移动，椭圆的形状不断地变化。最后单击"确定"按钮 。

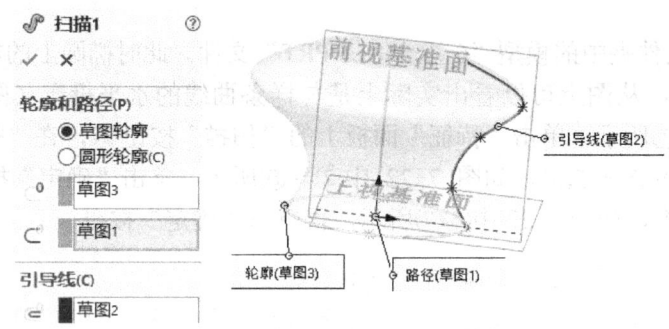

图 7-24 穿透模型和"扫描 1"属性管理器

7.1.4 生成扫描的步骤

综上所述，生成扫描的步骤如下。

1）绘制扫描路径草图。路径曲线可以是平面草图、3D 草图、现有的模型边线、分割线、螺旋线等。

2）在垂直于路径的基准面上绘制扫描轮廓，轮廓草图必须是平面草图。

3）绘制引导线草图。引导线可以是平面草图、3D 草图、投影曲线、模型的边线或分割线。根据模型的需要可绘制多条引导线，引导线需要与轮廓线的端点作"穿透"约束，轮廓线中缺少端点时，可以在轮廓线中绘制出点来做"穿透"约束，也可以将轮廓线分段产生端点来做"穿透"约束。用 3D 草图作引导线时，引导线的端点与轮廓线的端点必须作"穿透"约束。

4）在"特征"面板中单击"扫描"按钮 ，系统弹出"扫描"属性管理器，在"轮廓" 列表框中输入轮廓草图，在"路径" 列表框中输入路径草图，在"引导线" 列表框中输入引导线，单击"确定"按钮 完成扫描特征。

7.2 用一条引导线扫描

在扫描操作中通常把路径是竖直线，引导线是模型侧面轮廓，截面是模型底面的扫描称作竖扫。

1）新建文件。选择"文件"→"新建"命令 ，在弹出的"新建 SolidWorks 文件"对话框中选择"零件"，单击"确定"按钮。

2）绘制"草图 1"。从特征管理器中选择"前视基准面"，单击"正视于"按钮，进入草图绘制界面。单击"直线"按钮，绘制出一条长 120 的竖线，竖线的下端点与原点重合。单击"样条曲线"按钮，绘制出一条有 7 个控制点曲线，如图 7-25 中①所示。单击绘图区右上角的 按钮退出绘制草图。

3）绘制"草图 2"。从特征管理器中选择"上视基准面"，单击"正视于"按钮，进入草图绘制界面。单击"中心线"按钮，绘制出一条竖线和一条水平线，竖线和水平线与原点作"中点"约束。单击"样条曲线"按钮，绘制出一条有 4 个控制点的闭合曲线，4 个控制点落在竖线和水平线的端点上，如图 7-25 中②所示。将图 7-25 中③④箭头所指的端点与草图 1 绘制的曲线作"穿透"约束。单击绘图区右上角的 按钮退出绘制草图。

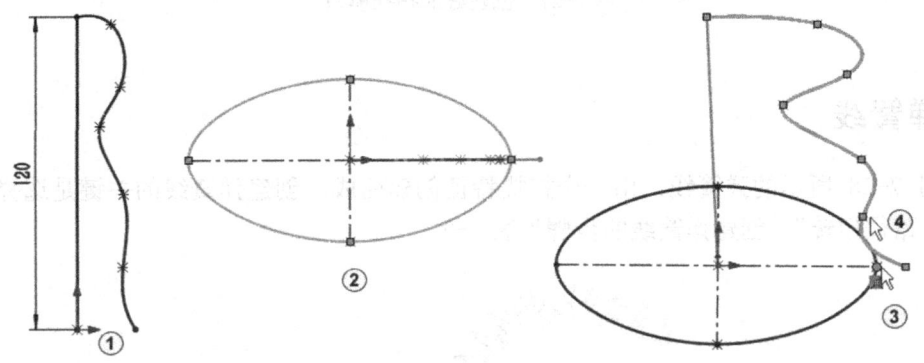

图 7-25　绘制草图 1，绘制草图 2

4）创建"扫描"。在"特征"面板中单击"扫描"按钮，系统弹出"扫描"属性管理器，在"轮廓"列表框中输入"草图 2"作为扫描轮廓，然后在绘图区右击，在弹出的快捷菜单中选择"SelectionManager"，系统弹出"选择"对话框，系统已自动选择了"组"选择方式，选择如图 7-26 中④所指的直线，单击"确定"按钮 完成路径的输入。再在绘图区右击，在弹出的快捷菜单中选择"SelectionManager"，系统弹出"选择"对话框，选择"组"选择方式，选择如图 7-26 中⑦所指的曲线，然后单击"确定"按钮 完成"引导线"输入，其他采用默认设置。单击"确定"按钮 完成扫描操作。

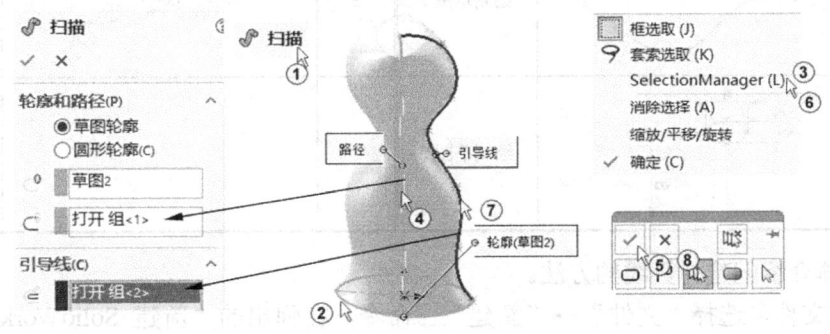

图 7-26　用一条引导线扫描

创建好的扫描模型如图 7-27 所示。

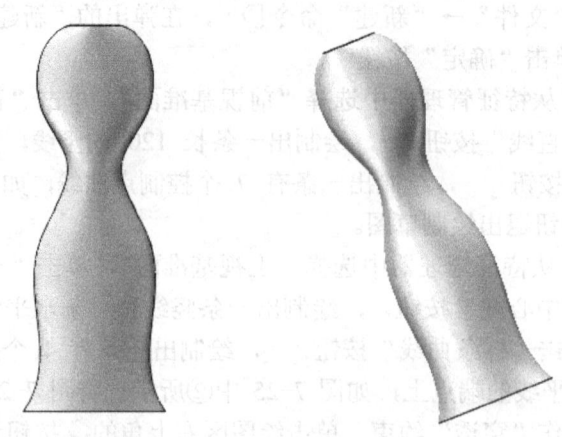

图 7-27 创建好的扫描模型

7.3 弹簧线

如图 7-28 所示的弹簧线，由一个扫描特征创建而成。创建弹簧线的关键是选择扫描类型为"沿路径扭转"。创建弹簧线的步骤见表 7-2。

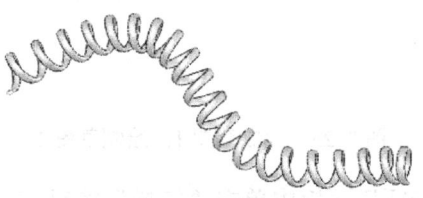

图 7-28 弹簧线

表 7-2 创建弹簧线的步骤

步骤	模型	说明	步骤	模型	说明
1	208	绘制草图 1	3		创建扫描
2	4 2 8	绘制草图 2			

下面具体介绍创建弹簧线的方法。

1）新建文件。选择"文件"→"新建"命令，在弹出的"新建 SolidWorks 文件"对话框中选择"零件"，单击"确定"按钮。

2）绘制"草图 1"。从特征管理器中选择"前视基准面"，单击"正视于"按钮，再单击"草图绘制",进入草图绘制界面。用"样条曲线"命令 N 绘制出一条曲线,拖动曲线控制点,使曲线形状符合设计要求,如图 7-29 中①所示。用"智能尺寸"命令标注出曲线的长度尺寸,如图 7-29 中②所示。单击按钮退出绘制草图。

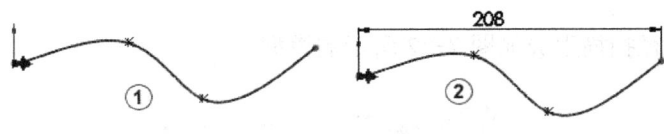

图 7-29 绘制草图 1

3)绘制"草图 2"。从特征管理器中选择"前视基准面",单击"正视于"按钮,再单击"草图绘制",进入草图绘制界面。用"椭圆"命令 绘制出一个椭圆,如图 7-30 中①所示。将椭圆的两个长轴端点作"水平"约束,将椭圆的短轴端点与原点作"竖直"约束。用"智能尺寸"命令标注出如图 7-30 中②所示的尺寸。单击按钮退出绘制草图。

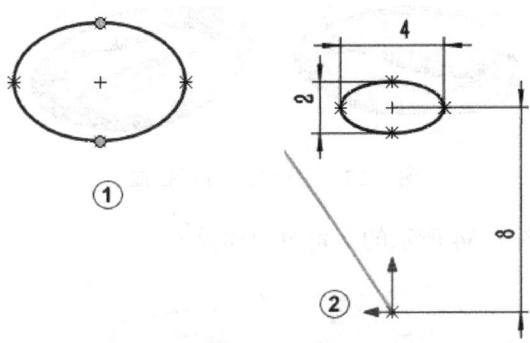

图 7-30 绘制草图 2

4)完成扫描。在"特征"面板中单击"扫描"按钮,系统弹出"扫描"属性管理器,在"轮廓"列表框中输入"草图 2"作为扫描轮廓,在"路径"列表框中输入"草图 1"作为扫描路径,在"选项"的"轮廓方位"中选择"随路径变化","轮廓扭转"选择"指定扭转值","扭转控制"选择"圈数","方向 1"中输入"30",其他采用默认设置。单击"确定"按钮 完成扫描操作,如图 7-31 中①~⑦所示。结果如图 7-31 中⑧所示。

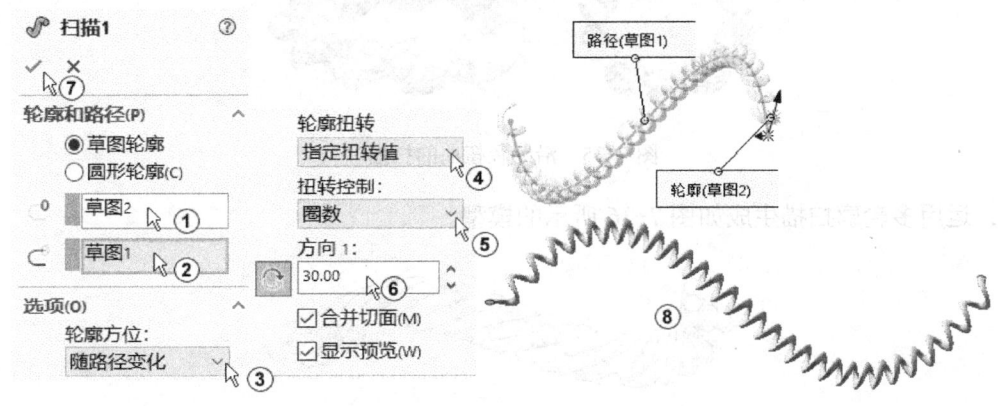

图 7-31 创建弹簧线

经验技巧:用一个扫描特征做出弹簧线是本实例的亮点。操作时要注意选择扫描类型为"沿路径扭转"。在绘制扫描路径草图时要注意曲线的半径曲率不能太大，否则扫描将不能成功。

7.4 思考与练习

1. 运用简单路径扫描生成如图 7-32 所示的模型。

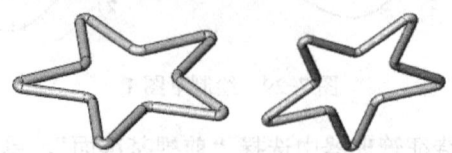

图 7-32 简单扫描模型

2. 用一条引导线扫描生成如图 7-33 所示的模型。

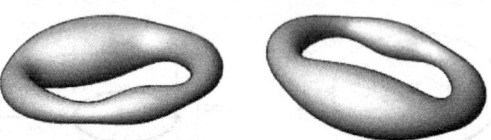

图 7-33 用一条引导线扫描

3. 运用横扫生成如图 7-34 所示的六角单面体模型。

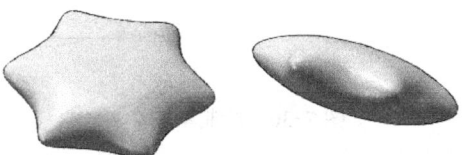

图 7-34 六角单面体模型

4. 运用沿路径扭转的扫描类型生成如图 7-35 所示的模型。

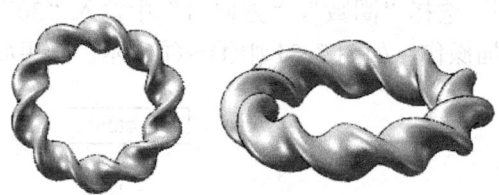

图 7-35 沿路径扭曲的扫描

5. 运用多轮廓扫描生成如图 7-36 所示的模型。

图 7-36 多轮廓扫描

6. 运用"取消合并平滑面"的扫描类型生成如图 7-37 所示的模型。在产品设计中有些产品需要平滑的面，有些不需要平滑的面如本练习中的五角星模型，它需要保持明显的棱角，在扫描时要取消选择"合并平滑面"的选项。

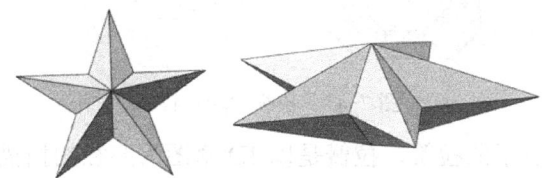

图 7-37　取消合并平滑面的扫描

7．生成如图 7-38 所示的环连环，它由一个环路径和一个圆轮廓扫描而成。同一个轮廓沿两条路径扫描，而两条路径是闭合的。

经验技巧：用一个扫描轮廓和一个扫描路径作扫描，产生随路径形状变化的特征，但只要移动扫描轮廓的位置，扫描出来的结果就有所不同，读者可以拖动扫描轮廓观看结果有什么不同。

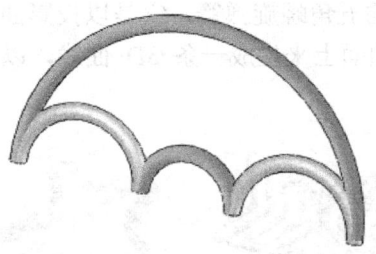

图 7-38　环连环

8．运用切除扫描生成如图 7-39 所示的模型。切除扫描的创建步骤和属性管理器参数设置与实体扫描基本一致，在切除扫描中"轮廓"选项可选择"轮廓扫描"和"实体扫描"。"轮廓扫描"是选择平面草图为轮廓的扫描；"实体扫描"是选择实体沿路径移动的扫描。

图 7-39　实体切除扫描

9．生成如图 7-40 所示的螺栓。

图 7-40　切除放样

10．生成如图 7-41 所示的轮廓切除扫描。

167

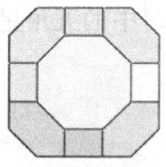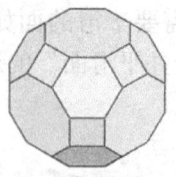

图 7-41　轮廓切除扫描

11. 生成如图 7-42 所示的拉簧，拉簧是以 3D 草图为路径的扫描创建而成的。将螺旋线与 2D 草图结合应用生成 3D 草图，以 3D 草图作为扫描路径创建出拉簧模型。

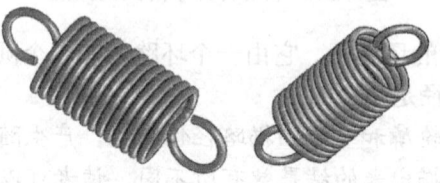

图 7-42　拉簧

12. 生成如图 7-43 所示的五角螺旋弹簧，它是以投影曲线为路径的扫描创建而成的。将现有的草图投影到模型面或曲面上来生成一条 3D 曲线，以 3D 曲线为路径创建扫描生成五角螺旋弹簧模型。

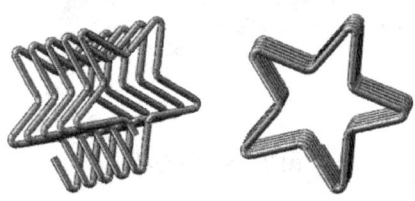

图 7-43　五角螺旋弹簧

13. 生成如图 7-44 所示的口杯，它是由一个扫描特征做出来的。杯口是圆形，杯底是五边形，杯底中还有一个圆形的凹槽和一个五角形凸出花形。创建这个口杯的关键在于草图的约束。

经验技巧：用一个扫描特征做出杯口圆形，杯底五边形及杯底中的圆形凹槽是本实例的特点。要做到上下形状不一致的扫描，关键在于草图的约束。在操作时要注意 SelectionManager 选择工具的选择，在选择五边形作引导线时要选择"闭环"选项，如果选择"组"选项，那选择五边形的五个小圆弧时将很难选上。

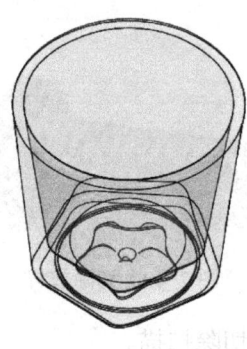

图 7-44　口杯

14. 生成电风扇模型,扫描出如图 7-45 所示的模型。

操作提示:先画出基圆,再做出螺旋线,扫描出螺旋曲面,添加厚度 2mm,再在主视基准面中绘制切除草图,进行切除。

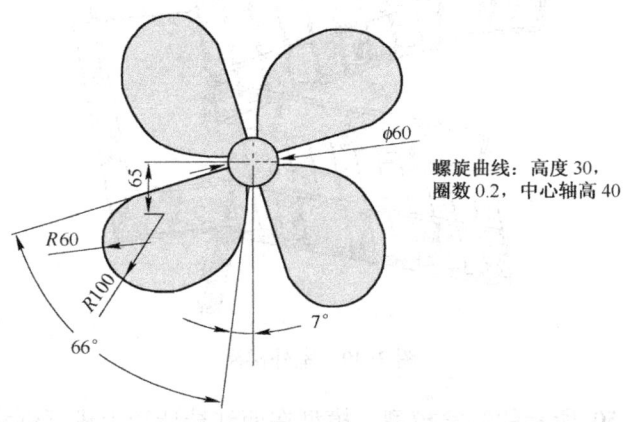

图 7-45 电风扇模型

15. 生成电缆,扫描出如图 7-46 所示的模型。自定尺寸造型。
16. 生成铁艺作品,扫描出如图 7-47 所示的模型。自定尺寸造型。

图 7-46 电缆　　　　　图 7-47 铁艺

17. 建立指环的三维立体模型,如图 7-48 所示,以加深对扫描特征的理解。

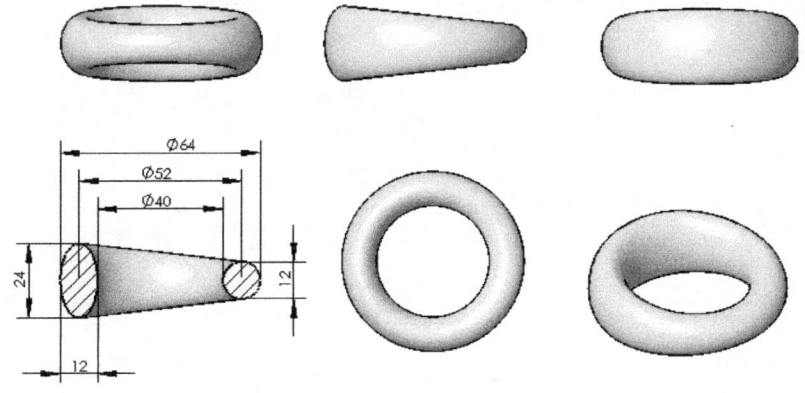

图 7-48 指环

18. 建立室外楼梯模型,如图 7-49 所示,尺寸自定。

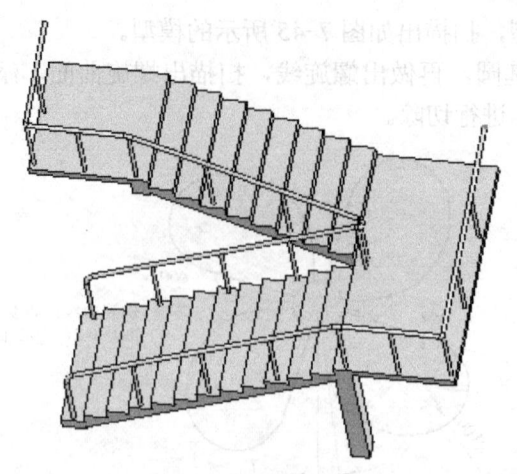

图 7-49 室外楼梯

19. 建立如图 7-50 所示的笔筒模型。模型在西红柿造型上进行创意设计,在西红柿靠近蒂部处开了一个椭圆口,作为插笔口,在西红柿底部创建了一个托座,托座底面与西红柿主模型倾斜了 15°,在西红柿蒂部创建了六片小叶和一个蒂头。

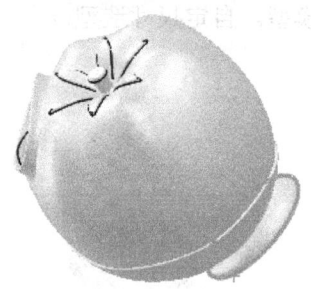 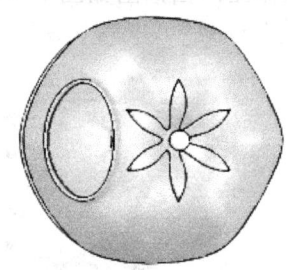

图 7-50 笔筒

第 8 章 放　　样

本章介绍了放样的基本知识、放样时选择相关实体的问题、轮廓草图线段节数不等时的放样、穿透与重合的概念等。

8.1 放样的基本知识

放样是指利用两个或多个截面轮廓线混合生成的特征。放样的截面轮廓线可以是草图、曲线、模型边线。放样的第一个轮廓线和最后一个轮廓线可以是一条直线或一个点。放样与扫描的区别在于放样至少需要两个轮廓封闭的草图。

可在生成放样时使用斑马条纹来观阅放样。将指针放置在放样对象上，再右击，在打开的快捷键菜单中选择"斑马条纹"选项即可。取消斑马条纹预览，也是用快捷菜单。

1．放样轮廓

放样之前一定要退出最后一张草图，选择放样轮廓最好是在绘图区，而不是在特征管理器中选择，这样可以选择顶点附近的轮廓，使顶点与相邻的轮廓匹配。此外要注意按照期望的放样顺序选择轮廓，注意预览图是否与实际相符，如果不相符，应调整轮廓的选择顺序。

2．轮廓草图线段节数不等时的放样与放样同步

放样时最好使轮廓草图具有相同的线段节数，否则对于多余的顶点，SolidWorks 也不知道该如何处理，常常造成放样扭曲，达不到理想的结果。在无法避免轮廓草图出现不同节数的线段时，通常需要将节数少的线段断开，以形成多段线段。

1）打开随书网盘上相应章节中的"1 放样.SLDPRT"零件文件，如图 8-1 中①所示。单击"特征"面板上的"放样凸台/基体"按钮，系统弹出"放样"属性管理器。在绘图区选择草图，如图 8-1 中②③所示。其他取默认值，单击"确定"按钮，结果如图 8-1 中④⑤所示，可见这时放样有扭转。

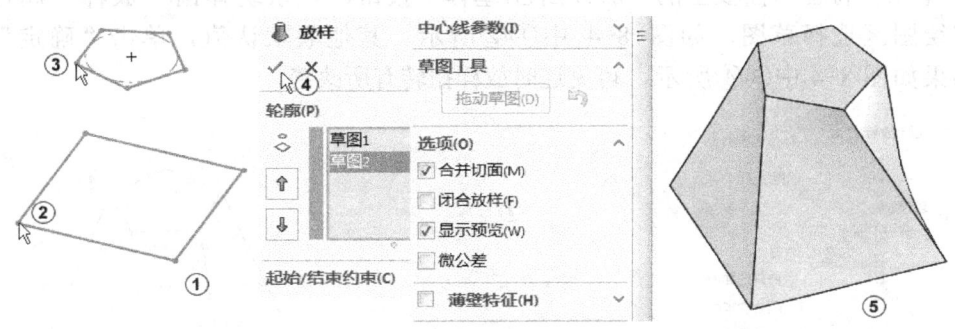

图 8-1　线段节数不等时的放样

2）单击"撤销"按钮或选择"编辑"→"撤销"命令，或按〈Ctrl+Z〉键，恢复到未放样前的状态。按住"草图 1"不放，将其拖动到"草图 2"的下面，如图 8-2 中①②

所示。

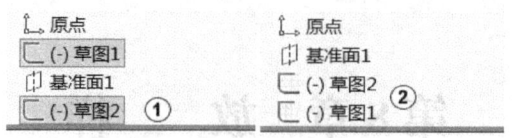

图8-2 调整草图的顺序

3)右击"草图1",从弹出的快捷菜单中选择"编辑草图"命令，如图8-3中①②所示，进入草图编辑状态。

4)选择"工具"→"草图工具"→"分割实体"命令，如图8-3中③～⑥所示。单击与五边形角点对应的矩形边线上的中点，如图8-3中⑦所示，单击"分割实体"属性管理器上的"关闭"按钮，如图8-3中⑧所示。最后退出草图。

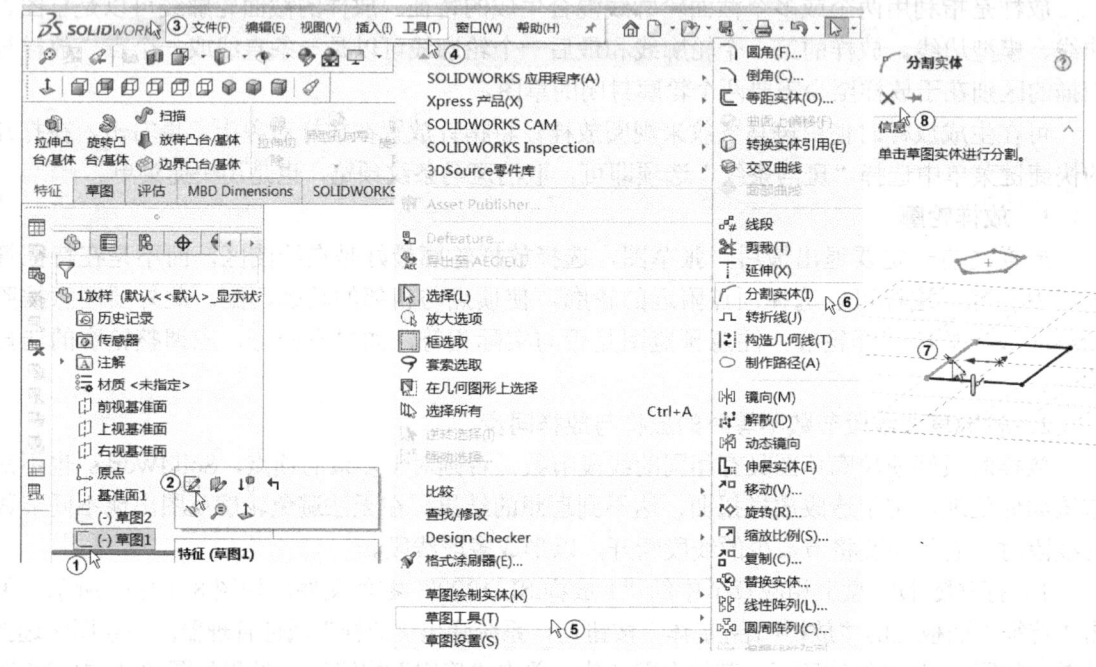

图8-3 分割草图实体

5)单击"特征"面板上的"放样凸台/基体"按钮，系统弹出"放样"属性管理器。在绘图区选择草图，如图8-4中①②所示。其他取默认值，单击"确定"按钮，结果如图8-4中③④所示，可见这时放样扭转有所改善。

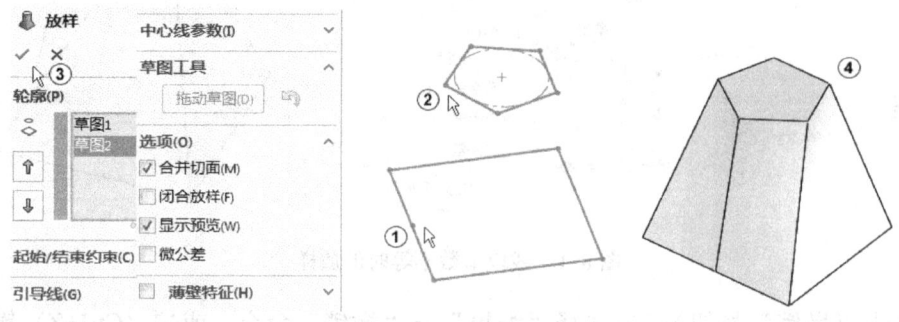

图8-4 放样操作

如果放样失败或扭曲,可使用放样同步来修改放样轮廓之间的同步,可以通过更改轮廓之间的对齐来调整同步。若要调整对齐,可操纵图形区域中出现的控标,此为连接线的一部分。连接线是指在两个方向上连接对应点的多线。

1)打开随书网盘上相应章节中的"4 放样.SLDPRT"零件文件,如图 8-5 中①所示。右击特征管理器中的 曲面-放样2,从弹出的快捷菜单中选择"编辑特征" ,如图 8-5 中②③所示。在绘图区任意空白处右击,从弹出的快捷菜单中选择"显示所有接头"命令,如图 8-5 中④所示。结果如图 8-5 中⑤所示。

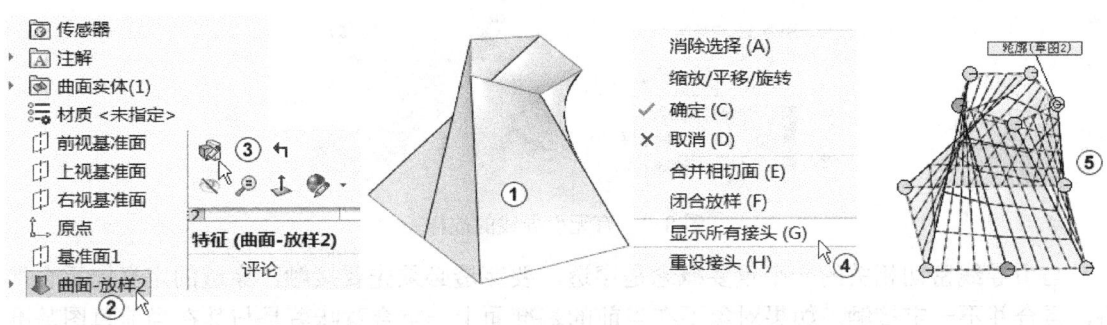

图 8-5 显示控标

2)将鼠标指针移到其中一个轮廓的控标上 ,如图 8-6 中①所示。将控标向着要重新安放连接线的顶点拖动,连接线会沿着指定边线移动到下一个顶点,放样预览随着新的同步而更新,如图 8-6 中②所示。同理,将控标从如图 8-6 中③所示的位置移到如图 8-6 中④所示的位置,单击"确定"按钮 ,结果如图 8-6 中⑤所示。

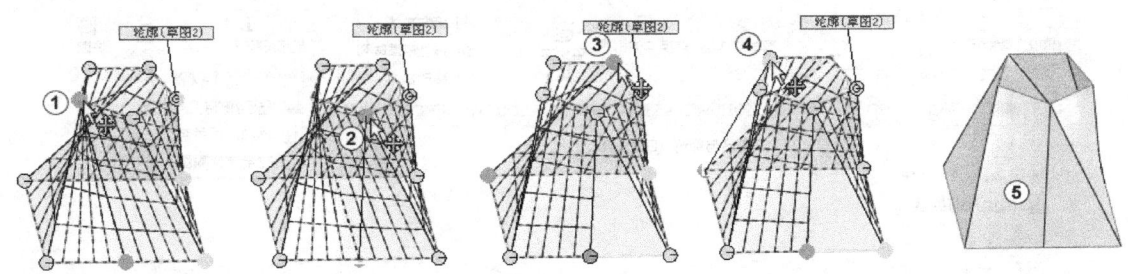

图 8-6 移动控标

3. 引导线放样和中心线放样

打开随书网盘上相应章节中的"6 引导线放样.SLDPRT"零件文件,如图 8-7 中①所示。右击特征管理器中的 曲面-放样1,从弹出的快捷菜单中选择"编辑特征" ,再右击"曲面-放样 1"属性管理器中"引导线"下的"草图 2",从弹出的快捷菜单中选择"删除"命令,如图 8-7 中②③所示。单击"确定"按钮 ,结果如图 8-7 中④⑤所示。可见无引导线的放样的底部较为陡峭,有引导线的放样的底部较为平坦,引导线可以严格控制放样的轮廓。可以使用任何草图曲线、模型边线或曲线作为引导线,可以使用任意数量的引导线。引导线必须与所有轮廓相交,引导线可以相交于点。

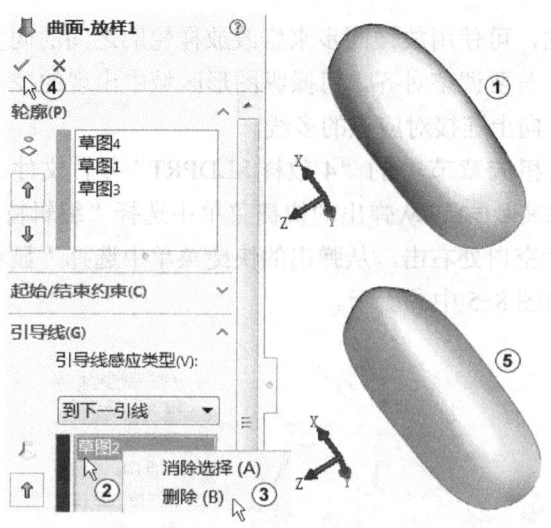

图 8-7 有无引导线的放样

与引导线密切相关的一个重要概念是穿透，要穿透必须先要接触，穿透的定义比重合严格，重合并不一定接触。如果对象不在当前的基准面上，重合意味着是与其在当前草图基准面上的投影重合，并不是真正的接触，是与其延长线接触。为了加深理解，打开随书网盘上相应章节中的"7 重合与穿透.SLDPRT"零件文件，单击"草图"，切换到"草图"绘制面板，单击"添加几何关系"按钮，如图 8-8 中①②③所示。在绘图区中选择点和曲线，如图 8-8 中④⑤所示；单击"重合"按钮，再单击"确定"按钮，如图 8-8 中⑥⑦所示；可见所选择的点与所选择的样条曲线并没有真正接触，点只是与样条曲线在右视基准面上的投影重合了，如图 8-8 中⑧所示。

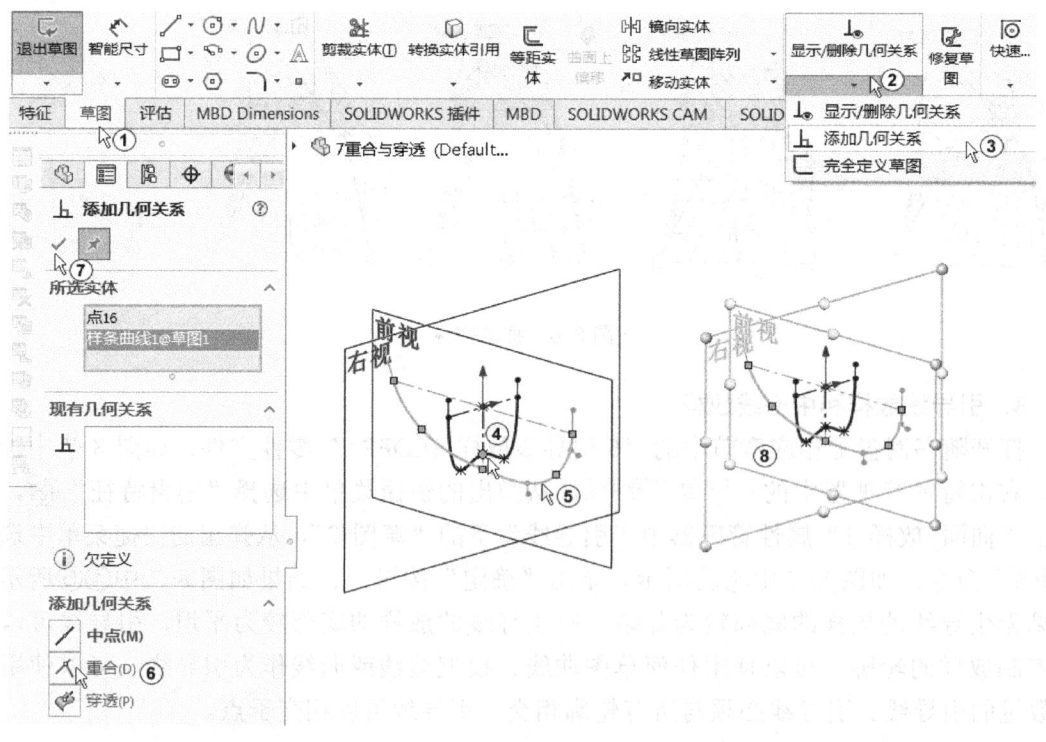

图 8-8 添加重合关系

单击"撤销"按钮 ➴·或选择"编辑"→"撤销"命令，或按〈Ctrl+Z〉键，选择"穿透"，单击"确定"按钮 ✓。如图 8-9 所示，可见所选择的点与所选择的样条曲线真正接触了。可以生成一个使用一条变化的引导线作为中心线的放样。所有中间截面的草图都与此中心线垂直，而不是与放样路径垂直。此中心线可以是草图曲线、模型边线或曲线。引导线放样可以控制轮廓的形状和方向，而中心线放样只改变放样所沿的路径，它们的差别有时并不明显。

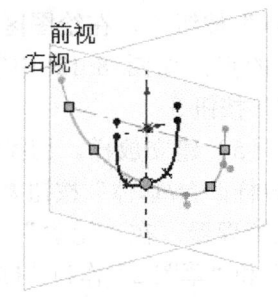

图 8-9　穿透关系

8.2　放样凸台/基体

创建放样的步骤如下。

1）单击"特征"面板上的"放样凸台/基体"按钮 ⬇。
2）选择放样轮廓，可以是草图、模型边线或模型面。
3）设置起始结束约束。
4）添加引导线，如果没有引导线这一步跳过。
5）输入中心线，如果没有中心线这一步跳过。
6）设置薄壁参数，如果不需要生成薄壁特征，这一步跳过。
7）单击"确定"按钮 ✓。

8.2.1　四棱锥

1）新建文件。选择"文件"→"新建"命令 🗋，在弹出的"新建 SolidWorks 文件"对话框中选择"零件" 🔲，单击"确定"按钮。

2）绘制草图 1。从特征管理器中选择"前视基准面"，再单击"正视于"按钮 ⬆，切换到"草图"面板，单击"多边形"按钮 ⬡，在绘图区中绘制出一个矩形，单击"智能尺寸"按钮 ⌀ 标注出尺寸，如图 8-10 所示。单击"重建模型"按钮 🔄。

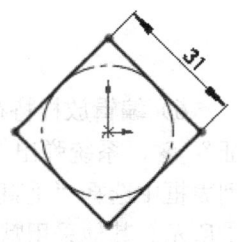

图 8-10　绘制草图 1

3）创建基准面 1。切换到"特征"面板，单击"参考几何体"→"基准面"按钮 ▱，系统弹出"基准面"属性管理器。在特征管理器中选择"前视基准面"，在"距离"文本框中输入"36"，如图 8-11 中①②③所示。其他采用默认设置。单击"确定"按钮 ✓ 完成基准面 1 创建操作，如图 8-11 中④⑤所示。

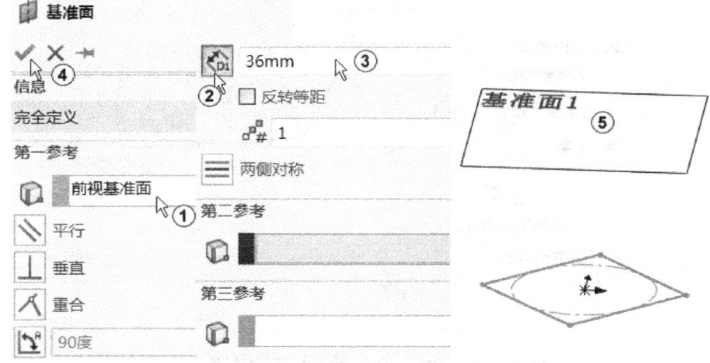

图 8-11　生成基准面 1

4)从特征管理器中选择"基准面 1",单击"正视于"按钮,切换到"草图"面板,单击"点"按钮,在绘图区中绘制出一个与原点重合的点,如图 8-12 中①所示。单击"重建模型"按钮。

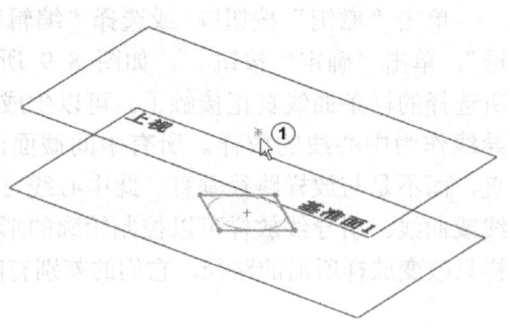

图 8-12 绘制点

5)建立放样。切换到"特征"面板,单击"放样凸台/基体"按钮,系统弹出"放样"属性管理器,在"轮廓"列表框中输入"草图1"和"草图 2"作为放样轮廓,如图 8-13 中①②所示。其他采用默认设置。单击"确定"按钮完成放样操作。结果如图 8-13 中③④所示。

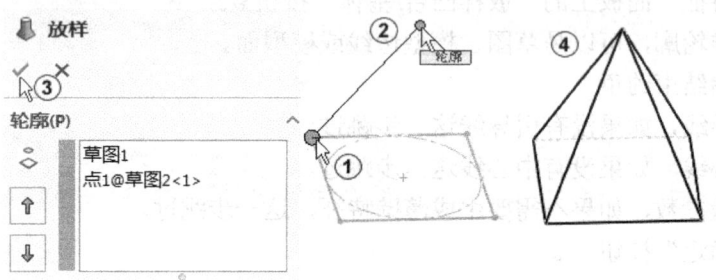

图 8-13 建立放样

6)编辑放样特征。在特征管理器中右击"放样 1",在弹出的快捷菜单中选择"编辑特征",系统弹出"放样"属性管理器。在"开始/结束约束"选项组的"开始约束"下拉列表框中选择"垂直于轮廓",在"起始处相切长度"文本框中输入"1",如图 8-14 中①~④所示。其他采用默认设置,单击"确定"按钮完成编辑放样操作。

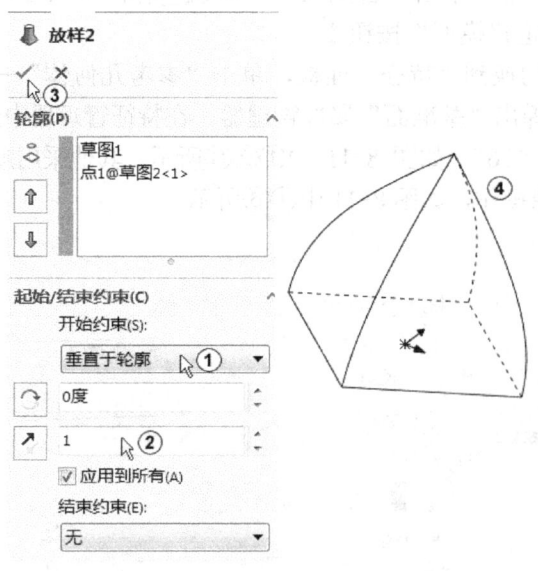

图 8-14 加入"起始/结束约束"

可见放样的形状改变了。无任何约束的放样以直线连接两个轮廓,添加垂直于轮廓的约束后,两个轮廓之间的连接不再是直线而是与轮廓垂直的样条曲线的连接。

7)右击特征管理器中的"放样1",从弹出的快捷菜单中选择"删除"命令。

8)选择"插入"→"3D 草图"命令,单击"中心线"按钮 ,绘制出一条中心线,如图 8-15 中①②所示。单击绘图区右上角的 按钮退出绘制草图。

9)切换到"特征"面板,单击"放样凸台/基体"按钮,系统弹出"放样"属性管理器。在"轮廓"列表框中输入"草图 1"和"草图 2"作为放样轮廓,如图 8-16 中①②所示。在"开始/结束约束"选项组的"开始约束"下拉列表框中选择"方向向量",在绘图区选择"3D 草图 1"作为向量方向,在"起始处相切长度"文本框中输入"1",如图 8-16 中③④⑤所示。其他采用默认设置,单击"确定"按钮 完成放样操作,结果如图 8-16 中⑥⑦所示。

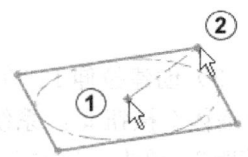

图 8-15 绘制直线

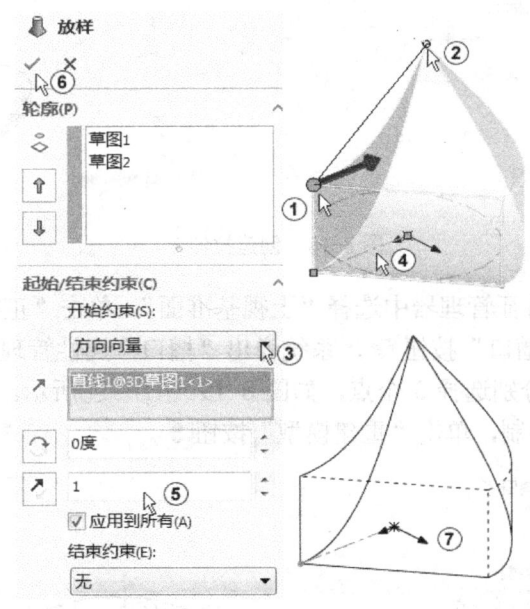

图 8-16 放样

8.2.2 与面约束有关的放样

1. 创建使用"与面相切"约束的放样实例

利用"起始/结束约束"选项组中的"与面相切"选项,可以使放样出的面质量达到 G1 效果。

1)新建文件。选择"文件"→"新建"命令 ,在弹出的"新建 SolidWorks 文件"对话框中选择"零件" ,单击"确定"按钮。

2)绘制草图 1。从特征管理器中选择"上视基准面",单击"正视于"按钮 ,切换到"草图"面板,单击"椭圆"按钮 ,再单击原点,然后单击长半轴上的端点,最后单击短半轴上的端点,如图 8-17 中①②③所示。单击"确定"按钮 ,单击"重建模型"按钮 。

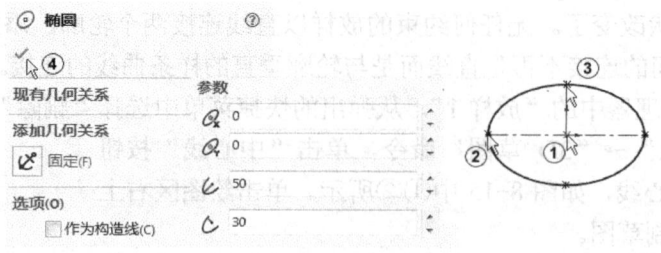

图 8-17　绘制草图 1

3）创建拉伸 1。在特征管理器中选择"草图 1"，切换到"特征"面板，单击"拉伸凸台/基体"按钮，系统弹出"凸台-拉伸"属性管理器。在"从（F）"下拉列表框中选择"等距"，单击"反向"按钮以便向下等距，输入等距值为"60"，如图 8-18 中①②③所示。在"方向 1"选项组的"终止条件"下拉列表框中选择"给定深度"，在"深度"文本框中输入"10"，如图 8-18 中④⑤所示。其他采用默认设置，单击"确定"按钮，结果如图 8-18 中⑥⑦所示。

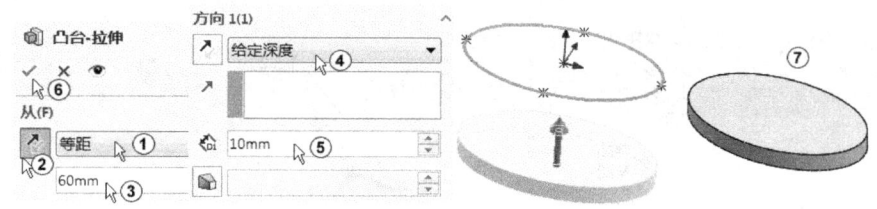

图 8-18　创建拉伸 1

4）绘制草图 2。从特征管理器中选择"上视基准面"，单击"正视于"按钮，切换到"草图"面板，单击"直槽口"按钮，系统弹出"槽口"属性管理器。选择"槽口类型"为"直槽口"，在绘图区分别选择 3 个点，如图 8-19 中①～④所示。然后单击"确定"按钮完成直槽口草图实体绘制，单击"重建模型"按钮。

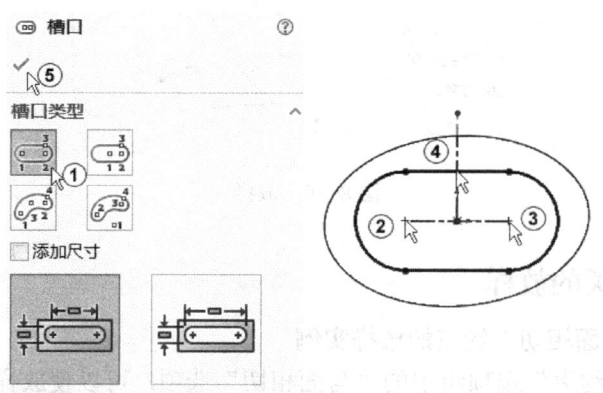

图 8-19　绘制草图 2

5）创建拉伸 2。在特征管理器中选择"草图 2"，切换到"特征"面板，单击"拉伸凸台/基体"按钮，系统弹出"凸台-拉伸"属性管理器。在"从（F）"下拉列表框中选择"等距"，输入等距值为"40"，如图 8-20 中①②所示。在"方向 1"选项组的"终止条件"下拉列表框中选择"给定深度"，在"深度"文本框中输入"10"，如图 8-20 中③④所示。其他采用默认设置,单击"确定"按钮 ✓,结果如图 8-20 中⑤⑥所示。

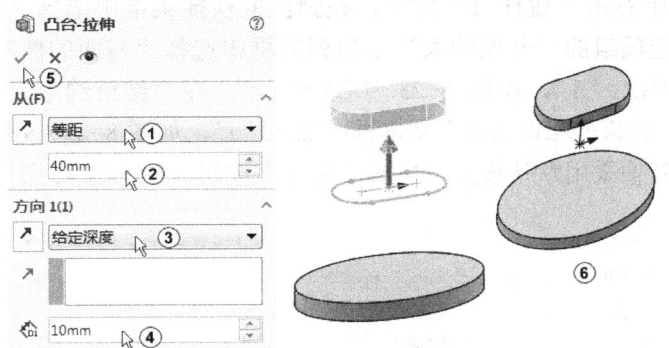

图 8-20 创建拉伸 2

6)绘制草图 3。从特征管理器中选择"上视基准面",单击"正视于"按钮,切换到"草图"面板,单击"圆"按钮 ⊙,绘制出一个圆心与原点重合且与椭圆相切的圆,如图 8-21 所示。单击"确定"按钮 ✓,再单击 按钮退出绘制草图。

7)切换到"特征"面板,单击"放样凸台/基体"按钮,系统弹出"放样"属性管理器。在"轮廓" 列表框中选择如图 8-22 中①②③箭头所指的面作为放样轮廓。在"起始/结束约束"选项组的"开始约束"下拉列表框中选择"与面相切",在"起始处相切长度"文本框中输入"1.5",如图 8-22 中④⑤所示。在"结束约束"下拉列表框中选择"与面相切",在"结束处相切长度"文本框中输入"1",如图 8-22 中⑥⑦所示。选中"合并结果"复选框,其他采用默认设置,单击"确定"按钮 ✓ 完成放样操作,结果如图 8-22 中⑧⑨所示。

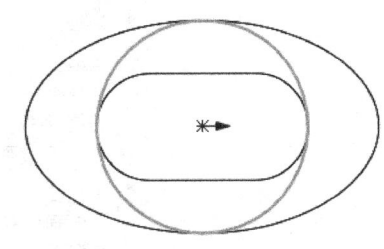

图 8-21 绘制圆

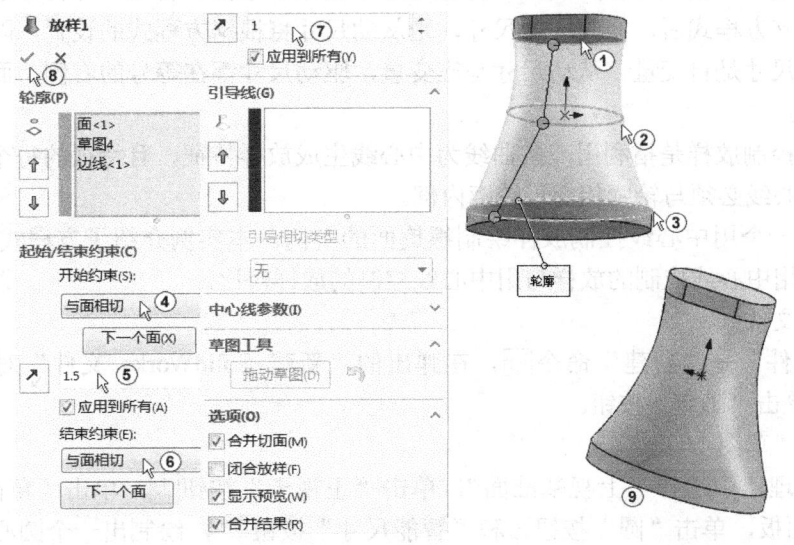

图 8-22 放样操作

2. 创建使用"与面的曲率"约束的放样实例

利用"起始/结束约束"选项组中的"与面曲率"选项,可以使放样出的面质量达到 G2

效果。

在特征管理器中右击"放样 1"特征,在弹出的快捷菜单中选择"编辑特征"。在"起始/结束约束"选项组的"开始约束"下拉列表框中选择"与面的曲率",在"起始处相切长度"文本框中输入"1",如图 8-23 中①②所示。在"结束约束"下拉列表框中选择"与面的曲率",在"结束处相切长度"文本框中输入"1",如图 8-23 中③④所示。选中"合并结果"复选框,其他采用默认设置,单击"确定"按钮完成放样操作,结果如图 8-23 中⑤⑥所示。

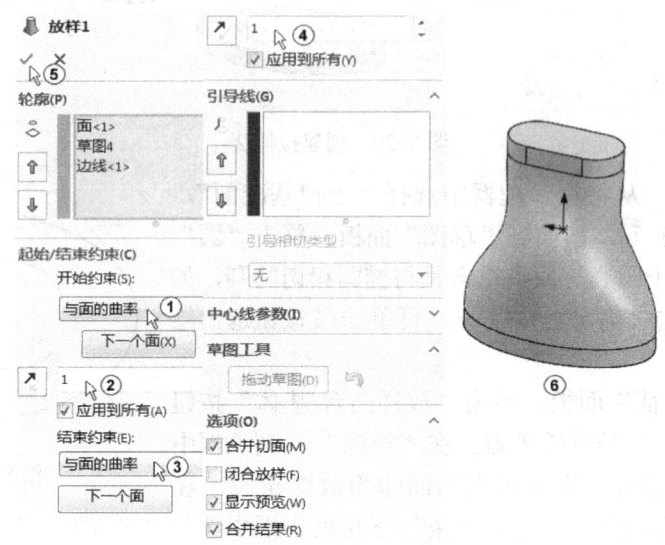

图 8-23 放样操作

8.2.3 中心线控制放样

方程式以模型中的尺寸作为变量,并建立数学关系。草图、特征、零件和装配等均可建立方程式。建立方程式后,修改驱动尺寸,则从动尺寸将根据方程式的设置,随着驱动尺寸而变化。驱动尺寸是自变量,从动尺寸是应变量,驱动尺寸都在等号的右侧,而从动尺寸都在等号的左侧。

用中心线控制放样是指利用一条曲线为中心线生成放样特征,且特征的每个截面都与中心线垂直,中心线必须与轮廓相交于轮廓内部。

本节介绍一个用中心线控制放样绘制螺旋面的实例。本实例介绍了方程式、螺旋线/涡状线,以及不用中心线控制的放样与用中心线控制的放样对比。

(1)新建文件

选择"文件"→"新建"命令,在弹出的"新建 SolidWorks 文件"对话框中选择"零件",单击"确定"按钮。

(2)绘制"草图 1"

从特征管理器中选择"上视基准面",单击"正视于"按钮,单击"草图",切换到"草图"绘制面板,单击"圆"按钮和"智能尺寸"按钮,绘制出一个圆心通过原点、直径为 60 的圆。

(3)绘制三角形

单击"中心线"按钮和"智能尺寸"按钮,绘制出一个三角形,如图 8-24 中①所示。

（4）建立方程式

1）选择"工具"→"方程式"Σ命令，弹出"方程式、整体变量、及尺寸"对话框。单击"方程式"下的空白处，以激活该文本框，如图 8-24 中②所示。在绘图区单击三角形的水平尺寸"195.33"（此时"方程式"文本框中显示为"D2@草图 1"），如图 8-24 中③所示。单击激活"数值/方程式"文本框，在绘图区单击尺寸"φ60"（此时"数值/方程式"文本框中显示为"D1@草图 1"），如图 8-24 中④所示。在"数值/方程式"文本框中输入"*pi"，如图 8-24 中⑤所示。单击"估值到"，其文本框中数值变为"188.5mm"。单击"方程式、整体变量、及尺寸"对话框中的"确定"按钮，如图 8-24 中⑥所示。此时三角形的水平尺寸变为"188.5"（即圆周长），如图 8-24 中⑦所示。

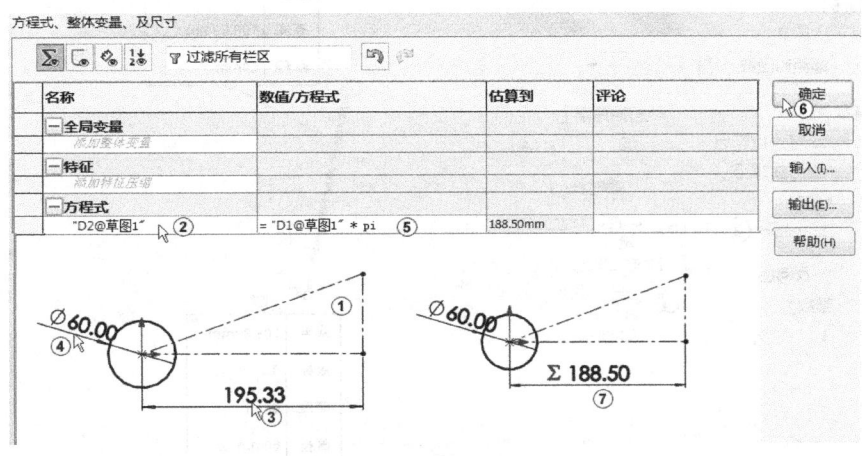

图 8-24 添加方程式 1

2）单击"智能尺寸"按钮，标注如图 8-25 中①所示尺寸"111.12"。选择"工具"→"方程式"Σ命令，弹出"方程式、整体变量、及尺寸"对话框。单击"方程式"下空白处，以激活该文本框，如图 8-25 中②所示。在绘图区单击尺寸"111.12"。单击激活"数值/方程式"文本框，在绘图区单击尺寸"188.50"，如图 8-25 中③所示。在"数值/方程式"文本框中输入"*tan(30)"，如图 8-25 中④所示。单击"方程式、整体变量、及尺寸"对话框中的"确定"按钮，如图 8-25 中⑤所示。此时三角形的竖直尺寸变为"108.83"，如图 8-24 中⑥所示。

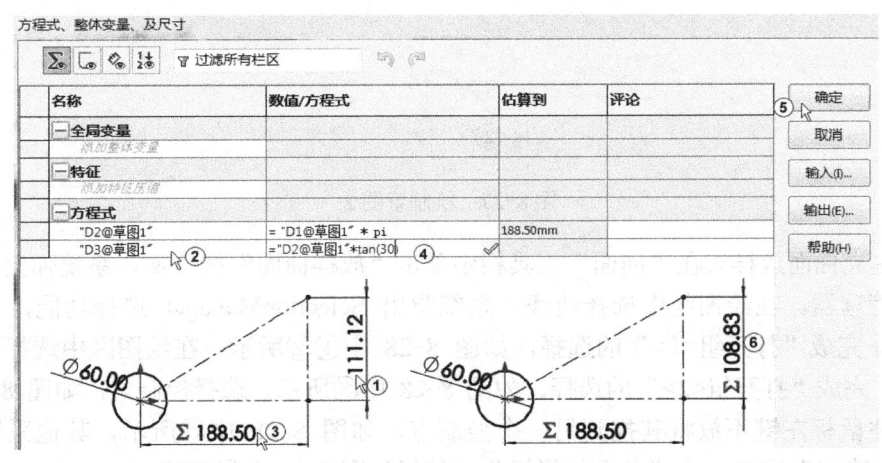

图 8-25 添加方程式 2

3）修改圆的直径，单击"重建模型"按钮，系统会自动按方程式计算出从动参数，即三角形的水平尺寸和竖直尺寸。单击绘图区右上角的按钮退出绘制草图。

（5）生成螺旋线。选择"插入"→"曲线"→"螺旋线/涡状线"命令，系统弹出"螺旋线/涡状线"属性管理器，"定义方式"选择"螺距和圈数"，"螺距"为"108.83mm"，"圈数"为"1"，如图 8-26 中①②③所示。"起始角度"为"0.00 度"，选择"逆时针"单选按钮，如图 8-26 中④⑤所示。单击"确定"按钮，生成螺旋线曲线，如图 8-26 中⑥⑦所示。

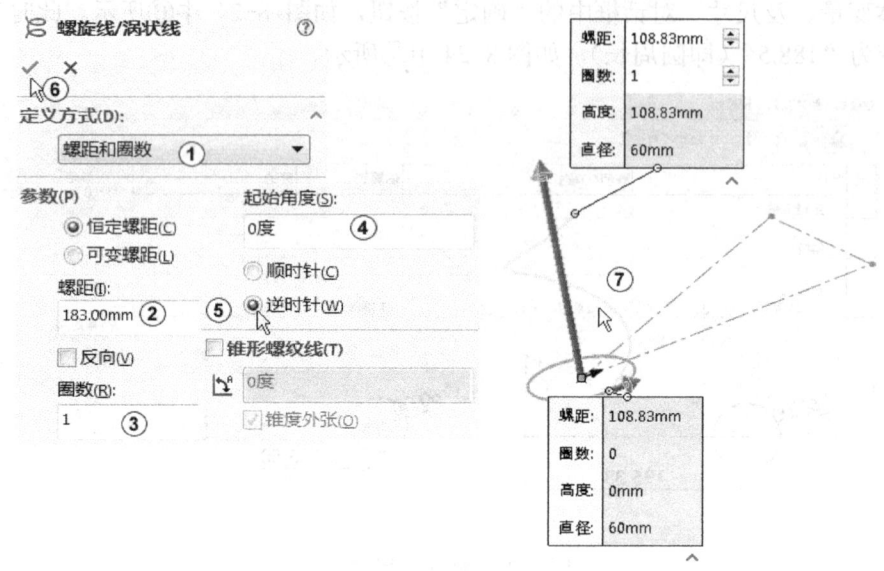

图 8-26　生成螺旋线曲线

（6）绘制草图 2。从特征管理器中选择"右视基准面"，单击"正视于"按钮，单击"草图"，切换到"草图"绘制面板，单击"直线"按钮，分别绘制出两条长度相等的水平线，如图 8-27 中①②所示，单击绘图区右上角的按钮退出绘制草图。

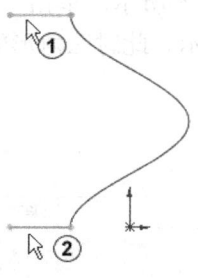

图 8-27　绘制草图 2

（7）建立曲面放样。在"曲面"工具栏中单击"放样曲面"按钮，系统弹出"曲面放样"属性管理器。在绘图区中选择边线，系统弹出 SelectionManager 选择功能，单击"确定"按钮完成"打开组<1>"的选择，如图 8-28 中①②所示。在绘图区中选择另一条边线并右击，完成"打开组<2>"的选择，如图 8-28 中③所示。选择控制点，如图 8-28 中④所示。按住鼠标左键不放将其拖到另一个控制点，如图 8-28 中⑤所示。其他采用默认设置，单击"确定"按钮完成曲面放样操作，结果如图 8-28 中⑥所示。

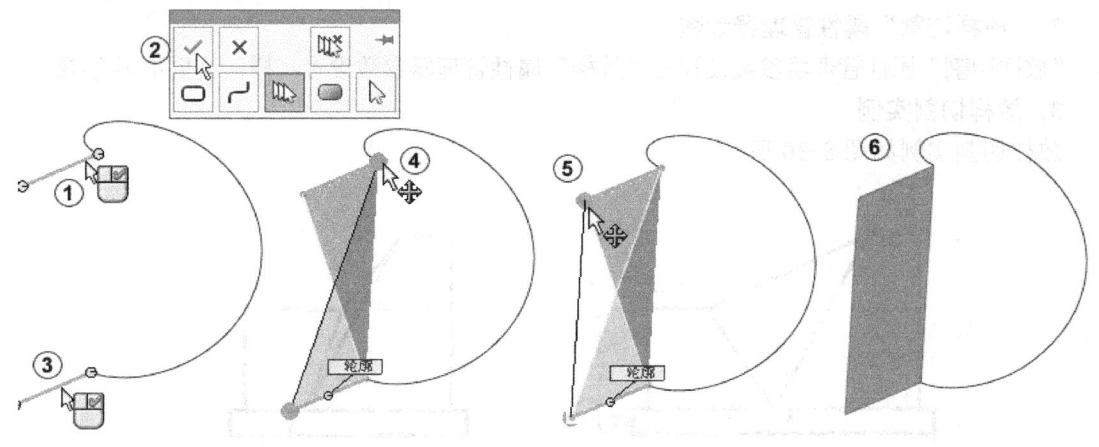

图 8-28 建立曲面放样

(8) 编辑曲面放样。在设计树中右击"曲面-放样 2",在弹出的快捷菜单中选择"编辑特征",如图 8-29 中①②所示。系统弹出"曲面放样②"属性管理器,展开"中心线参数"选项组,如图 8-29 中③所示。在绘图区选择"螺旋线/涡状线",如图 8-29 中④所示。单击"确定"按钮 ✓ 完成曲面放样编辑操作,结果如图 8-28 中⑤⑥所示。

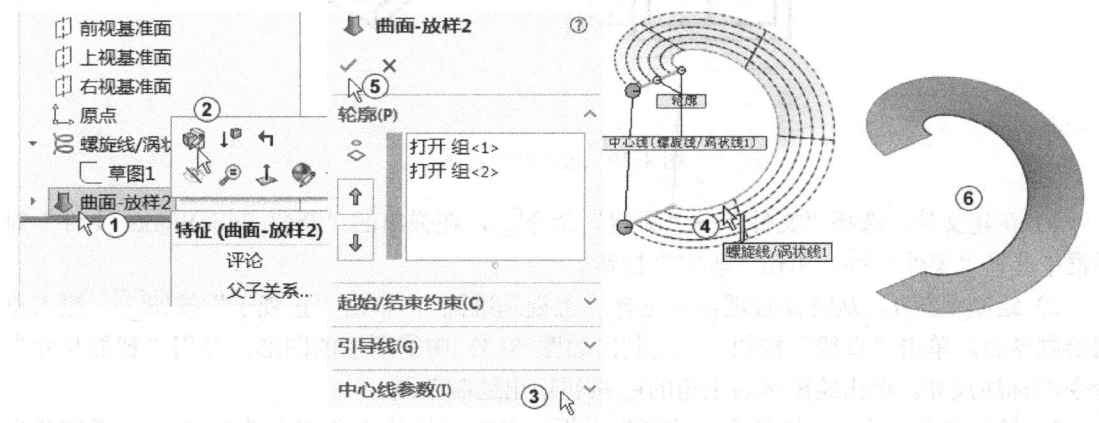

图 8-29 编辑曲面放样

8.3 放样切割

放样切割必须在已有实体的基础上进行。放样切割就是用放样特征去切除已有实体。

1. 创建放样切割的步骤

1)单击"特征"面板中的"放样切割"按钮 。
2)选择放样轮廓,可以是草图,模型边线或模型面。
3)设置起始、结束约束。
4)添加引导线,如果没有引导线这一步跳过。
5)输入中心线,如果没有中心线这一步跳过。
6)设置薄壁参数,如果不需要生成薄壁特征,这一步跳过。
7)单击"确定"按钮 ✓。

2．"放样切割"属性管理器参数

"放样切割"属性管理器参数设置与"放样"属性管理器参数设置一样，这里不再介绍。

3．放样切割实例

放样切割实例如图 8-30 所示。

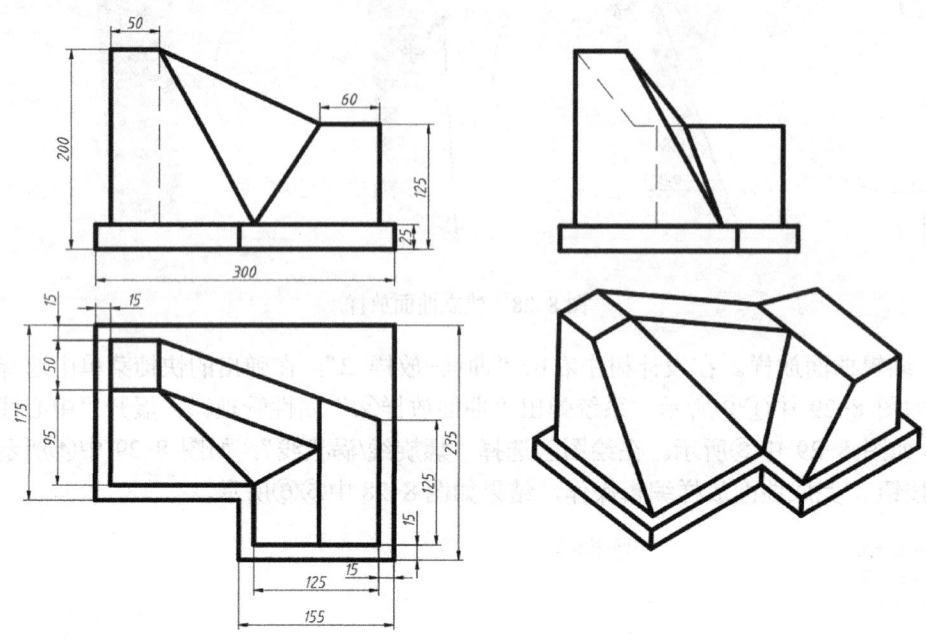

图 8-30　放样切割实例

1）新建文件。选择"文件"→"新建"命令，在弹出的"新建 SolidWorks 文件"对话框中选择"零件"，单击"确定"按钮。

2）绘制草图 1。从特征管理器中选择"上视基准面"，单击"正视于"按钮，进入草图绘制界面。单击"直线"按钮，绘制出如图 8-31 中①所示的图形，并用"智能尺寸"命令标注尺寸。单击绘图区右上角的按钮退出绘制草图。

3）绘制拉伸凸台 1。切换到"特征"面板，单击"拉伸凸台/基体"按钮，系统弹出"凸台-拉伸"属性管理器。在"方向 1"选项组的"终止条件"下拉列表框中选择"给定深度"，在"深度"文本框中输入"25"，其他采用默认设置，单击"确定"按钮，如图 8-31 中②③所示。结果如图 8-31 中④所示。

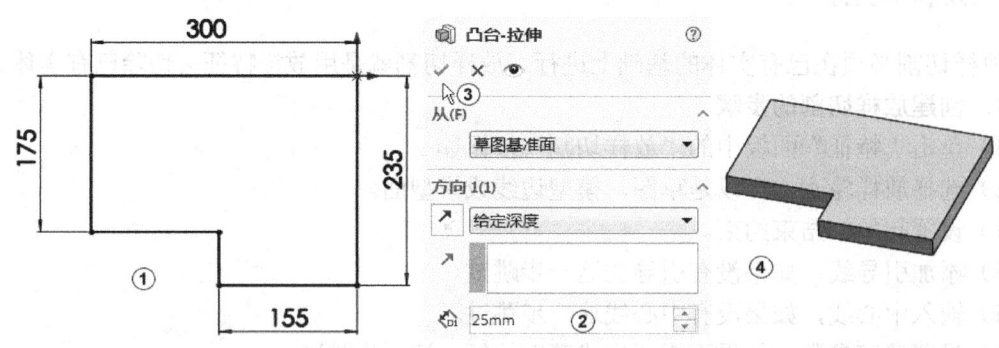

图 8-31　绘制拉伸凸台 1

4) 绘制草图 2。从模型中选择拉伸凸台 1 的一面，如图 8-32 中①所示，单击"正视于"按钮，进入草图绘制界面。单击"直线"按钮，绘制出如图 8-32 中②所示的图形，并用"智能尺寸"命令标注尺寸。单击绘图区右上角的按钮退出绘制草图。

5) 绘制拉伸凸台 2。切换到"特征"面板，单击"拉伸凸台/基体"按钮，系统弹出"凸台-拉伸"属性管理器。在"从（F）"下拉列表框中选择"等距"，输入"15"，单击"反向"按钮，如图 8-32 中③~⑥所示。在"方向 1"选项组的"终止条件"下拉列表框中选择"给定深度"，在"深度"文本框中输入"205"，单击"反向"按钮，其他采用默认设置，单击"确定"按钮，如图 8-32 中⑦⑧⑨所示。

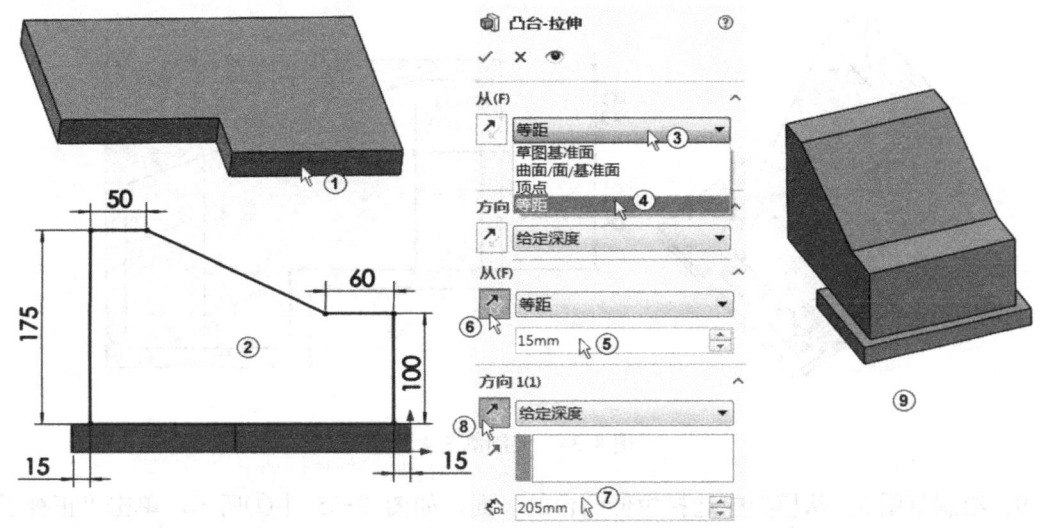

图 8-32　绘制拉伸凸台 2

6) 绘制草图 3。从模型中选择拉伸凸台的一面，如图 8-33 中①所示，单击"正视于"按钮，进入草图绘制界面。单击"直线"按钮，绘制出如图 8-33 中②所示的图形，并用"智能尺寸"命令标注尺寸。单击绘图区右上角的按钮退出绘制草图。

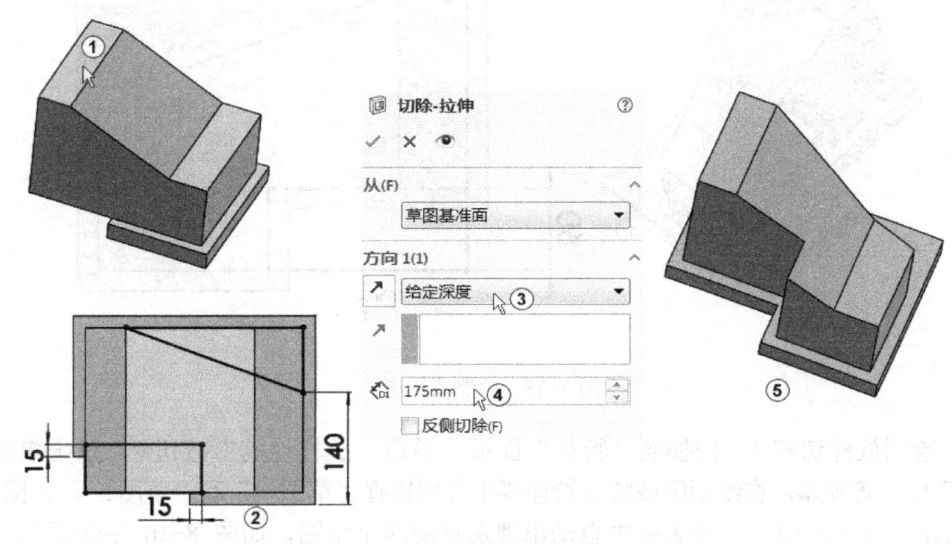

图 8-33　切除拉伸 1

7) 绘制切除拉伸 1。切换到"特征"面板,单击"拉伸切除"按钮,系统弹出"切除-拉伸"属性管理器,在"方向 1"选项组的"终止条件"下拉列表框中选择"给定深度",在"深度"文本框中输入"175",其他采用默认设置,单击"确定"按钮,如图 8-33 中③④所示。结果如图 8-33 中⑤所示。

8) 绘制草图 4。从模型中选择拉伸凸台的一面,如图 8-34 中①所示,单击"正视于"按钮,进入草图绘制界面。单击"直线"按钮,绘制出如图 8-34 中②所示的图形,并用"智能尺寸"命令标注尺寸。单击绘图区右上角的按钮退出绘制草图。

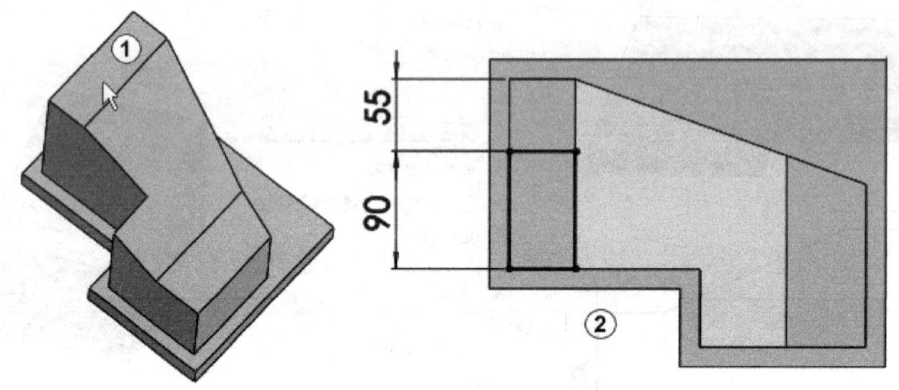

图 8-34　绘制草图 4

9) 绘制草图 5。从模型中选择拉伸凸台的一面,如图 8-35 中①所示,单击"正视于"按钮,进入草图绘制界面。单击"直线"按钮,绘制出如图 8-35 中②所示的图形,并用"智能尺寸"命令标注尺寸。单击绘图区右上角的按钮退出绘制草图。

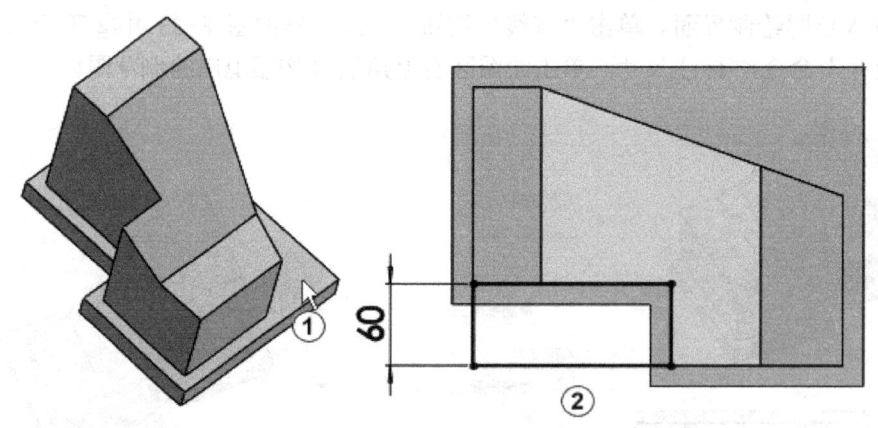

图 8-35　绘制草图 5

10) 绘制放样切割 1。切换到"特征"面板,单击"放样切割"按钮,系统弹出"切除-放样"属性管理器,在绘图区或特征管理器中分别选择"草图 4"和"草图 5",如图 8-36 中①②所示。在"轮廓"列表框中自动出现选择的两个草图,如图 8-36 中③所示,其他采用默认设置,单击"确定"按钮,结果如图 8-36 中④⑤所示。

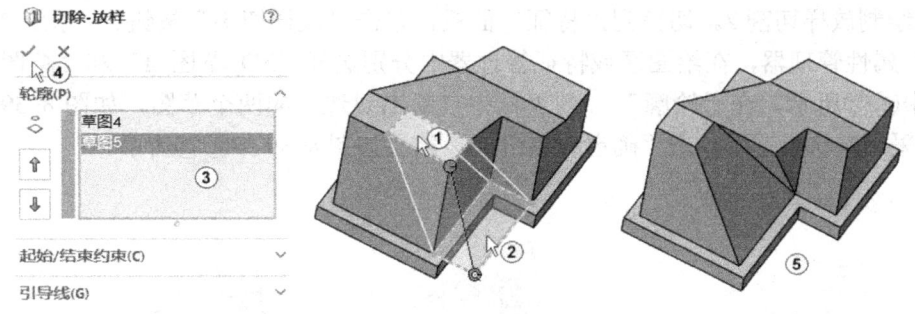

图 8-36 放样切割 1

11)绘制 3D 草图 1。选择"插入"→"3D 草图"命令,单击"草图"面板上的"直线"按钮,依次单击如图 8-37 中所示的①~④,绘制出一个封闭的三角形,并用"智能尺寸"命令标注尺寸,如图 8-37 中⑤所示的尺寸。单击绘图区最上方的"重建模型"按钮退出绘制 3D 草图。

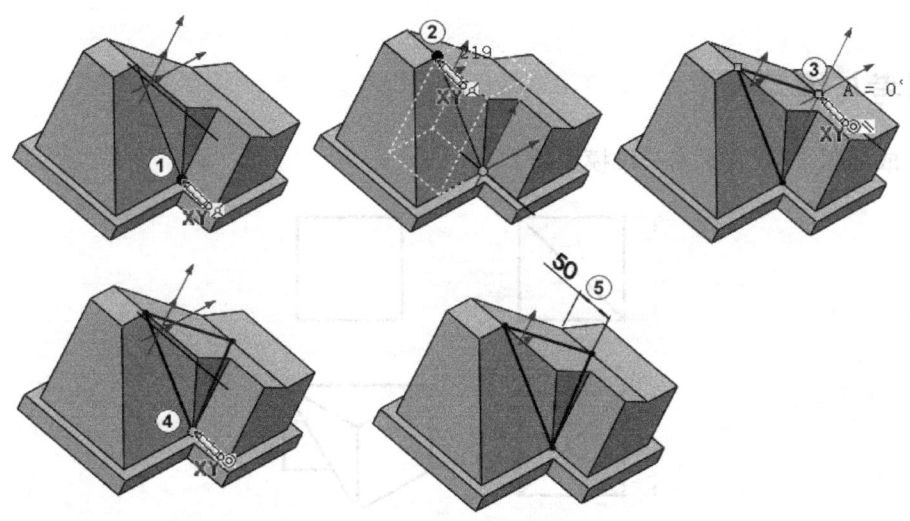

图 8-37 绘制 3D 草图 1

12)绘制草图 6。从模型中选择拉伸凸台的一面,如图 8-38 中①所示,单击"正视于"按钮,进入草图绘制界面。单击"直线"按钮,绘制出如图 8-38 中②所示的图形。单击绘图区右上角的按钮退出绘制草图。

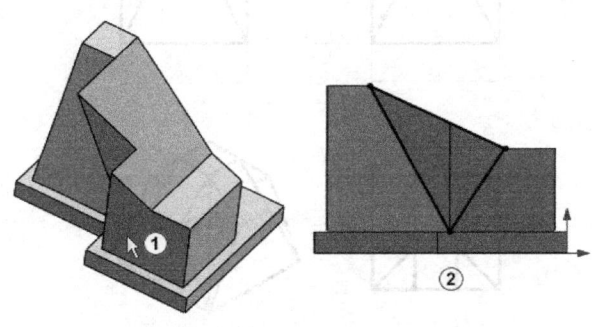

图 8-38 绘制草图 6

13）绘制放样切割 2。切换到"特征"面板，单击"放样切割"按钮，系统弹出"切除-放样"属性管理器，在绘图区或特征管理器中分别选择"3D 草图 1"和"草图 6"，如图 8-39 中①②所示。在"轮廓"列表框中自动出现选择的两个草图，如图 8-39 中③所示，其他采用默认设置，单击"确定"按钮，结果如图 8-39 中④⑤所示。

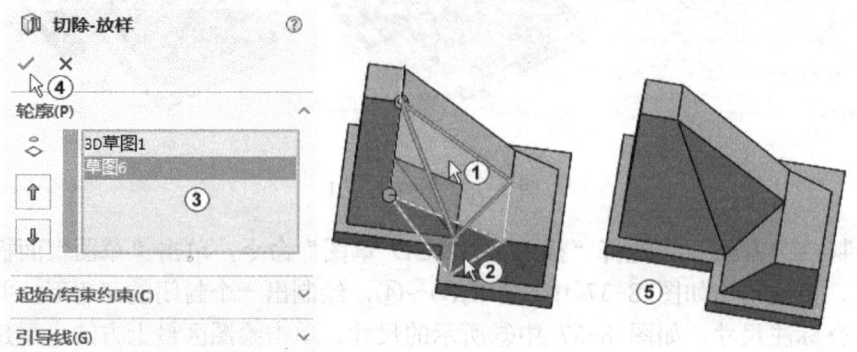

图 8-39　绘制放样切割 2

8.4　思考与练习

1. 完成如图 8-40 所示的三维模型绘制。

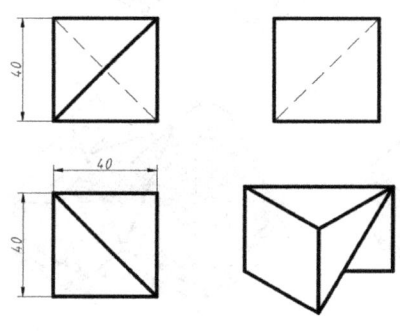

图 8-40

2. 完成如图 8-41 所示的三维模型绘制。

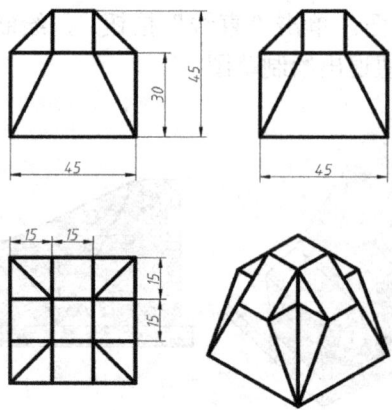

图 8-41

3．完成如图 8-42 所示的三维模型绘制。

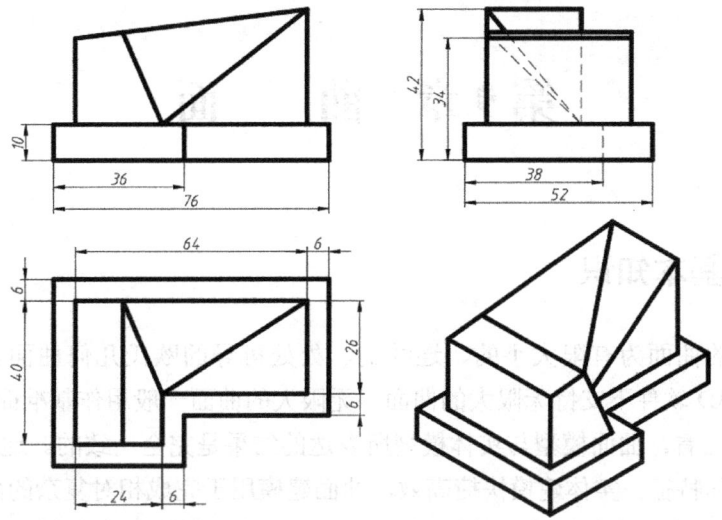

图 8-42

第9章 曲 面

9.1 曲面的基本知识

3D 软件中的曲面为有限大小的、连续的、处处可导的欧氏几何曲面，其理论厚度为零，没有质量，3D 软件不支持无限大的曲面。无限大的曲面一般用作基准面。

从几何意义上看，曲面模型与实体模型所表达的结果是完全一致的。通常情况下可交替地使用实体和曲面特征。实体建模快捷高效，曲面建模用于完成相对复杂的建模过程。

创建曲面特征的方法和创建实体特征的方法有些基本相同，如拉伸、旋转、扫描、放样。但是由于曲面的特殊性，它也有一些特殊的创建方法，如剪裁、解除剪裁、延伸，以及缝合等。曲面特征在大多数情况下是一种过渡特征。因为对于封闭的曲面实体，也可以将其加厚度后变成实体特征，因此，很多工业设计应用中都首先利用曲面建模，最后再将其转换为实体特征。

高质量的曲线是构建高质量曲面的基础，一个质量高的曲面应该是曲率颜色过渡均匀，斑马条纹连续顺滑，没有扭曲现象。SolidWorks 可以用曲率、斑马条纹来获得曲面的相关信息，以及评鉴曲线与曲面的品质。

9.1.1 斑马条纹

斑马条纹是指模仿在光泽表面上反射的长光线条纹。用斑马条纹可以查看曲面中用标准显示难以分辨的小变化，可以直观地察看曲面中是否有皱褶、破绽，可以检查连接的曲面是否曲率连续。查看斑马条纹的步骤如下。

1）在 SolidWorks 中，单击"视图"工具栏上的"斑马条纹"按钮或选择"视图"→"显示"→"斑马条纹"命令，可调出斑马条纹属性窗口。

2）在"设定"选项组，可通过"条纹数"、"条纹宽度"、"条纹精度"按钮来调整它们的值。可更改"条纹颜色"和"背景颜色"。可选择球形映射或方形映射。

3）单击"确定"按钮。

斑马条纹有两种形式：球形映射和方形映射。球形映射是模仿零件处于内部充满光纹的大球形内，斑马条纹总是弯曲的，并展示奇异性，所有系统上都可使用。方形映射是模仿零件处于充满光纹的大方形内，斑马条纹在平面上显示为直线。方形映射显示非条纹带，表示方形角落的折射，如图 9-1 所示，仅在装有支持立方形纹理映射的图形卡的系统上可使用。如果计算机上没有此类图形卡，SolidWorks 将不允许选择此选项。方形映射比较准，但是费时间和需要硬件支持。

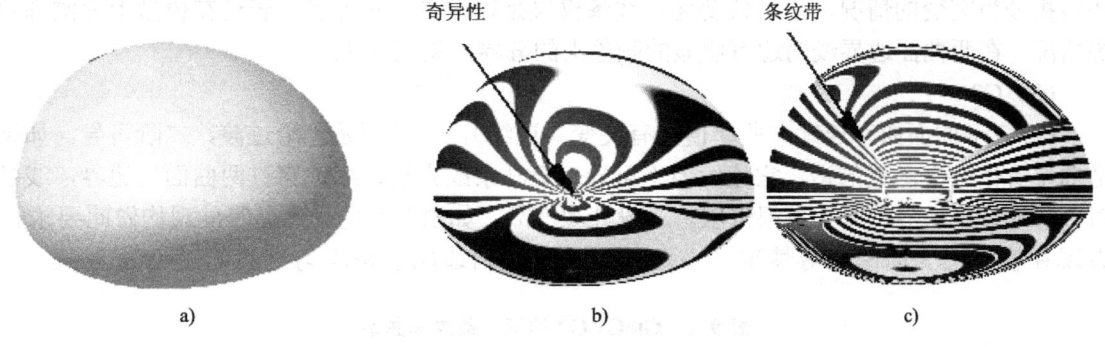

图 9-1 斑马条纹的几种形式
a) 无斑马条纹 b) 球形映射 c) 方形映射

那么如何通过斑马条纹观察曲面的品质呢？当观察到斑马条纹形成聚集条纹时，并不一定是一个收敛点或皱褶，那可能是球形映射固有的奇异性条纹，这时可以通过转动零件来观察。如果从多个方向观察都显示该处为条纹聚集，则可以判断该处曲面品质有问题。如果显示卡支持方形映射，也可以通过方形映射来观察。方形映射由非条纹带隔成多个区域，如果曲面曲率连续，则每个区域内的条纹都应该是连续的，通过转动零件就可以观察到曲面品质是否达到预期的要求。

图 9-2 所示为两曲面的斑马条纹。比较两曲面斑马条纹图，可见图 9-2a 所示的曲面斑马条纹扭曲抖动，而图 9-2b 所示的曲面斑马条纹基本是平行和直的，因而很形象地反映出两曲面的质量高低，即图 9-2b 所示的曲面比图 9-2a 所示的曲面质量高。

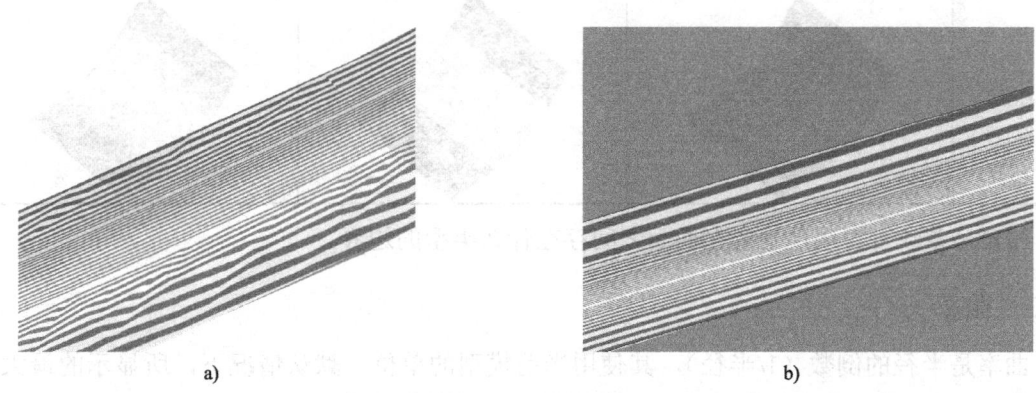

图 9-2 斑马条纹
a) 斑马条纹有抖动 b) 斑马条纹较直

9.1.2　G0\G1\G2 简介

（1）G0

G0 表示曲面仅连接（接触）在一起，曲面只是连续，但并不可微，也就是曲面函数不可导，或者说 0 阶可导。斑马条纹在两个面的边界处有断开或错位，线条没有对齐，表现在模型上为尖角等情况，见表 9-1。

（2）G1

G1 表示曲面相切连续，曲面一阶可导，曲率值在相切点有突变（即不连续）。斑马条纹在转折处为突变的情况，呈折线变化，线条仅仅是在边界上对齐了，表现在模型上为倒圆角等情况。在两曲面边界线两边有明显的颜色上的分界，见表9-1。

（3）G2

G2 表示曲面曲率连续，曲率值没有突变（连续），但并不是光滑过渡，二阶可导。如果把曲率看作一个函数的话，它连续但不可导。斑马条纹光滑连续地穿过两曲面的边界，线条对齐且通过了边界，看上去很舒服。一般外观产品，如消费类电子产品等外观均做此要求，表现在模型上为面圆角等情况。在两曲面边界线两边颜色是均匀过渡的，见表9-1。

表9-1　G0\G1\G2 的斑马条纹和曲率

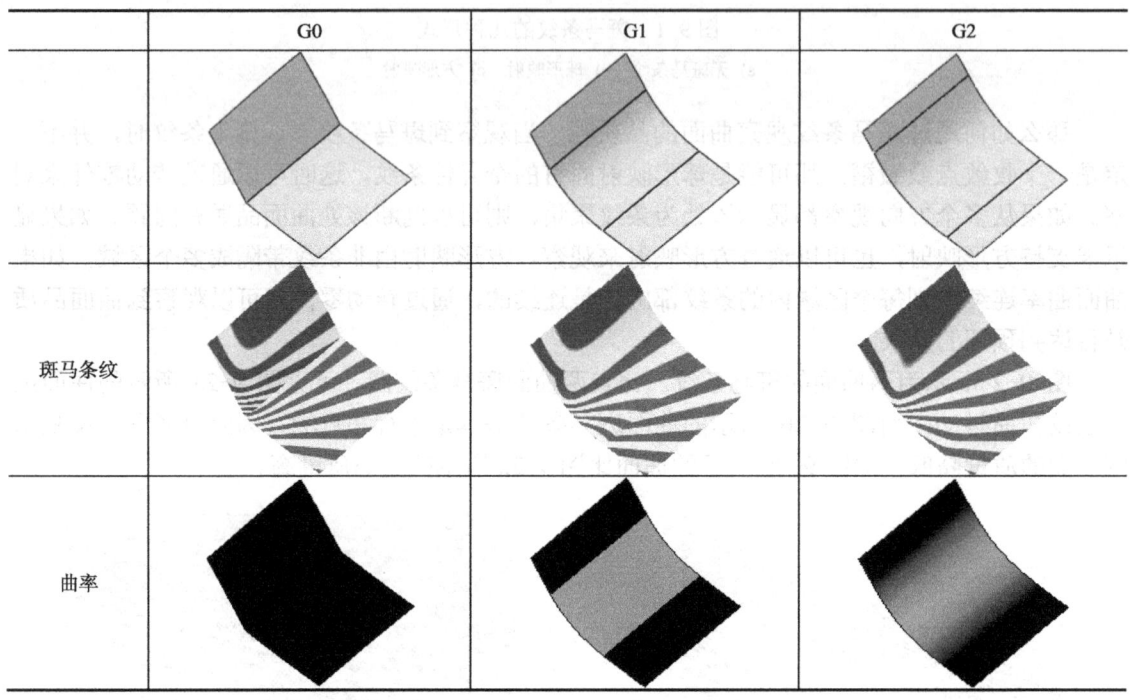

用斑马条纹可直观地确定在曲面之间存在什么类型的边界。

9.1.3 曲率

曲率是半径的倒数（1/半径），其使用当前模型的单位。默认情况下，所显示的最大曲率值为 1.000，最小曲率值为 0.0010。曲率越小，曲面就越平。

随着曲率半径的减小，曲率值增加，相应的颜色从黑色（0.0010）依次变为蓝色、绿色和红色（1.0000）。平面的曲率值为 0 (1/8)。红色代表最大的曲率（最小的半径），而黑色代表最小的曲率（最大的半径）。

使曲面呈现各种颜色并显示曲率半径的步骤如下。

1）选择"工具"→"选项"→"显示/选择"命令，确保选择了"图形视区中动态高亮显示"复选框，步骤如图9-3中①～④所示。

2）单击"视图"工具栏上的"曲率显示"按钮■或选择"视图"→"显示"→"曲率"命令，或在曲面上右击，在弹出的快捷菜单中选择"面曲率"，模型的曲率就会以彩色显示，见表 9-1。当指向一个模型曲面、样条曲线或曲线时，其曲率值和曲率半径会显示在指针旁边。

显示曲率可能会造成系统资源的过度集中。在许多情形下，可以只显示想要评估的面，以改善系统性能。

图 9-3 "系统选项"对话框

3）如要移除颜色，单击"视图"工具栏上的"曲率显示"按钮以清除此复选标记。

9.2 曲面实例

9.2.1 3D 构线

该例题的目的在于熟悉 3D 草图和可调节相切程度的 SolidWorks 2019 版的新功能。

【例 9-1】 3D 构线。

1）单击标准工具栏上的"新建"按钮，在弹出的"新建 SolidWorks 文件"对话框中选择"零件"，单击"确定"按钮。

2）选择特征管理器中的"前视基准面"，单击"正视于"按钮，再单击"新建草图"按钮，然后单击"直线"按钮和"曲线"按钮，绘制草图并标注尺寸，如图 9-4a 所示。其中左右两端垂直的构造线是"相等"约束，与样条曲线相连的两条水平构造线与样条曲线是"相切"约束。单击按钮退出绘制草图。

3）选择"插入"→"3D 草图"命令，绘制出 3D 草图并标注尺寸，如图 9-4b 所示。图 9-4 中两个尺寸 120mm 和 30mm 是为了让 3D 样条曲线与中间点对称，实际上，就相当于在距前视面 120mm 的地方作了一个基准面。要放样，需要两个草图，因此草图 2 需要与草图 1 平行，且拉开一定的距离，即 120mm。草图 1 的宽是 120mm，高是 30mm，草图 2 也是这样的，只是反过来了。草图 1 是样条曲线，草图 2 也就是样条曲线，只是草图 2 是一条空间的 3D 线。插入 3D 草图时，在绘图区中单击后，会出现一个红色的坐标，这个红色的坐标，就是当前作图的平面，此时做出来的图，是在这个平面上的。而空间是由三个相互垂直的平面构成的，可以把作图的平面定到另外两个平面上去，方法是按〈Tab〉键。

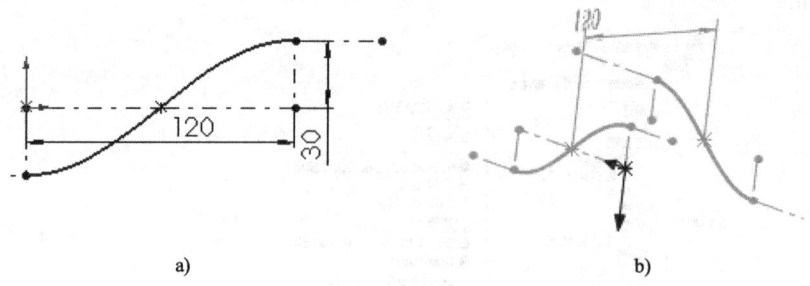

图 9-4 绘制草图
a) 样条曲线 b) 3D 样条曲线

4）单击"曲面"工具栏上的"放样曲面"按钮 ，在"曲面-放样"属性管理器和绘图区域中进行设置和选择，步骤如图 9-5 中①~③所示，单击"确定"按钮 ，放样结果如图 9-5 所示。

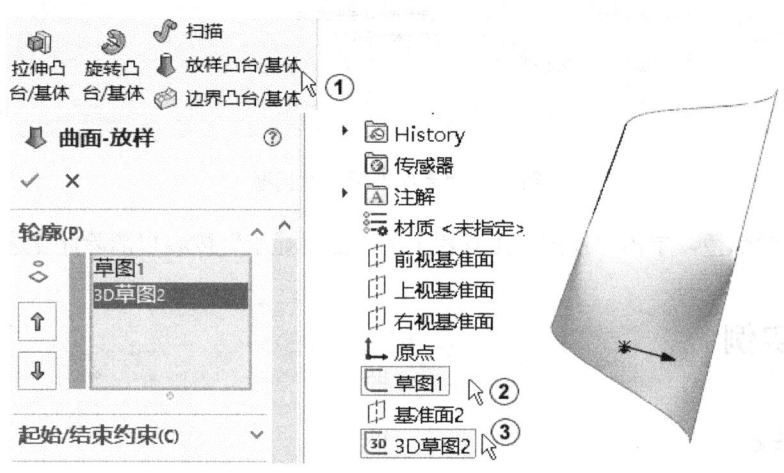

图 9-5 "曲面-放样"属性管理器及放样结果

9.2.2 篮球网

该例题及下一例题介绍了做网的方法，本章末尾的思考与练习中还有其他做网的方法，读者可分析比较它们各自的优缺点。

【例 9-2】 篮球网。

（1）旋转曲面

1）单击标准工具栏上的"新建"按钮 ，在弹出的"新建 SolidWorks 文件"对话框中选择"零件"，单击"确定"按钮。

2）在特征管理器中选择"前视基准面"，单击"正视于"按钮 ，再单击"草图绘制"按钮 ，然后单击"直线"按钮 ，绘制草图，直线的下端点与原点是"水平"约束，如图 9-6 所示。

3）单击"曲面"工具栏上的"旋转曲面"按钮 ，在"面-旋转 1"属性管理器和绘图区域中进行设置和选择，如图 9-7 所示，单击"确定"按钮 。

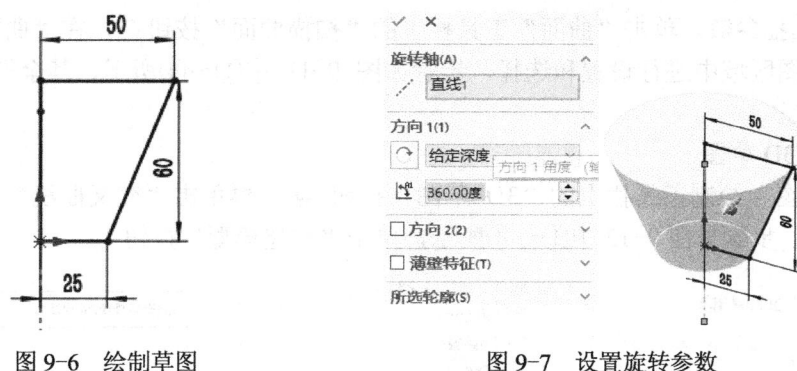

图 9-6 绘制草图　　　　　　　　图 9-7 设置旋转参数

（2）扫描曲面

1）在特征管理器中选择"上视基准面"，单击 按钮，在草图处于激活状态时，单击模型下方的圆边线，单击"草图"绘制工具栏上的"转换实体引用"按钮，步骤如图 9-8 中①～③所示。

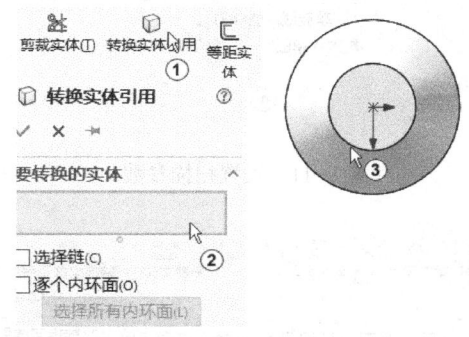

图 9-8 转化实体引用

2）选择"插入"→"曲线"→"螺旋线/涡状线"命令，在弹出的"螺旋线/涡状线"属性管理器和绘图区域中进行设置和选择，如图 9-9 所示，单击"确定"按钮。

3）在特征管理器中选择"上视基准面"，单击"正视于"按钮，再单击"草图绘制"按钮，然后单击"直线"按钮，绘制一条直线，单击"重建模型"按钮，如图 8-10 所示。

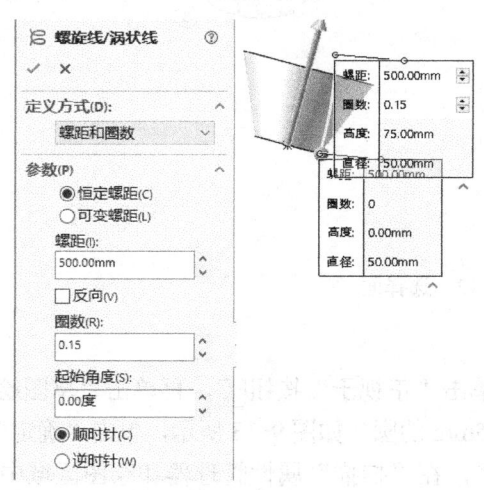
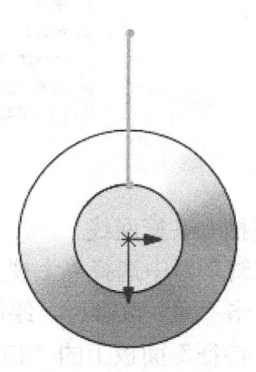

图 9-9 设置参数　　　　　　　　图 9-10 绘制草图直线

4）设置扫描参数。单击"曲面"工具栏上的"扫描曲面"按钮，在"曲面-扫描"属性管理器和绘图区域中进行设置和选择，步骤如图 9-11 中①~④所示，其余取默认值，单击"确定"按钮。

（3）绘制 3D 草图

单击"草图"绘制工具栏上的"3D 草图"按钮，再单击"交叉曲线"按钮，依次选择两个面，步骤如图 9-12 中①~④所示，单击"重建模型"按钮。

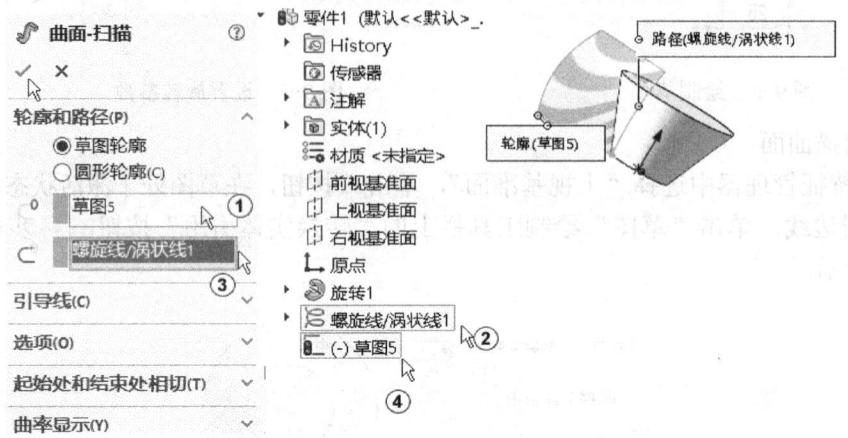

图 9-11 设置扫描参数

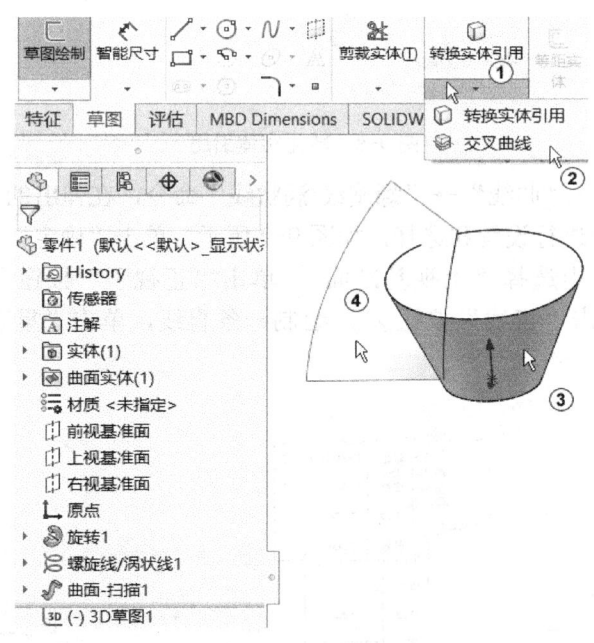

图 9-12 选择面

（4）扫描一条篮网线

在特征管理器中选择"上视基准面"，单击"正视于"按钮，再单击"草图绘制"按钮，然后单击"圆"按钮，绘制直径为 2.5mm 的圆，如图 9-13 所示，单击"确定"按钮。

单击"特征"面板上的"扫描"按钮，在"扫描"属性管理器和绘图区域中进行设置和选择，步骤如图 9-14 中①~④所示，单击"确定"按钮。

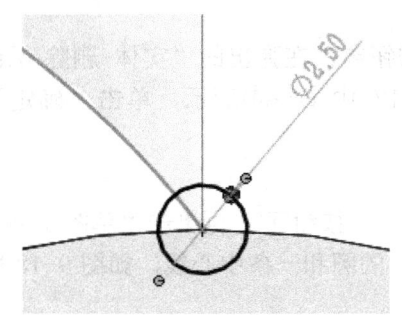

图 9-13 绘制草图

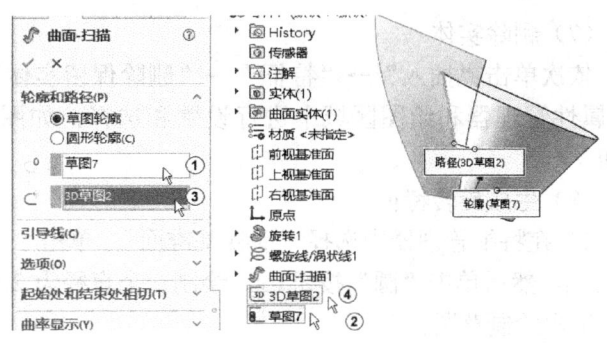

图 9-14 设置扫描参数

（5）镜像

依次单击"特征"面板上的"线性阵列"按钮 、"镜像"按钮 ，在"镜像"属性管理器和绘图区域中进行设置和选择，步骤如图 9-15 中①~④所示，单击"确定"按钮 。

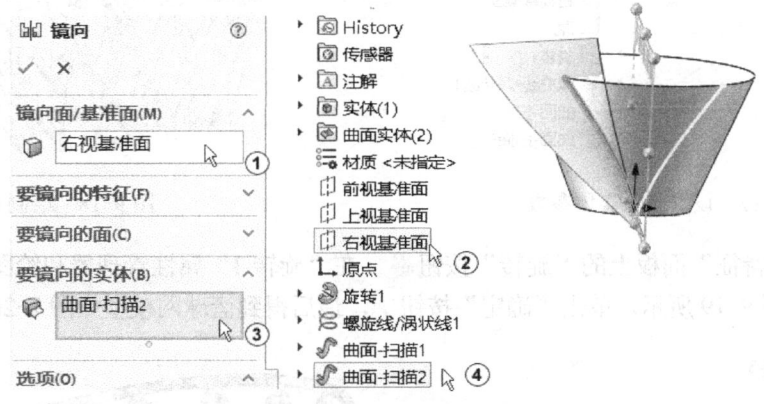

图 9-15 镜像操作设置

（6）圆周阵列

单击"特征"面板上的"线性阵列"按钮 ，在"阵列（圆周）1"属性管理器和绘图区域中进行设置和选择，如图 9-16 所示，单击"确定"按钮 。

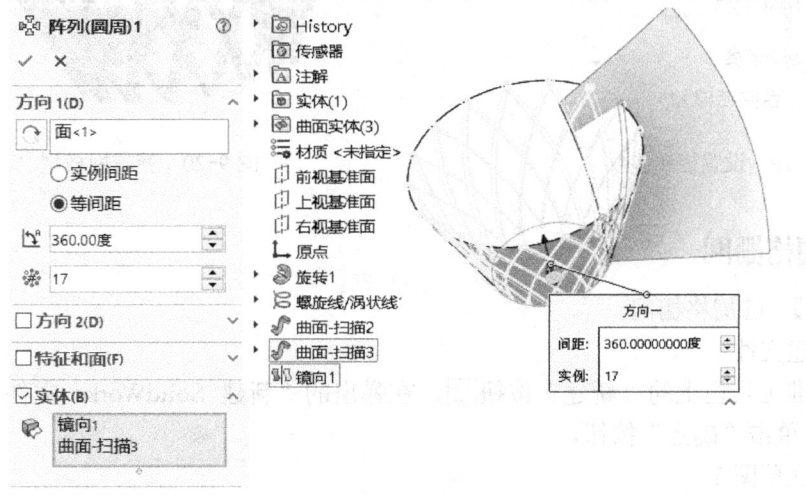

图 9-16 圆周阵列设置

(7)删除实体

依次单击"插入"→"特征"→"删除保留实体"按钮，在弹出的"实体-删除/保留1"属性管理器和绘图区域中进行设置和选择，如图 9-17 中①~④所示，单击"确定"按钮。

(8)生成旋转特征

1)在特征管理器中选择"前视基准面"，单击"正视于"按钮，再单击"草图绘制"按钮，然后单击"圆"按钮，绘制一个直径为 2.5mm 的圆和一条中心线，如图 9-18 所示，退出绘制草图。

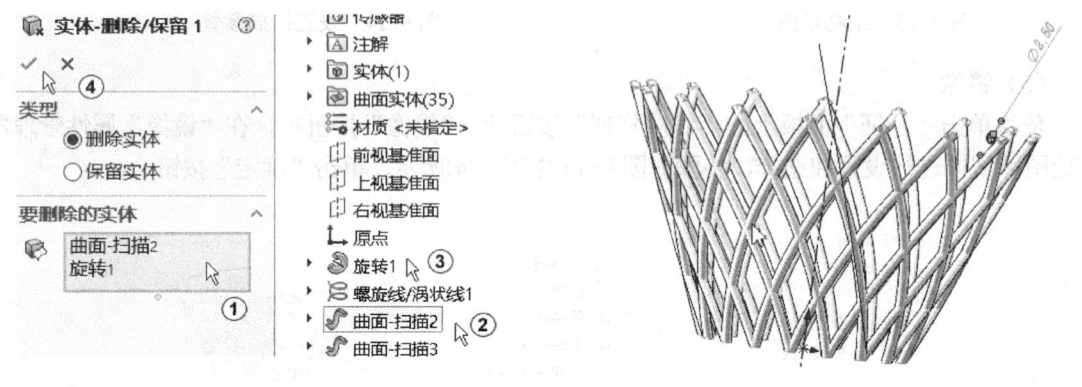

图 9-17 设置删除实体参数　　　　　　　　图 9-18 绘制草图

2)单击"特征"面板上的"旋转"按钮，在"旋转3"属性管理器和绘图区域中进行设置和选择，如图 9-19 所示，单击"确定"按钮，最后得到篮球网模型如图 9-20 所示。

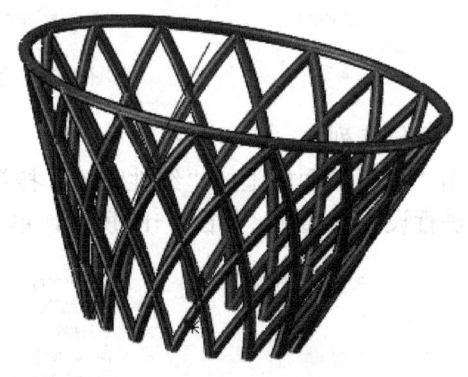

图 9-19 设置旋转参数　　　　　　　　图 9-20 篮球网模型

9.2.3 圆周格栅网

【例 9-3】 圆周格栅网。

(1)新建文件

单击标准工具栏上的"新建"按钮，在弹出的"新建 SolidWorks 文件"对话框中选择"零件"，单击"确定"按钮。

(2)建立草图 1

1)在特征管理器中选择"前视基准面"，单击"正视于"按钮，再单击"草图绘制"

按钮 ,用"圆" 、"中心线" 和"智能尺寸" 命令绘制出如图9-21所示的草图。

2)将图9-22中箭头所指的直线和两个点作"对称"约束。单击 按钮退出草图绘制。

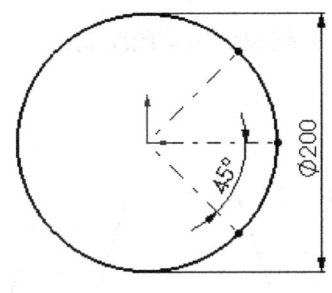
图9-21 绘制草图1

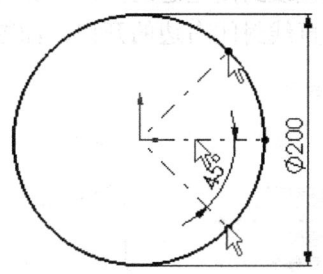
图9-22 添加几何关系示意图

(3)曲面拉伸

选择"插入"→"曲面"→"拉伸曲面"命令 ,弹出"曲面-拉伸1"属性管理器,在属性管理器中输入拉伸距离"200mm",如图9-23所示。单击"确定"按钮 。

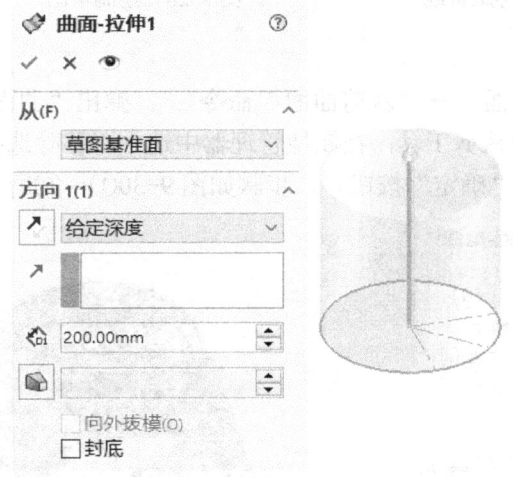
图9-23 设置曲面拉伸参数

(4)建立草图2

1)在特征管理器中选择"右视基准面",单击"正视于"按钮 ,再单击"草图绘制"按钮 ,用"中心线" 命令绘出如图9-24所示的草图。

2)将图9-25中箭头所指的两个点作"重合"约束。将图9-26中箭头所指的两个点作"重合"约束。

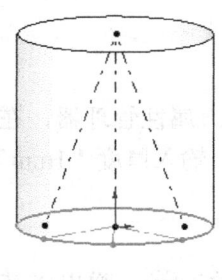
图9-24 草图

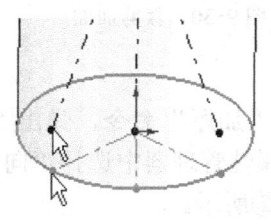
图9-25 选择两点

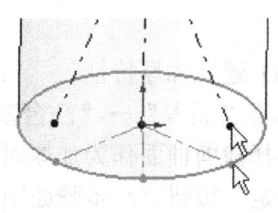
图9-26 选择两点

3）用"等距实体"命令 选择两条直线并将两条直线双向等距，步骤如图 9-27①~④所示。

4）用直线封闭左边的开口，如图 9-28 所示。

5）用直线封闭右边的开口，如图 9-29 所示。单击 按钮退出草图绘制。

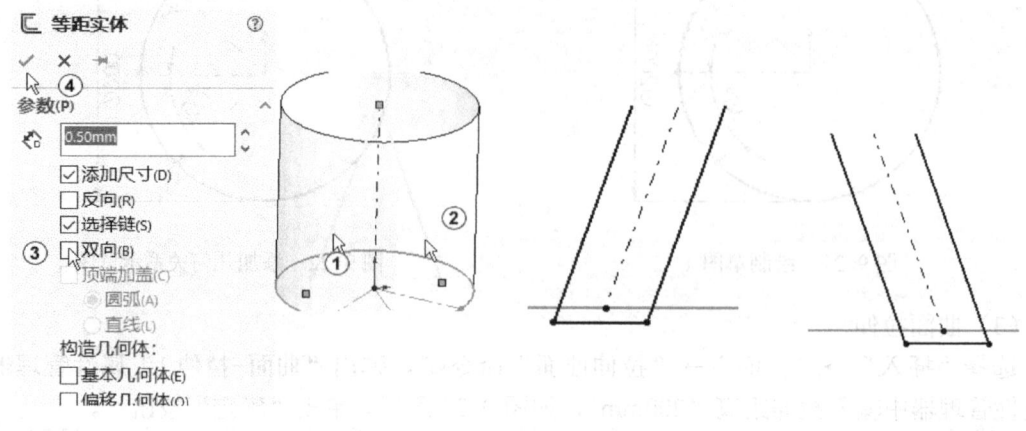

图 9-27　双向等距直线　　　图 9-28　绘制草图　　　图 9-29　绘制草图

（5）裁剪曲面

选择"插入"→"曲面"→"裁剪曲面"命令 ，弹出"曲面-剪裁1"属性管理器。在绘图区选择草图 2 作为裁剪工具，在属性管理器中选中"移除选择"单选按钮，在绘图区中选择要移除的面，单击"确定"按钮 ，步骤如图 9-30①~⑥所示。

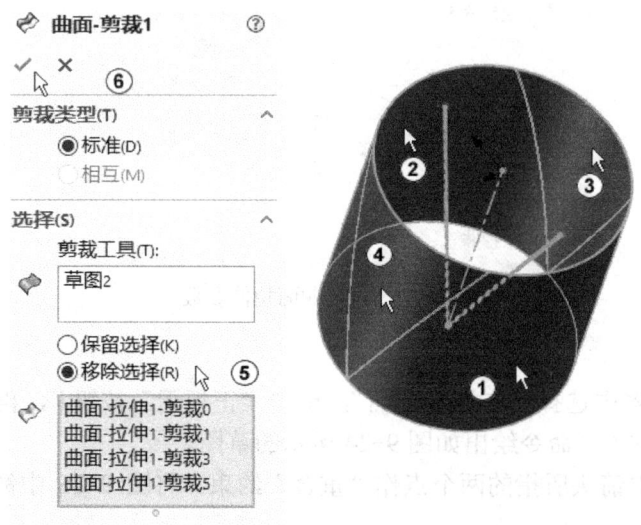

图 9-30　裁剪曲面

（6）建立加厚特征

选择"插入"→"凸台基体"→"加厚"命令，弹出"加厚" 属性管理器，在绘图区中选择裁剪曲面作为加厚对象，在属性管理器中选择"向内加厚"，输入厚度"1mm"，单击"确定"按钮 ，步骤如图 9-31①②所示。

（7）建立基准轴

单击"特征"面板上的"参考几何体"按钮 ，选择"基准轴" ，弹出"基准轴

1"属性管理器，参考面选择如图 9-32 所示。

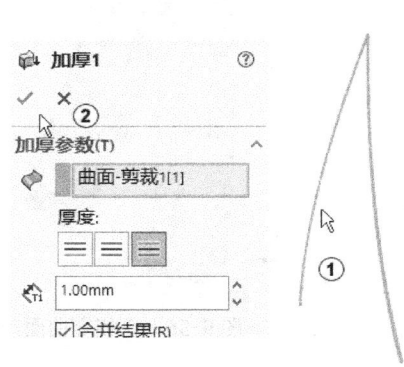

图 9-31　建立加厚特征

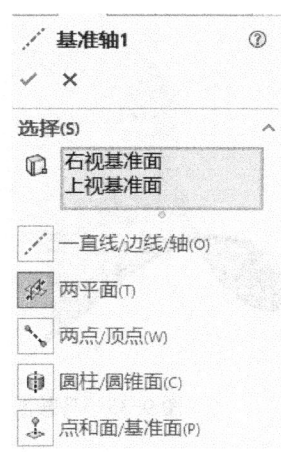

图 9-32　建立基准轴

(8) 圆周阵列

单击"特征"面板上的"圆周阵列"按钮，弹出"阵列(圆周)2"属性管理器，在属性管理器中输入角度"360"，阵列数"36"个，选中"等间距"单选按钮，选择要阵列的实体，在绘图区中展开特征树并选择"加厚 1"特征，单击"确定"按钮。如图 9-33 中①～⑤所示。阵列后的模型如图 9-34 所示。

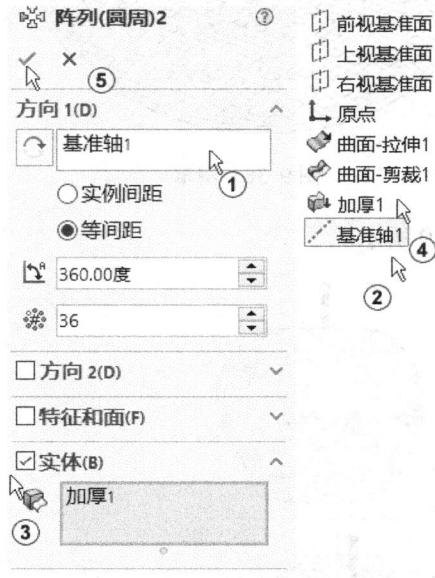

图 9-33　圆周阵列属性管理器

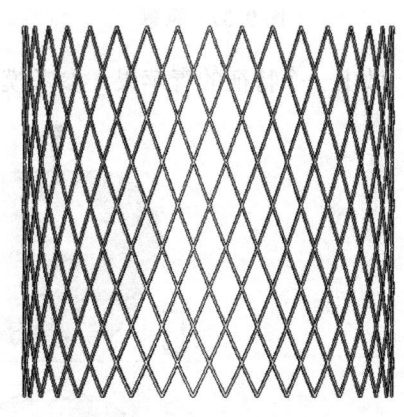

图 9-34　圆周格栅网

9.3　思考与练习

1. 作出马鞍面，参考模型如图 9-35 所示。
2. 作出自相交曲面，参考模型如图 9-36 所示。

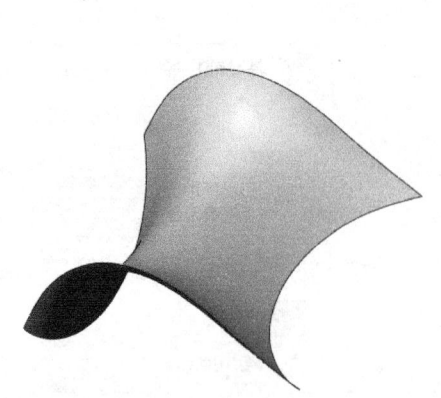
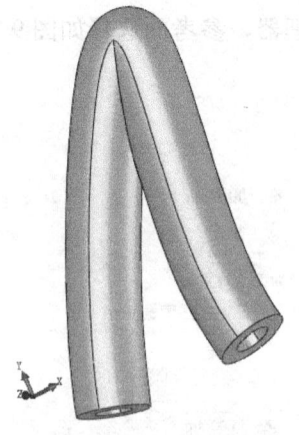

图 9-35 马鞍面　　　　　　　　　　图 9-36 自相交曲面

3. 做出风罩和网罩，参考模型如图 9-37 和图 9-38 所示。

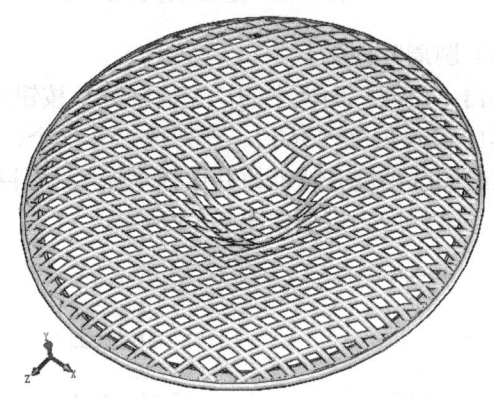

图 9-37 风罩　　　　　　　　　　图 9-38 网罩

4. 做出一个特征的青苹果，参考模型如图 9-39 所示。

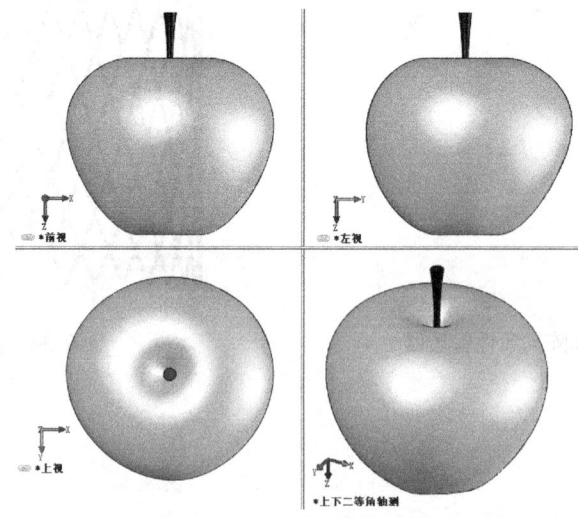

图 9-39 一个特征的青苹果

第 10 章 工　程　图

本章将介绍实际零件或装配体的二维工程图的视图、剖视图、尺寸、注释等内容。

10.1　工程图

【例 10-1】　生成如图 10-1 所示的小盖工程图。

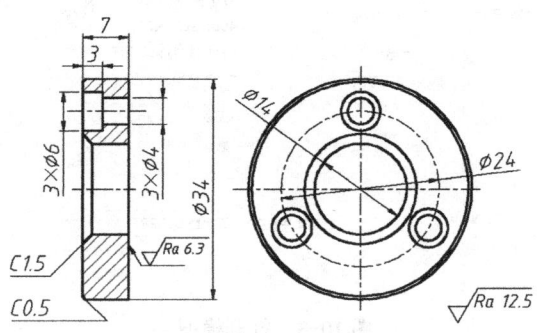

图 10-1　小盖工程图

本节的重点在于如何生成所需要的视图，如何用一种新的方法进行全剖视，如何处理尺寸，如何标注倒角、标注注释、标注粗糙度，如何将常用的东西添加到设计库中并调用。

1）单击"新建"按钮，在弹出的"新建 SolidWorks 文件"对话框中选择"A4(GB)"模板，单击"确定"按钮，如图 10-2 中①②③所示。

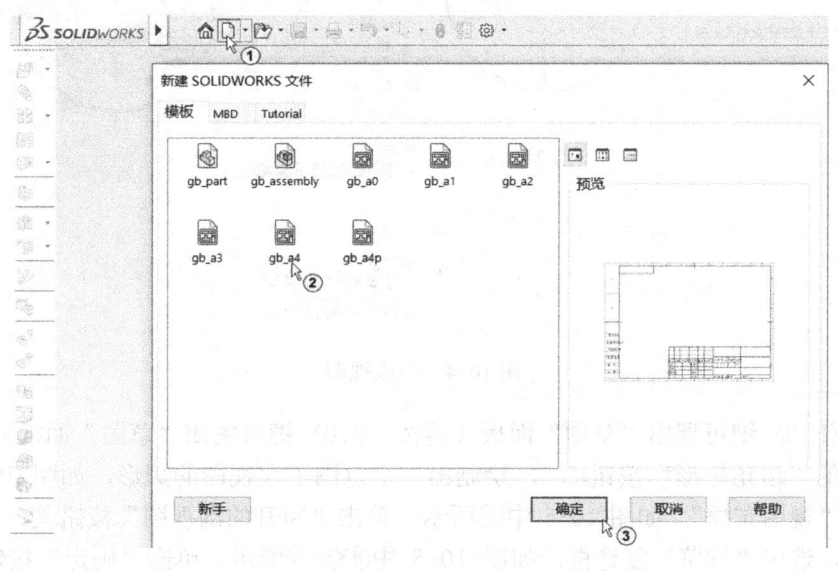

图 10-2　新建工程图并选择模板

203

2）在弹出的"模型视图"属性管理器中单击"浏览"按钮，如图 10-3 中①所示。在弹出的"打开"对话框中找到随书网盘中下载的相应文件夹里的"27 小盖.SLDPRT"文件，单击"打开"按钮，如图 10-3 中②③所示。

图 10-3　打开模型

3）在绘图区中适当位置单击以确定主视图的位置，如图 10-4 中①所示。向右移动鼠标指针到适当的距离后单击生成左视图，如图 10-4 中②所示。单击"确定"按钮✓。

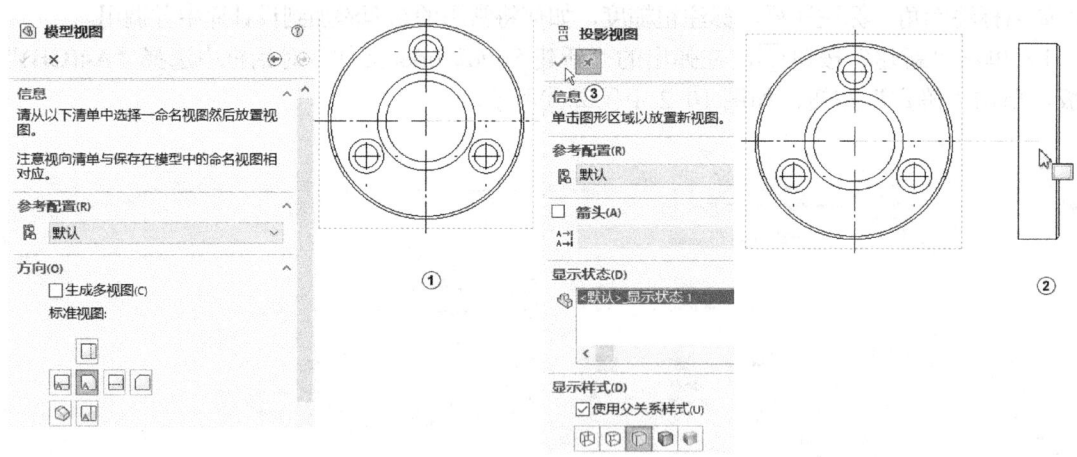

图 10-4　生成视图

4）按〈F10〉键可调出"草图"面板（再按〈F10〉键可关闭"草图"面板）。单击"草图"面板中的"边角矩形"按钮▢▸，绘制出一个包围了左视图的矩形，如图 10-5 中①②所示。单击"视图布局"，如图 10-5 中③所示。单击"断开的剖视图"按钮，在绘图区中选择圆连线，选中"预览"复选框，如图 10-5 中④⑤⑥所示。单击"确定"按钮✓，生成全剖视图，如图 10-5 中⑦⑧所示。

204

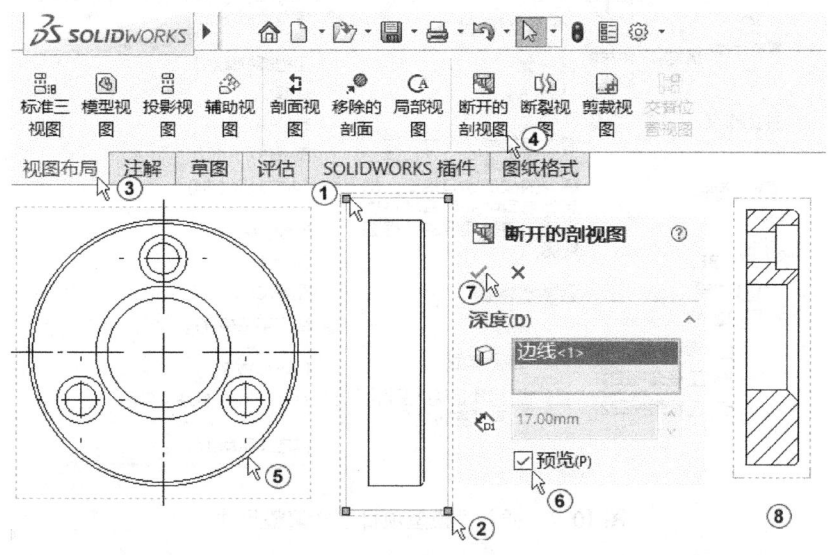

图 10-5 生成"断开的剖视图"

5）切换到"草图"面板，单击"圆"按钮⊙·，在主视图绘制出一个通过 3 个小孔圆心的圆。右击刚绘制的圆，从弹出的快捷菜单中选择"构造几何线"，将其转化为构造线，如图 10-6 中①所示。切换到"注解"面板，单击"中心线"按钮，如图 10-6 中②所示，在绘图区中分别单击以此中心线对称的两条直线，可绘制出一条中心线，如图 10-6 中③所示。同理，绘出另一条中心线，如图 10-6 中④所示。

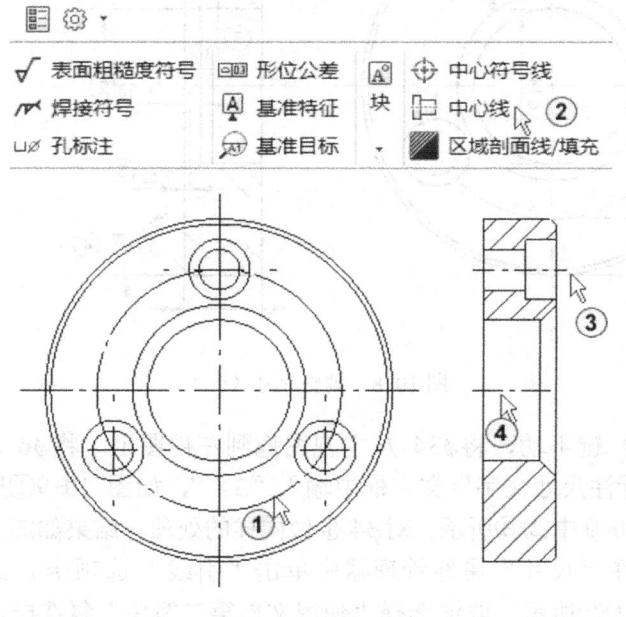

图 10-6 添加中心线

6）选择"插入"→"模型项目"命令，如图 10-7 中①②③所示。在弹出的"模型项目"属性管理器中选择"整个模型"，其余取默认值，单击"确定"按钮，如图 10-7 中④⑤所示。

205

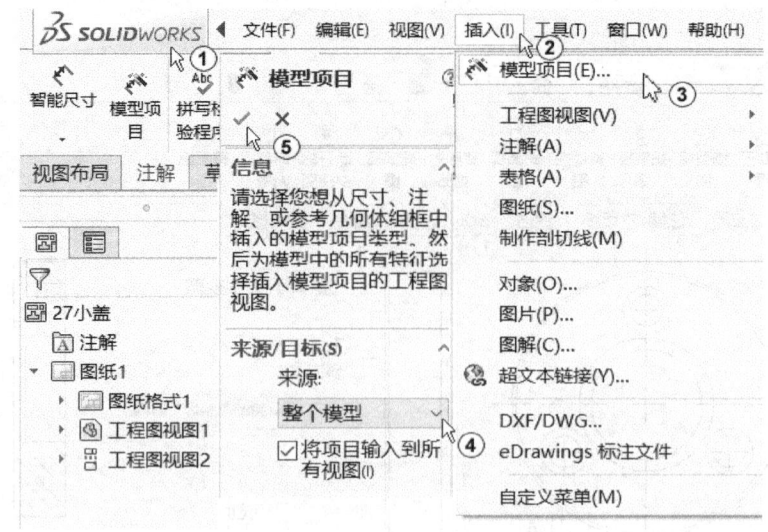

图 10-7 插入"模型项目"并调整尺寸

7）分别选择两个 45°、0.5、1.5，如图 10-8 中①～④所示，按〈Delete〉键删除所选尺寸。选择尺寸 3 后按住不放，如图 10-8 中⑤所示。向上拖动到适当的位置，调整完毕后在图纸空白区域单击，如图 10-8 中⑥所示。

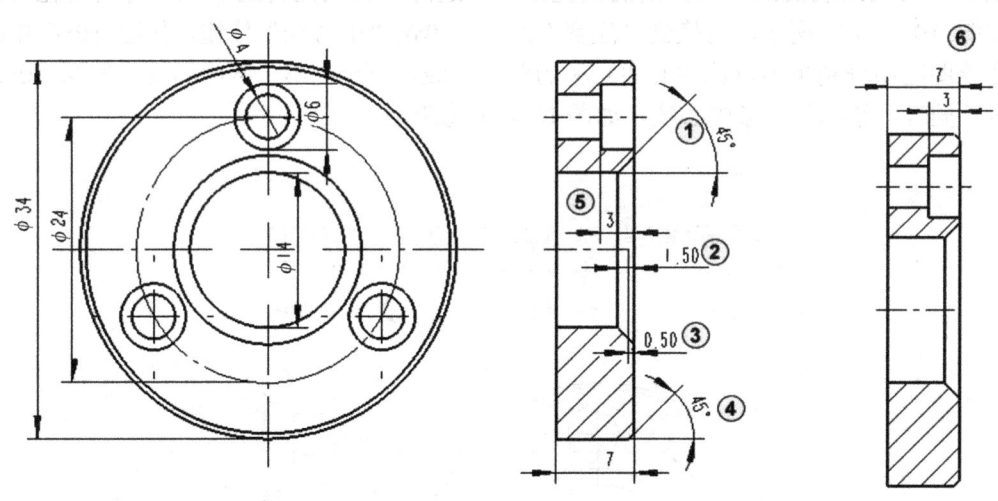

图 10-8 调整尺寸（一）

8）按住〈Shift〉键不动，将ϕ34 从主视图拖到左视图上，将ϕ6 和ϕ4 也做同样的处理。选择ϕ6，在"标注尺寸文字"文本框中输入"3×"，如图 10-9①所示。单击"确定"按钮，结果如图 10-9 中②③所示。对ϕ4 也做同样的处理，结果如图 10-9 中④所示。

9）选择ϕ24，在"尺寸"属性管理器中单击"引线"选项卡，选择"双箭头/实引线"，如图 10-10 中①②所示。取消选择"使用文档第二箭头"复选框，如图 10-10 中③所示。选择"自定义文字位置"复选框，如图 10-10 中④所示。选择"实引线，文字对齐"，如图 10-10 中⑤所示。单击"确定"按钮，如图 10-10 中⑥所示，结果如图 10-10 中⑦所示。

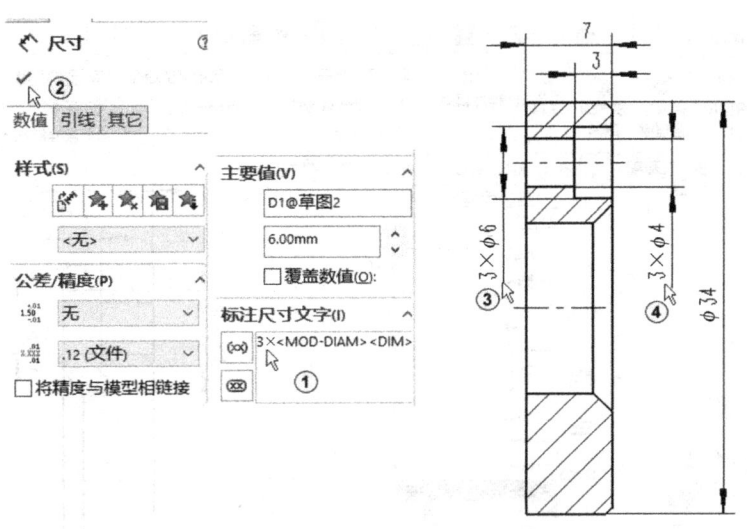

图 10-9 调整尺寸（二）

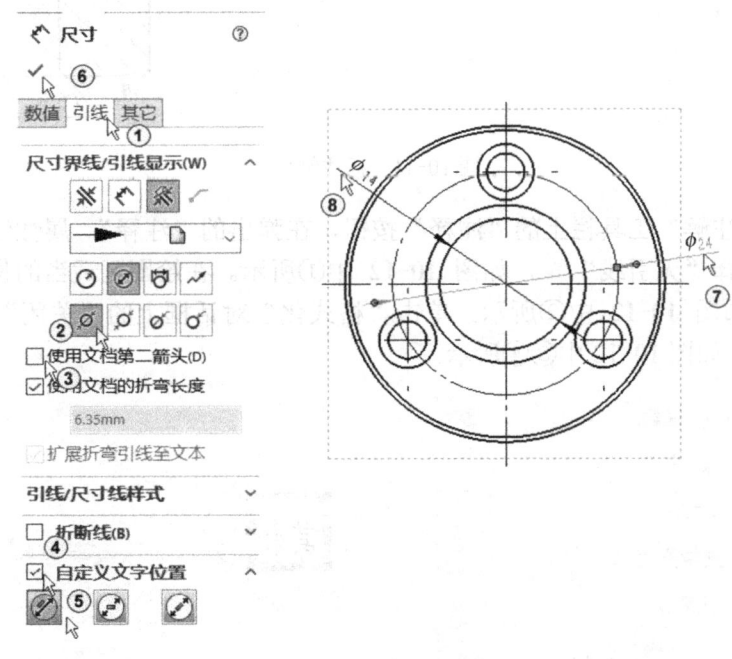

图 10-10 调整引线

10）单击"局部放大"按钮，框选有倒角要标注图形矩形区域，再次单击"局部放大"按钮退出放大模式。单击"注解"选项卡，单击"注解"面板上的"注释"按钮，如图 10-11 中①②所示。在弹出的"注释"属性管理器中的"引线"选项组中选择"下划线引线"，如图 10-11 中③所示。选择"箭头样式"为"直线"，如图 10-11 中④⑤所示。在绘图区中单击倒角点，如图 10-11 中⑥所示，再单击一点，如图 10-11 中⑦所示。输入"$C1.5$"，单击"格式化"对话框上的"关闭"按钮，再单击"确定"按钮。单击"$C1.5$"，将其拖动到适当的位置。再次单击"注释"按钮，在弹出的"注释"属性管理器中的"引线"选项组中选择"引线靠左"，其余操作同上，标注出"$C0.5$"，如图 10-11 中⑧⑨所示。

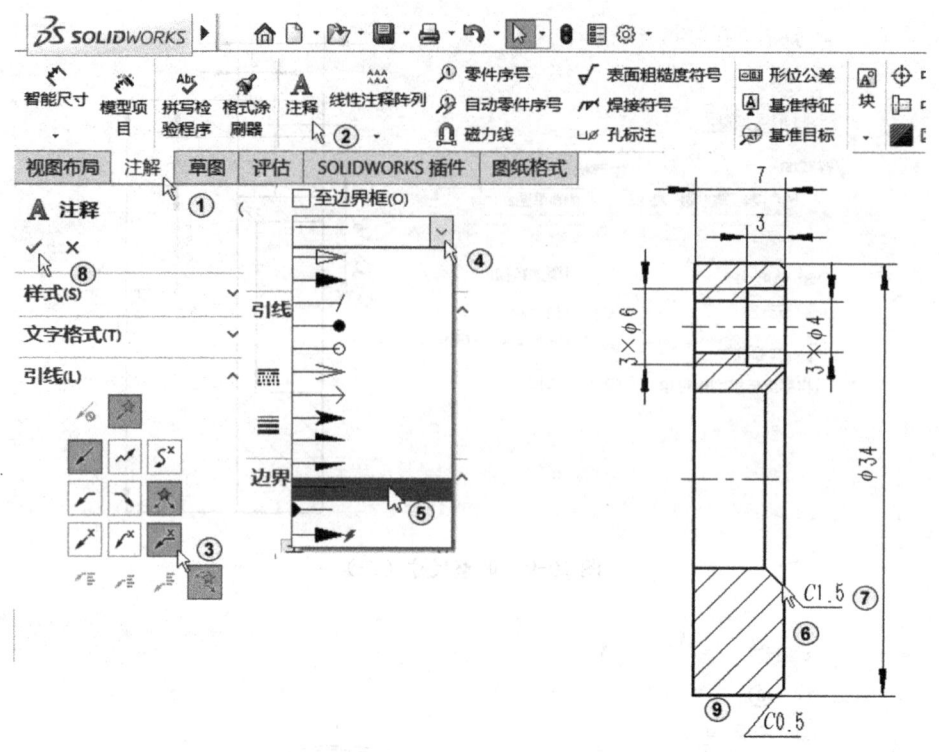

图 10-11 标注倒角

11）单击"注解"工具栏上的"注释"按钮，在弹出的"注释"属性管理器中的"引线"选项组中选择"无引线"，如图 10-12 中①所示。在绘图区适当的位置单击，输入"其余"两字，如图 10-12 中②所示。单击"格式化"对话框上的"关闭"按钮。单击"确定"按钮，如图 10-12 中③④所示。

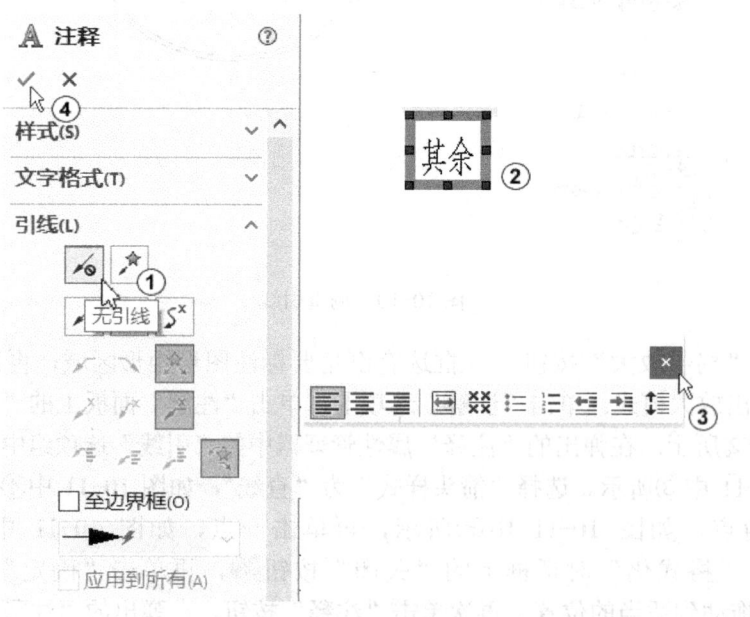

图 10-12 设置引线样式

12）由于"其余"两字在以后的工程图中经常要用到，故将它添加到设计库中，以便要用时拖出即可。单击界面最右边的"设计库"按钮，如图10-13中①所示。在弹出的"设计库"属性管理器中单击"添加到库"按钮，如图10-13中②所示。选择"其余"两字，如图10-13中③所示。在"设计库文件夹"列表框中选择"Design Library"，如图10-13中④所示。单击"确定"按钮 ✓ 。

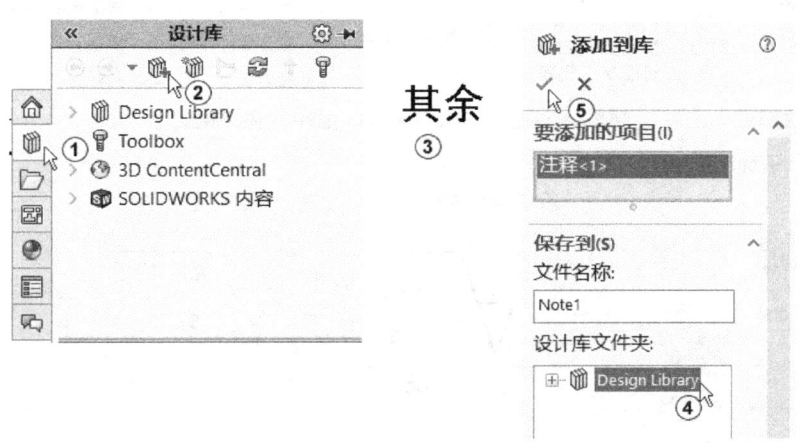

图10-13 将"其余"两字添加到设计库中

13）单击界面最右边的"设计库"按钮后，将看到"设计库"属性管理器中增加了注释图标，如图10-14中①②所示。选择 后按住不放将其拖到绘图区中适当的位置，如图10-14中③所示。单击"插入注解"属性管理器上的"关闭"按钮 ×，如图10-14中④所示。若要删除添加到设计库中的"其余"，只需右击新加入的"其余"，从弹出的快捷菜单中选择"删除"命令，即可以将它从设计库中移出。

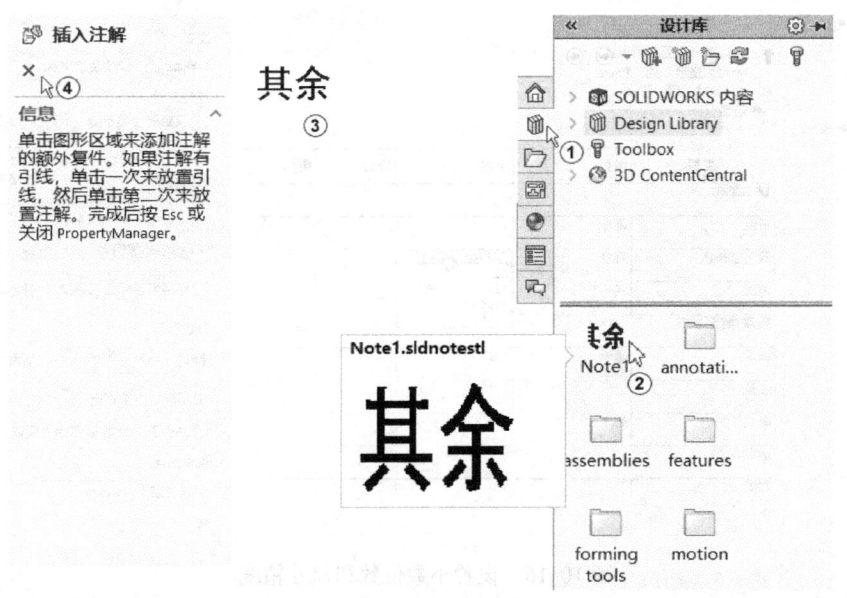

图10-14 从设计库调用"其余"两字

14）单击"注解"面板上的"表面粗糙度符号"按钮，如图10-15中①所示。在弹出的

"表面粗糙度"属性管理器中选择"要求切削加工"√，如图 10-15 中②所示。在"符号布局"选项组中输入"Ra"和"12.5"，如图 10-15 中③④所示。然后在绘图区右下角单击，如图 10-15 中⑤所示，单击"确定"按钮 √。

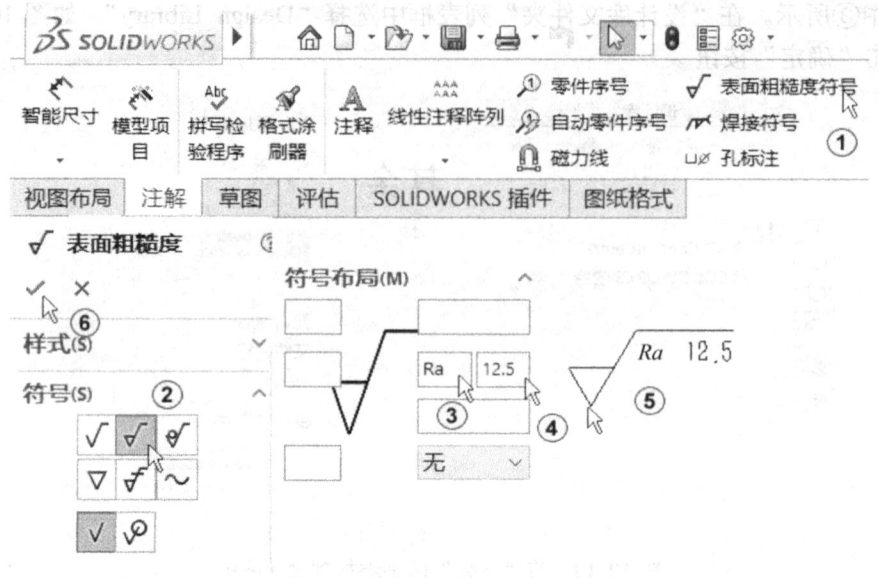

图 10-15 插入表面粗糙度符号

15）选择"工具"→"选项"→"文件属性"→"单位"命令，如图 10-16 中①所示。选择"长度"的"小数"为"0.1"，如图 10-16 中②所示。单击"尺寸"选项，如图 10-16 中③所示。选择"主要精度"为"0.1"，如图 10-16 中④所示，单击"确定"按钮。

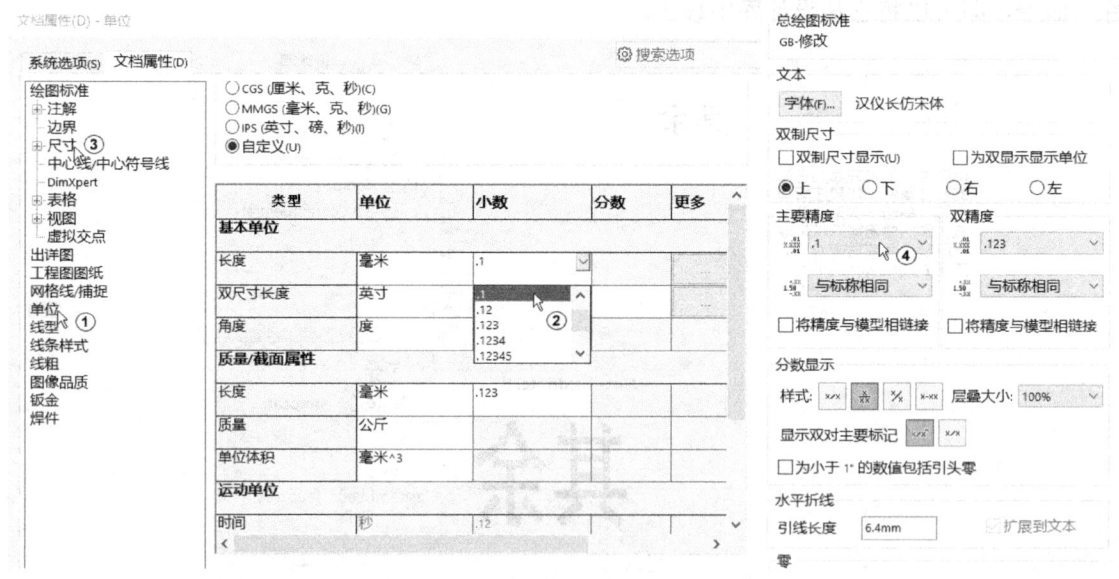

图 10-16 设置小数位数和尺寸精度

16）选择左视图中最上方的尺寸 7，在"尺寸"属性管理器中"公差/精度"下拉列表框中选择"公差类型"为"双边"，如图 10-17 中①②所示。设置上、下极限偏差如图 10-17 中③④所示。切换到"尺寸"属性管理器中的"其它"选项卡，如图 10-17 中⑤所示。取消

210

选中"使用尺寸大小"复选框,如图 10-17 中⑥所示。在"字体比例"文本框中输入"0.6",如图 10-17 中⑦所示。单击"确定"按钮,结果如图 10-17 中⑧⑨所示。

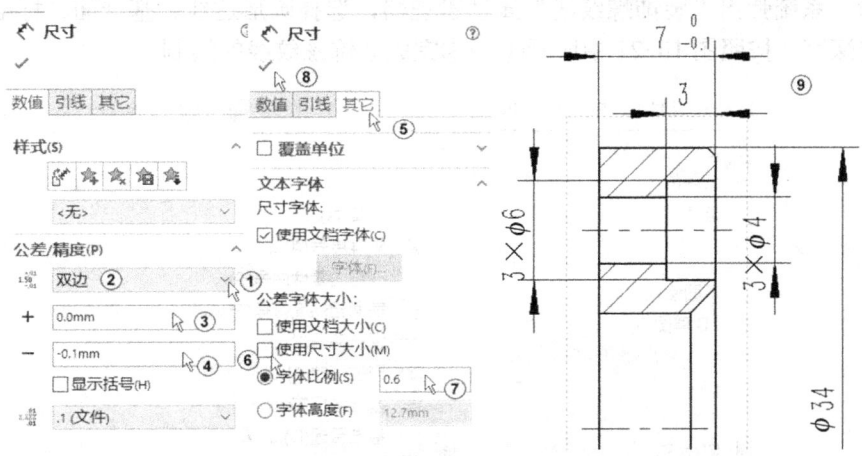

图 10-17　尺寸公差字体比例

17) 选择"文件"→"另存为"命令,在"另存为"对话框中的"文件名"文本框中输入"27 小盖.SLDDRW",单击"保存"按钮。

【例 10-2】　绘制螺纹装饰线并生成工程图,如图 10-18 所示。

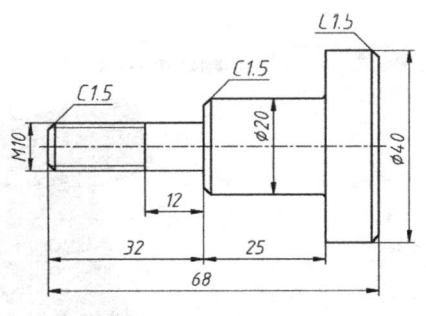

图 10-18　心轴

1) 打开随书网盘中相应章节中的"心轴.SLDPRT"零件文件。
2) 打开"上色的装饰螺纹线"。选择"工具"→"选项"命令,打开"文档属性"选项卡。单击"出详图"选项,在选项设置中选择"上色的装饰螺纹线"复选框,如图 10-19 中①②所示。

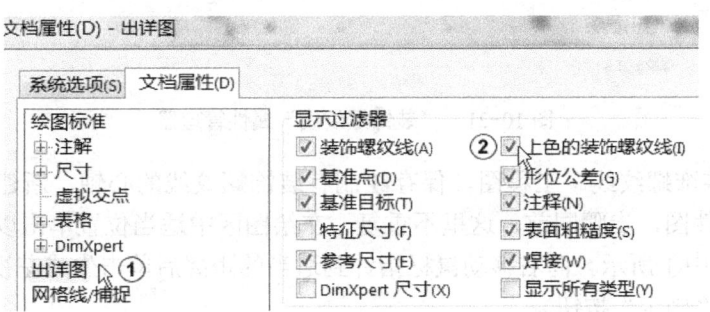

图 10-19　"文档属性"选项卡

3）绘制装饰螺纹线。选择"插入"→"注解"→"装饰螺纹线"命令，如图 10-20 中①~③所示。系统弹出"装饰螺纹线"属性管理器，选择圆形边线、基准面、标准、类型、大小、给定深度，按照图 10-21 中所示①~⑧完成装饰螺纹线的绘制。

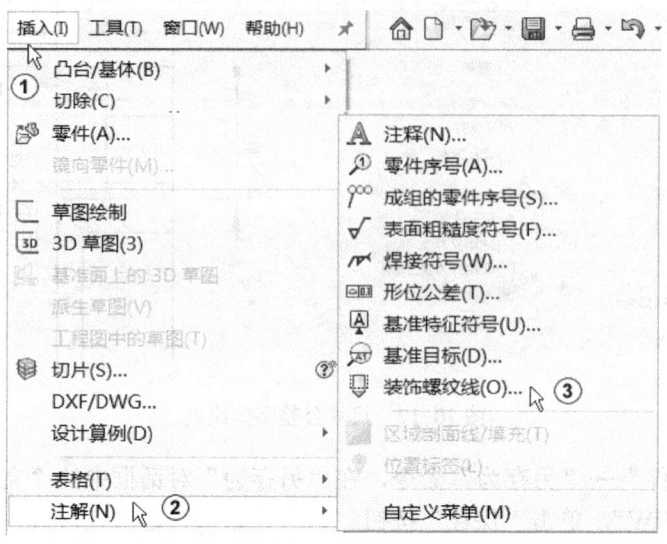

图 10-20　打开"装饰螺纹线"

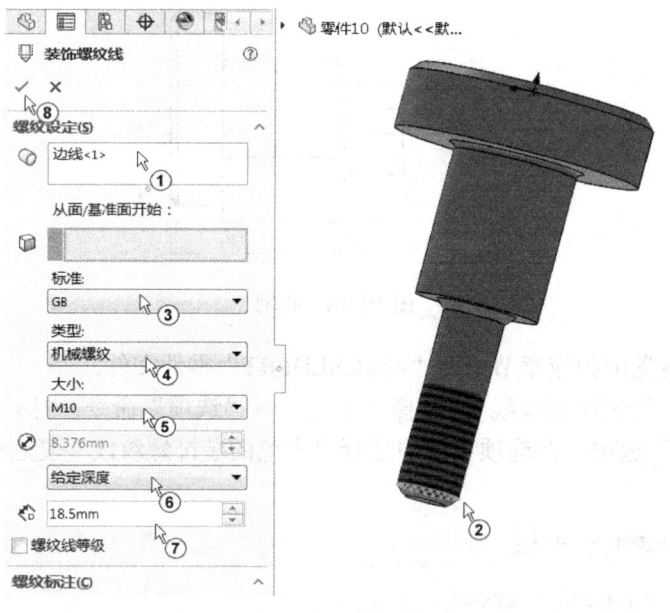

图 10-21　"装饰螺纹线"属性管理器

4）生成"装饰螺纹线"工程图。保存绘制有装饰螺纹线的心轴，新建工程图。选择保存的"心轴"零件图，步骤同前，这里不重复。在绘图区中适当位置单击以确定主视图的位置，如图 10-22 中①所示。向右移动鼠标指针到适当的距离后单击生成左视图，如图 10-22 中②所示。单击"确定"按钮。

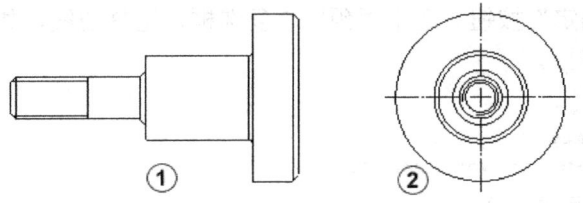

图 10-22 "装饰螺纹线"工程图

10.2 装配图

【例 10-3】 旋塞装配体。

生成旋塞装配体二维工程图的具体步骤如下。

1)选择"文件"→"打开"命令,在弹出的"打开"对话框中找到从随书网盘中下载的相应文件夹里的"旋塞装配体.SLDASM",单击"打开"按钮。如图 10-23 所示,它由 6 个零件组成。

2)单击标准工具栏上的"从零件/装配体制作工程图"按钮,在弹出"新建 SolidWorks 文件"对话框中选择"A3"模板,单击"确定"按钮。

3)选择"前视"后按住鼠标不放,将其拖到绘图区内,鼠标向下移,生成"下视",单击"确定"按钮。

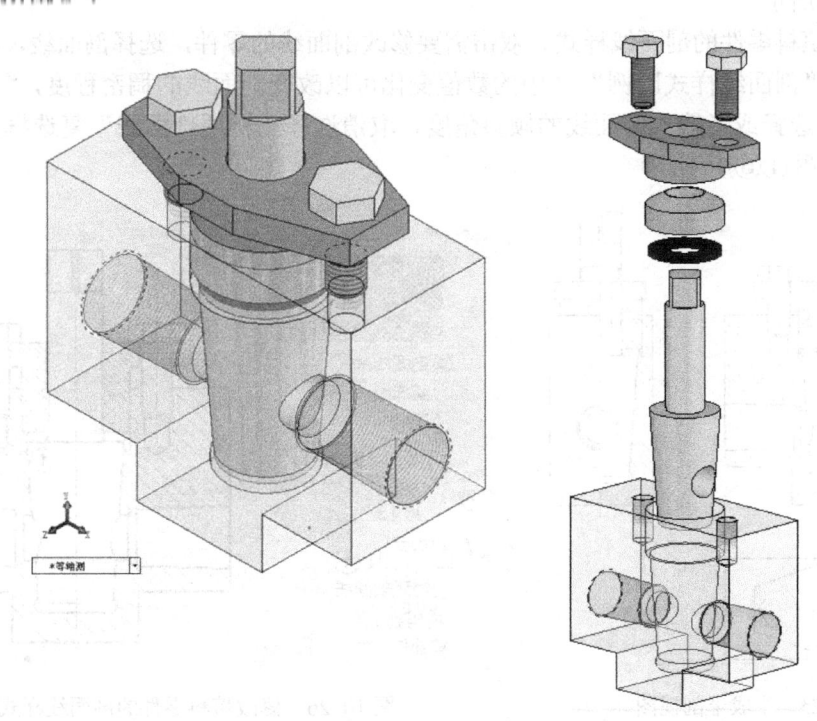

图 10-23 打开旋塞装配体

4)单击"草图绘制"按钮,再单击"边角矩形"按钮,绘制出一个矩形,将"前视"完全包围在内,单击"视图布局"→"断开的剖视图"按钮,弹出"剖面视图"对话框,在"工程视图 1"特征管理器中选择特征,如图 10-24 中①所示,选择"自动加剖面

213

线"复选框,单击"确定"按钮。选中"预览"复选框,选择边线,如图 10-24 中②~⑤所示,单击"确定"按钮。

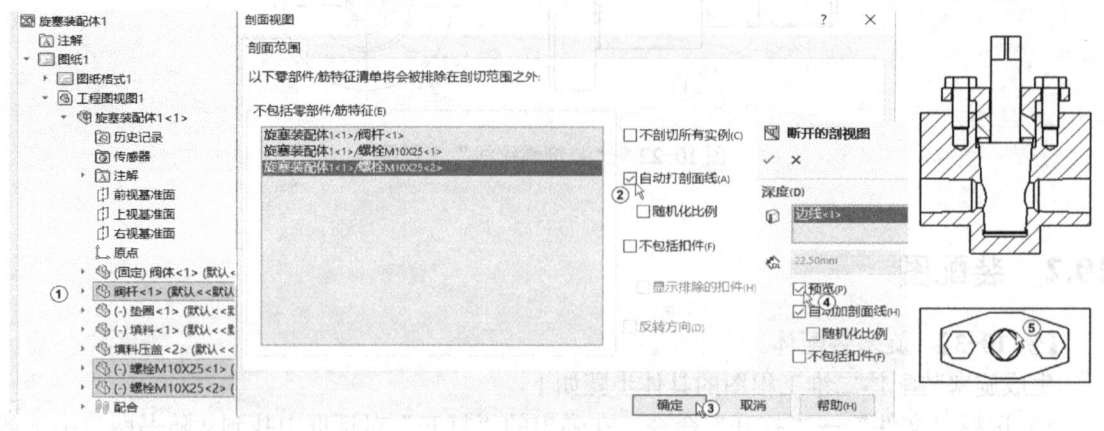

图 10-24 生成断开的剖视图

5)选择主视图,单击"工程图"工具栏上的"投影视图"按钮,或选择"插入"→"工程视图"→"投影视图"命令,将鼠标指针移到主视图的右侧,单击后生成左视图。对左视图进行半剖视,用"边角矩形"命令绘制一个矩形,圈住中心线以左的视图,然后不要着急单击完成矩形绘制,马上切换到"视图布局",单击"断开剖视图",之后步骤同前,结果如图 10-25 所示。

6)修改填料零件的剖面线样式。双击需要修改剖面线的零件,选择剖面线,如图 10-26 中①②所示。"剖面线样式比例"中的数值变化可以改变剖面线的稠密程度,"剖面线样式角度"可以选择或者输入剖面线的倾斜角度,取消选择"材质剖面线"复选框。具体设置如图 10-26 中③④⑤所示。

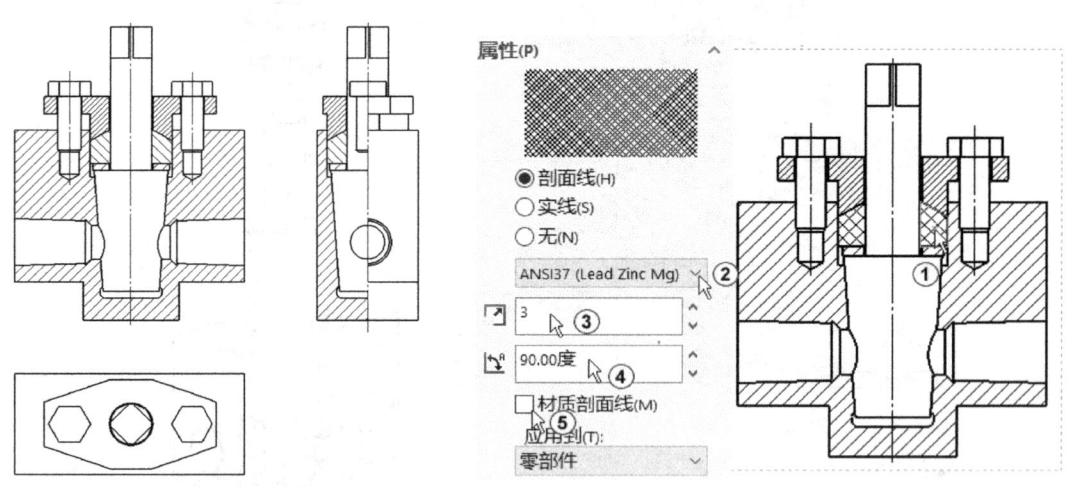

图 10-25 生成半剖视图　　图 10-26 修改填料零件的剖面线样式

7)选择主视图,用"样条曲线"命令绘制出如图 10-27 中①所示的封闭区域。单击"工程图"按钮,再单击"断开的剖视图"按钮,类似于前面的步骤5),结果如图 10-27 中②所示。

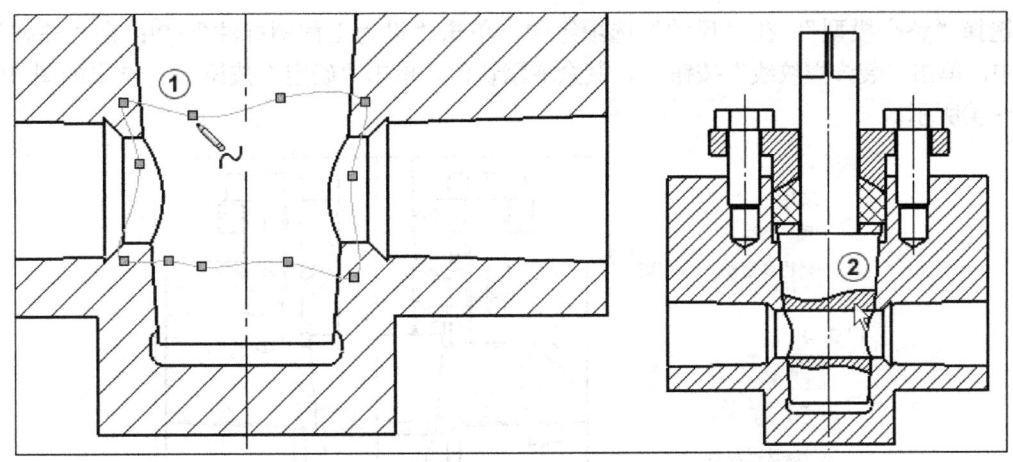

图 10-27　生成局部视图

8）选择一条样条曲线，如图 10-28 中①所示。选择"视图"→"工具栏"→"线型"命令，单击"线型"按钮，系统会在界面的左下角弹出"线型（L）"下拉列表。单击"线粗"按钮，选择一个适合的线粗，如图 10-28 中①②③所示，在绘图区空白区域单击完成线型的变更。对另一条曲线也做类似的处理。

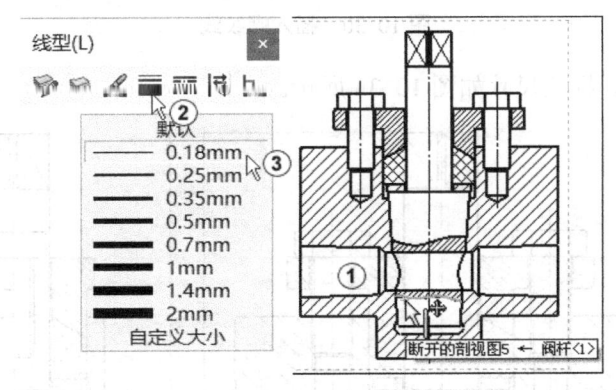

图 10-28　改变线型

9）分别选择主视图和左视图，手工添加 8 条线以表示平面，结果如图 10-29 所示。

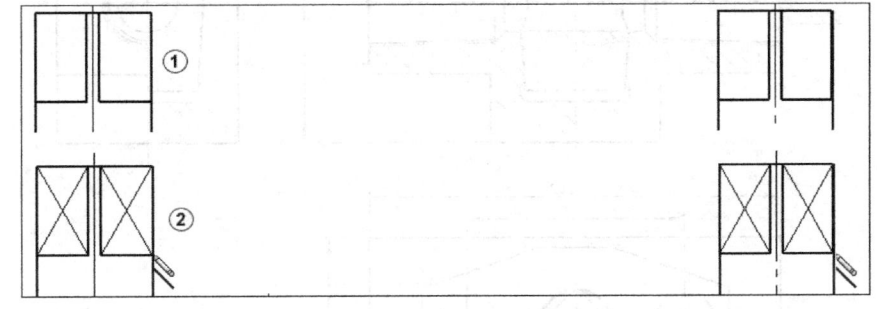

图 10-29　绘制八条线段

10）在装配体中，默认时是不显示螺纹线的，因此需要有一个插入装饰螺纹线的操作。选择"插入"→"模型项目"命令，弹出"模型项目"属性管理器。在属性管理器中，"来源"选择"整个模型",在"尺寸"选项组中,单击"设为工程图标注" ;在"注解"选项组中,单击"装饰螺纹线"按钮 ,其余取默认值,单击"确定"按钮 ,结果如图 10-30 中①～④所示。

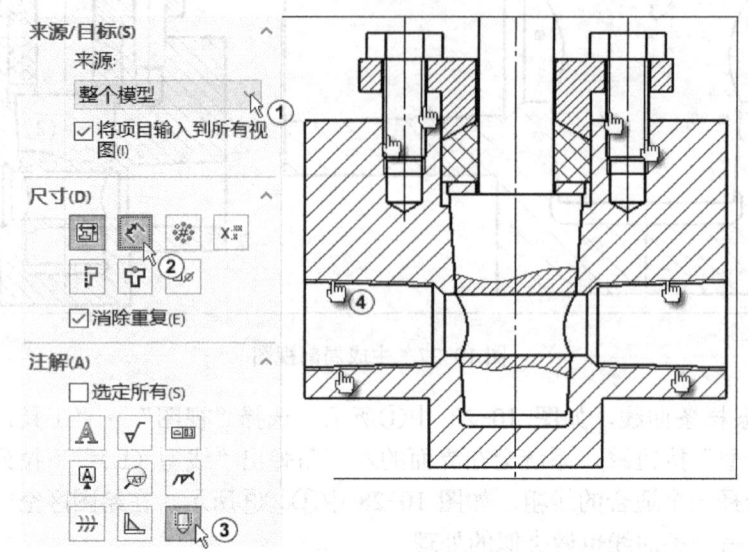

图 10-30 插入螺纹线

11）添加中心线。标注尺寸如图 10-31 所示。

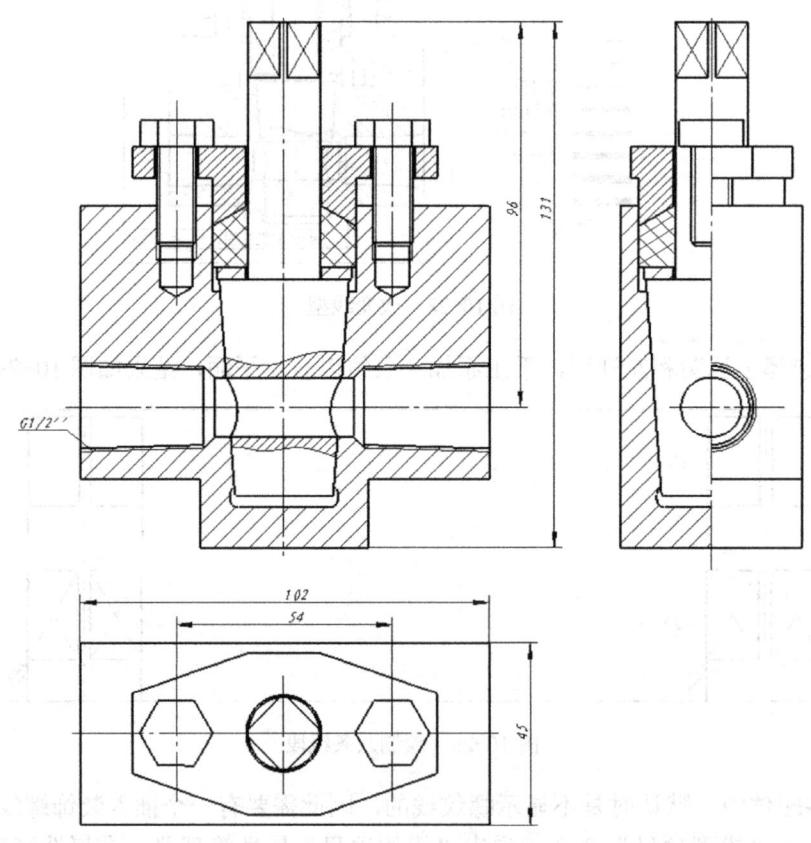

图 10-31 添加中心线并标注尺寸

12）选择主视图，单击"注解"工具栏上的"自动零件序号"按钮，或选择"插入"→"注解"→"自动零件序号"命令。系统弹出"自动零件序号"属性管理器，"阵列类型"选择"布置零件序号到右"，"零件序号设定"选择"下划线"，选择"2 个字符"，其他采用默认设置，单击"确定"按钮，如图 10-32 中①②③所示。

13）分别选择零件序号指引线端的箭头，按着鼠标左键拖动引线，调整后的情况如图 10-33 所示。

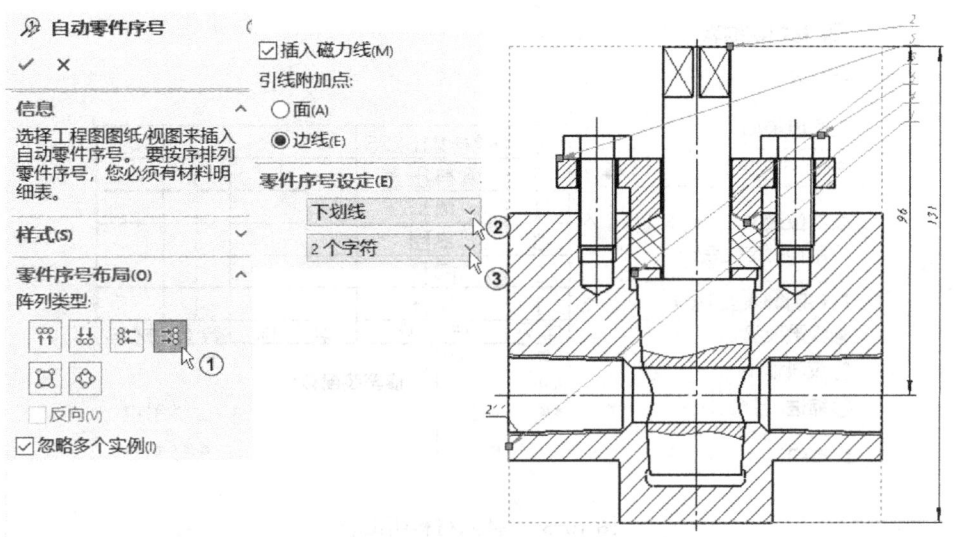

图 10-32 添加零件序号

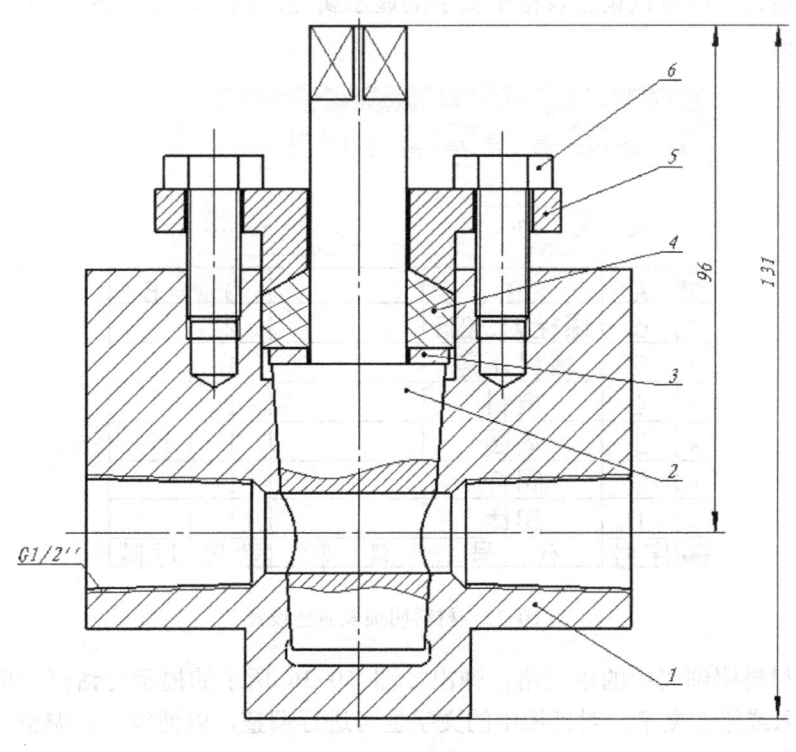

图 10-33 调整零件序号

14）单击"注解"工具栏上的"材料明细表"按钮，或选择"插入"→"表格"→"材料明细表"命令。弹出"材料明细表"属性管理器，在绘图区域中选择主视图，选择"表格模板"为"bom-standard"，单击"确定"按钮。在合适的地方放置材料明细表，利用鼠标拖动角点控标，可以调整表格的整体大小。在绘图区中单击材料明细表的标题栏，单击"材料明细表"属性管理器中的"材料明细表内容"或"表格格式"，可以对材料明细表做一系列的设置，最后单击"确定"按钮。如图 10-34 所示。

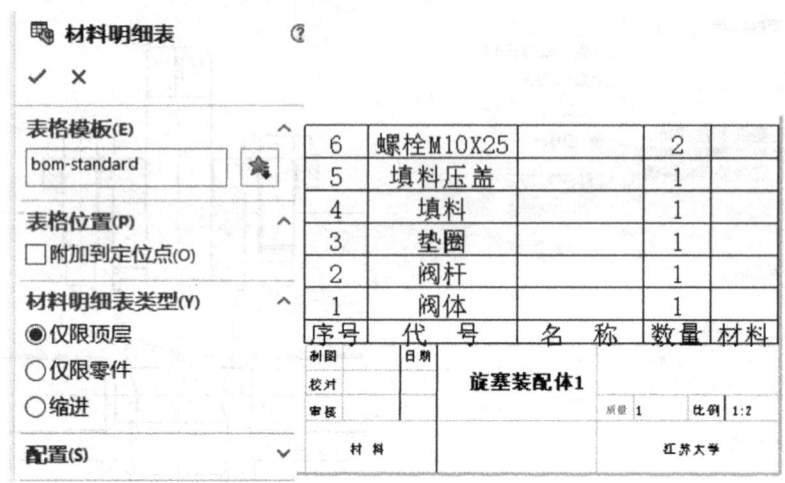

图 10-34　插入材料明细表

15）在材料明细表内容显示中，可将行上下移动，将行分组或解除组，并隐藏或显示列，在"表格格式"中可以设置表格中文字的显示属性，如"顶部对齐""中间对齐"等，如图 10-35 所示。

图 10-35　材料明细表属性设置

16）双击材料明细表中的单元格，弹出如图 10-36 所示的提示对话框。单击"保持连接"按钮，输入或修改文字，对模板中的文字也可进行调整，以便统一。调整后的材料明细表如图 10-37 所示。

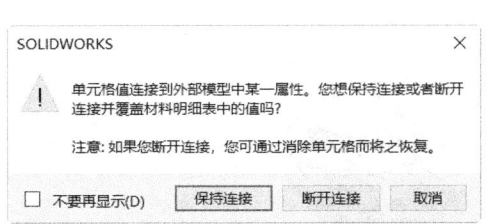

6	GB/T 5782—2016	螺栓M10X25	30	2
5	03.01.04	填料压盖	A3	1
4	03.01.03	填料	石棉绳	1
3	GB/T 97.1—2002	垫圈	20	1
2	03.01.02	阀杆	45	1
1	03.01.01	阀体	20	1
序号	图号	零件名称	材料	数量
制图	日期	旋塞装配体1		
校对				
审核			质量 1	比例 1:2
材料			江苏大学	

图10-36 提示对话框　　　　图10-37 材料明细表

17）添加注释，如图10-38所示。完成的旋塞装配体如图10-39所示。

技术要求
1. 旋塞关闭位置时，不得有泄漏。
2. 工作压力为0.25MPa。
3. 填料压紧后的高度约为12mm。

图10-38 注释

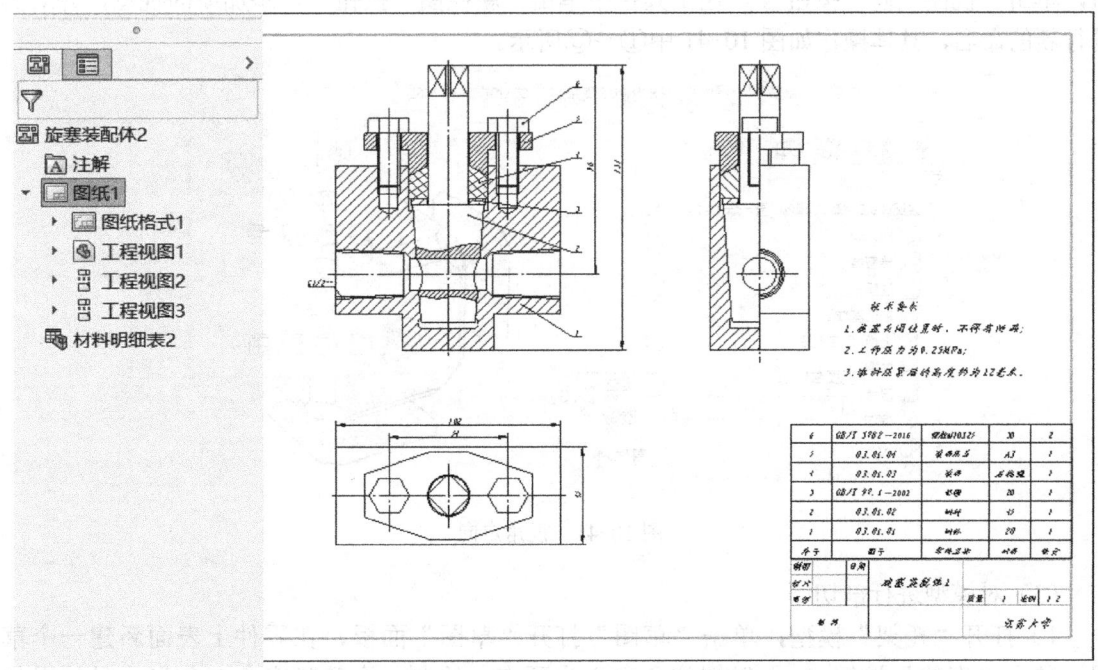

图10-39 旋塞装配体

10.3 工程图实例

（1）打开装配图

打开所要出图的SolidWorks装配图，并按住鼠标滚轮将装配图调整至所需要的角度，如

图 10-40 所示。

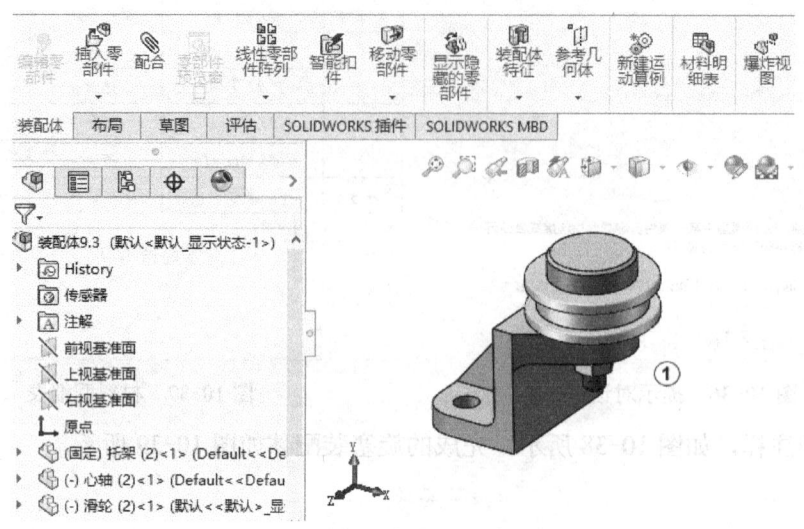

图 10-40 调整模型角度

（2）视角定向

将所选视角的三维图进行保存，以便之后打开该文件时都是这个视角。将视角调整好后，单击"视图定向"按钮，在工具栏中单击"新视图"按钮，添加新的视图，并对其进行新的命名，具体操作如图 10-41 中①～③所示。

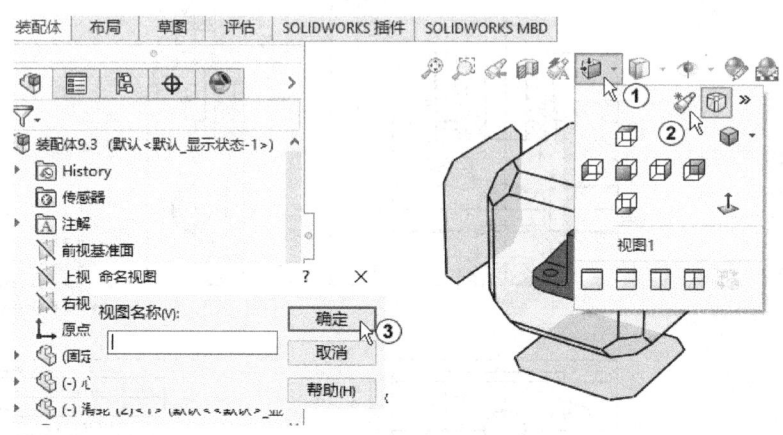

图 10-41 视角定向

（3）对模型进行剖切

1）打开"托架"模型，单击"草图"打开"草图"面板，在零件上表面新建一个草图。单击"直线"按钮，以螺纹孔中心为顶点，绘制一个等腰直角三角形，具体操作如图 10-42 中①～③所示。

2）单击"特征"→"拉伸切除"按钮，选择草图后单击"确定"按钮，具体操作如图 10-43 中①～④所示。

3）打开"滑轮"模型，单击"草图"打开"草图"面板，在零件上表面新建一个草图。单击"直线"按钮，以中心孔中心为顶点，绘制一个等腰直角三角形，具体操作如图 10-44 中①～③所示。

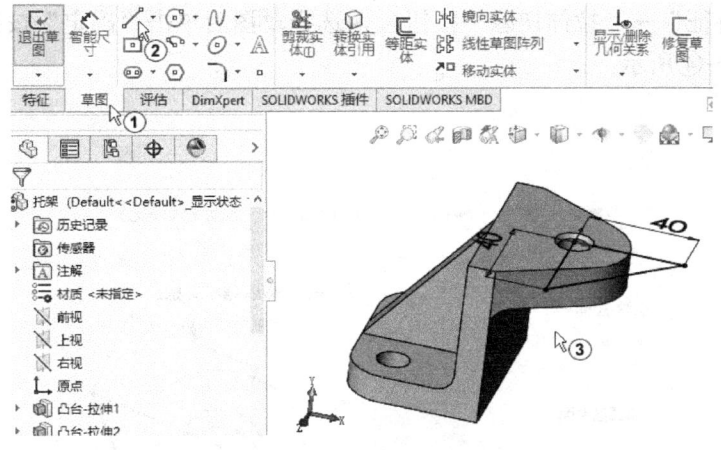

图 10-42 构建草图

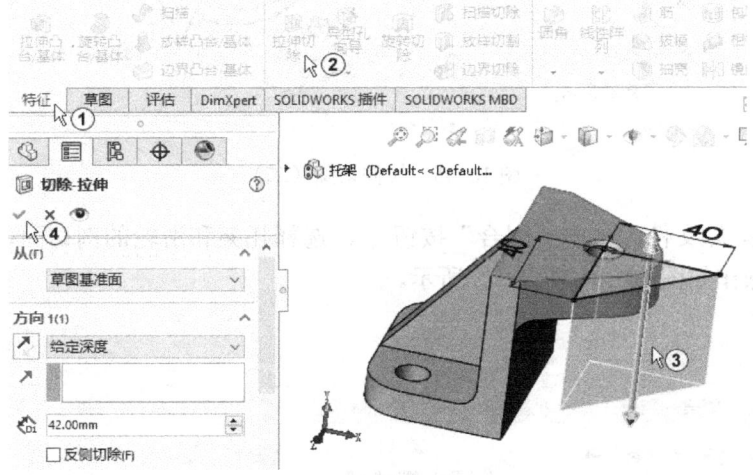

图 10-43 拉伸切除（一）

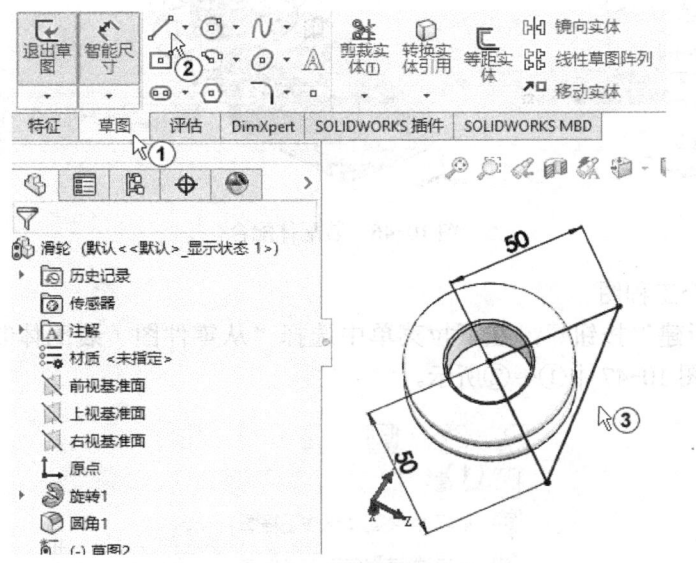

图 10-44 构建草图

4)单击"特征"→"拉伸切除"按钮,选择草图后单击"确定"按钮,具体操作如图10-45中①~④所示。

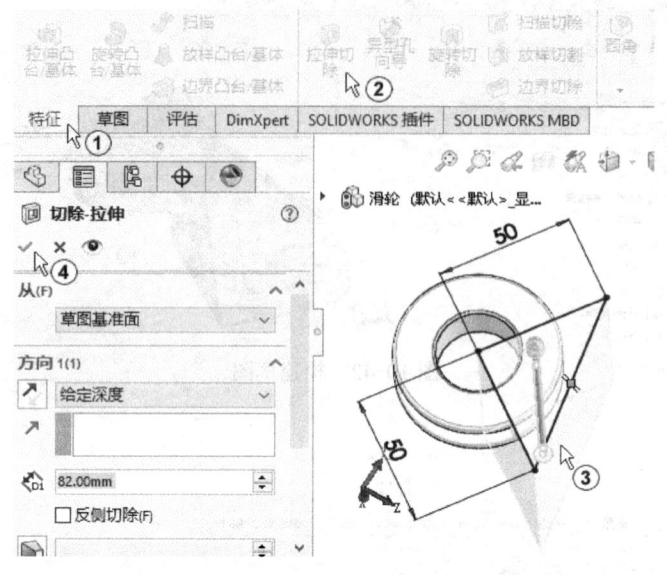

图10-45 拉伸切除(二)

5)打开装配体文件,单击"配合"按钮,选择托架和滑轮的剖切面,单击"确定"按钮,具体操作如图10-46中①~③所示。

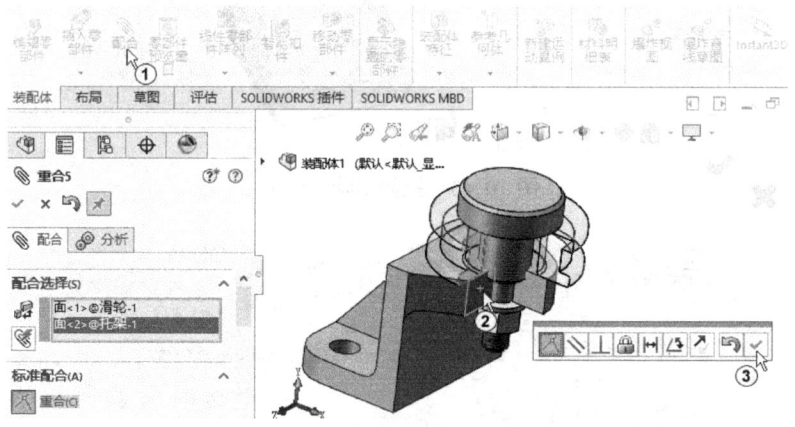

图10-46 装配体配合

(4)新建一个工程图

1)单击"新建"按钮,在下拉菜单中选择"从零件图/装配体制作工程图"按钮,具体操作如图10-47中①~②所示。

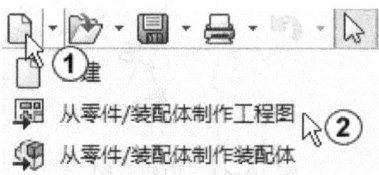

图10-47 新建工程图

2）在弹出的"新建 SolidWorks 文件"对话框中选择"A0(GB)"模板，单击"确定"按钮，如图 10-48 所示。

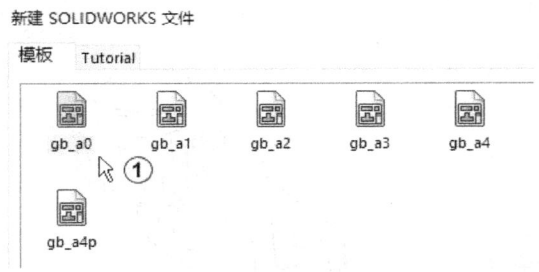

图 10-48　选择工程图模板

3）在弹出的"模型视图"属性管理器中双击列表框中要插入的"装配体 1"，如图 10-49 所示。

4）在工程图视图菜单栏中，单击"视图 1"复选框，如图 10-50 所示。

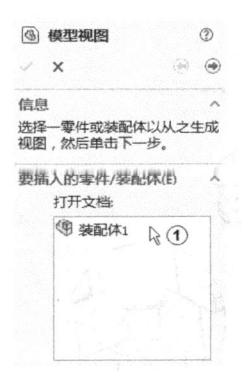 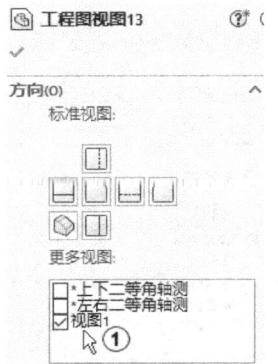

图 10-49　插入装配体　　　　　　　图 10-50　选择工程图视图

5）在绘图区中适当位置单击以确定视图的位置，在"工程图视图 13"属性管理器的"更多视图"列表框中选择"视图 1"，单击"确定"按钮 ，工程图如图 10-51 所示。

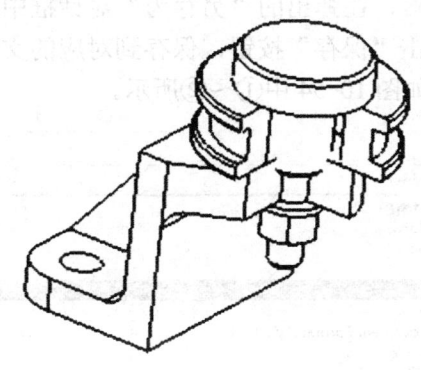

图 10-51　工程图

6）单击"注解"，再单击"区域剖面线填充"按钮▨，选择需要填充剖切面，再单击"确定"按钮，具体操作如图 10-52 中①～④所示。

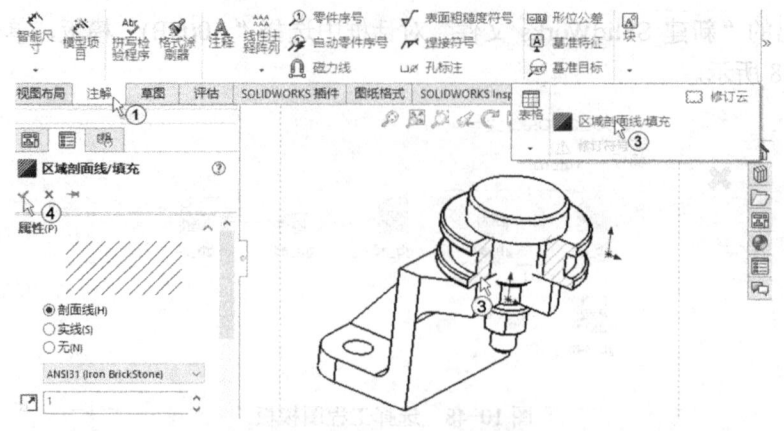

图 10-52 剖面线填充

7）单击"视图布局",再单击"局部视图"按钮,在图中选择需要局部放大的部位,最后单击"确定"按钮,具体操作如图 10-53 中①～④所示。

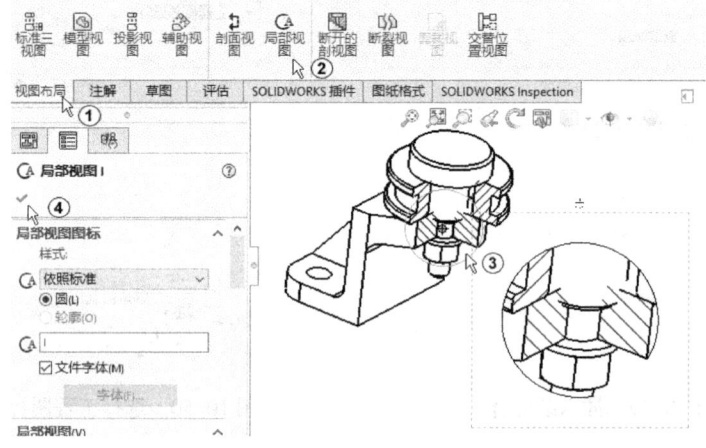

图 10-53 局部视图

8）单击"另存为"按钮,在弹出的"另存为"对话框中选择保存类型,在下拉菜单中选择 Dwg(*.dwg)格式,单击"保存"按钮,保存到对应的文件中。这样保存的图就可以在 CAD 中打开了。具体操作如图 10-54 中①～②所示。

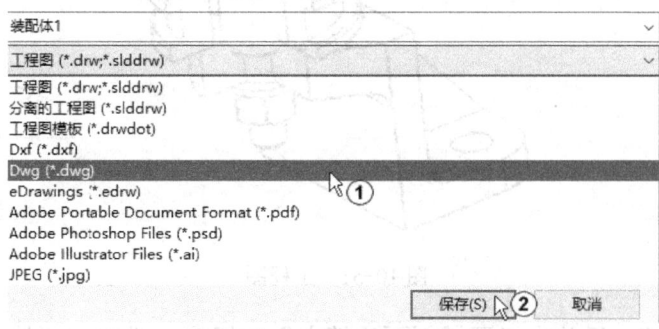

图 10-54 选择保存格式

10.4 思考与练习

1. 生成接头 1 的工程图,如图 10-55 所示。

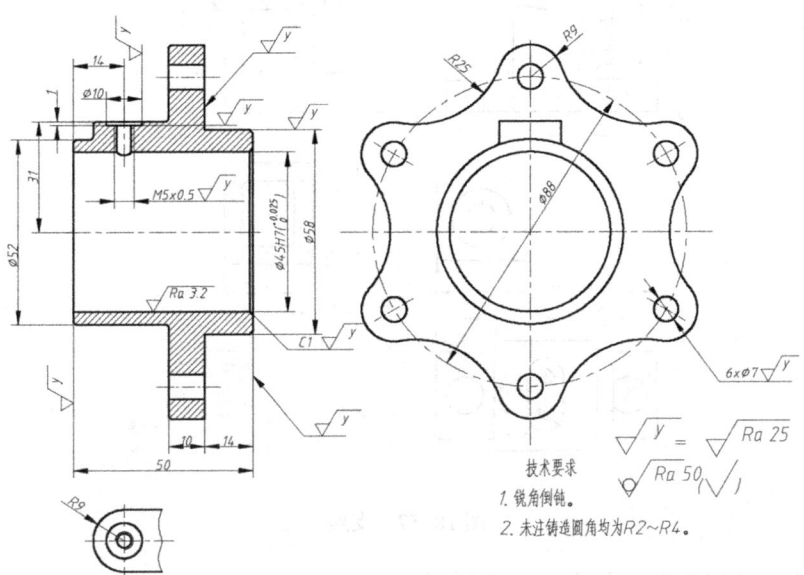

图 10-55 接头 1

2. 生成接头 2 的工程图,如图 10-56 所示。

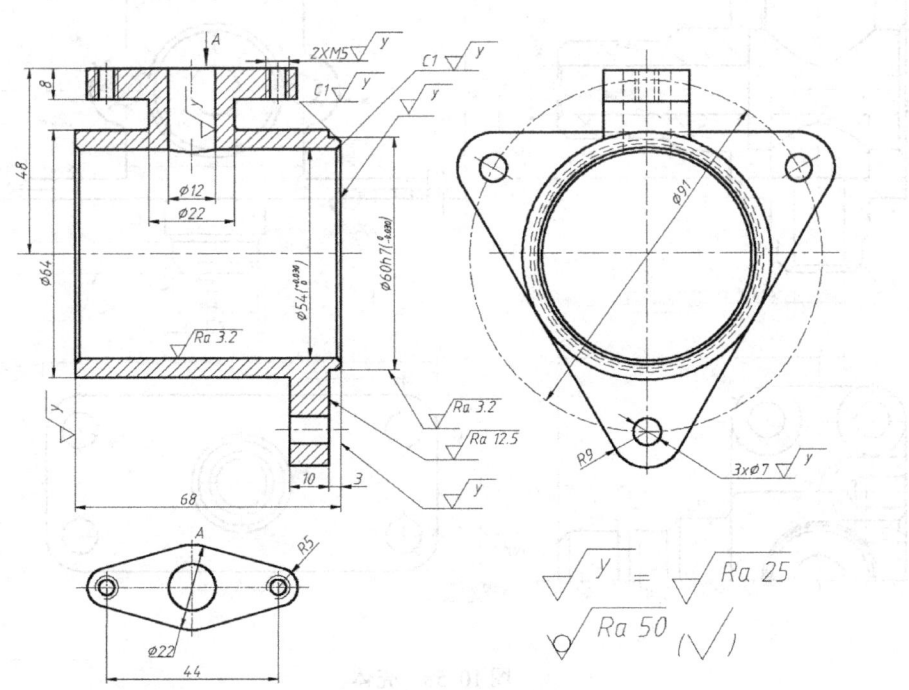

图 10-56 接头 2

3. 生成支座的工程图,如图 10-57 所示。

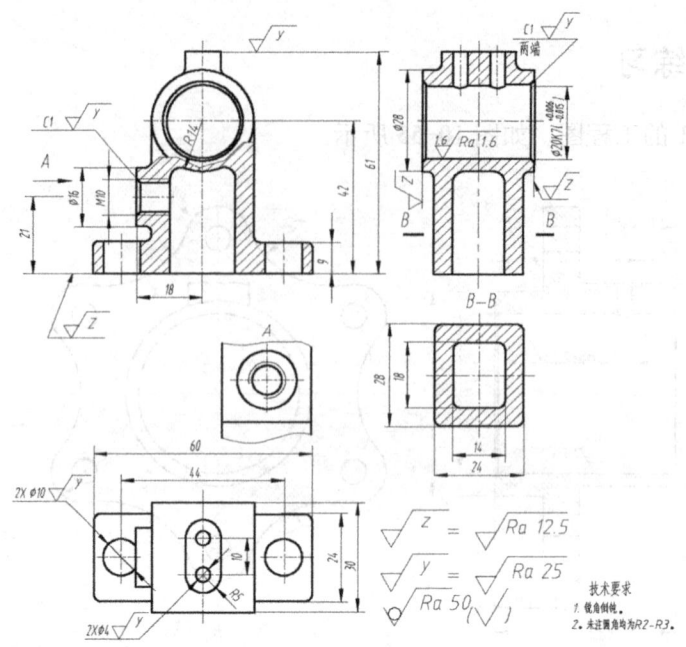

图 10-57 支座

4. 生成壳体的工程图，如图 10-58 所示。

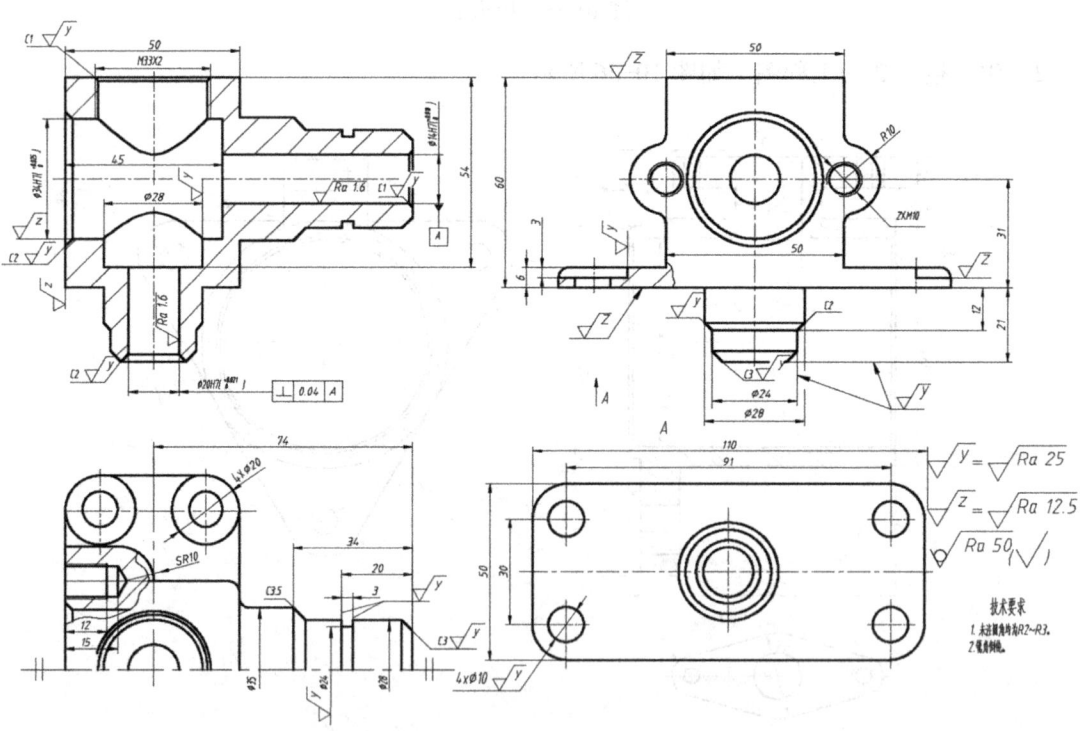

图 10-58 壳体

5. 生成螺纹连接装配图的工程图，如图 10-59 所示。

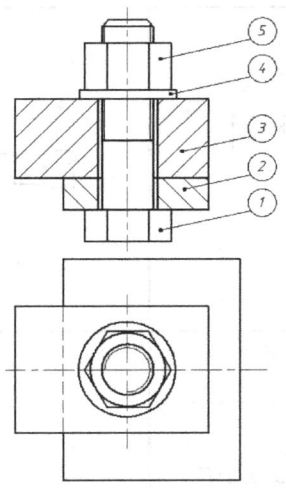

图 10-59 螺纹连接装配图

6. 生成托架连接装配图的工程图，如图 10-60 所示。

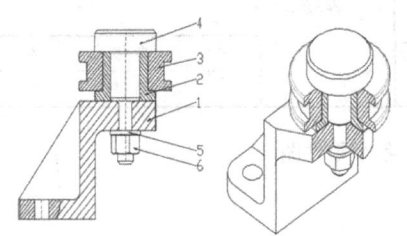

图 10-60 托架连接装配图

7. 生成管钳各零件及组装后的工程图，如图 10-61～图 10-63 所示。

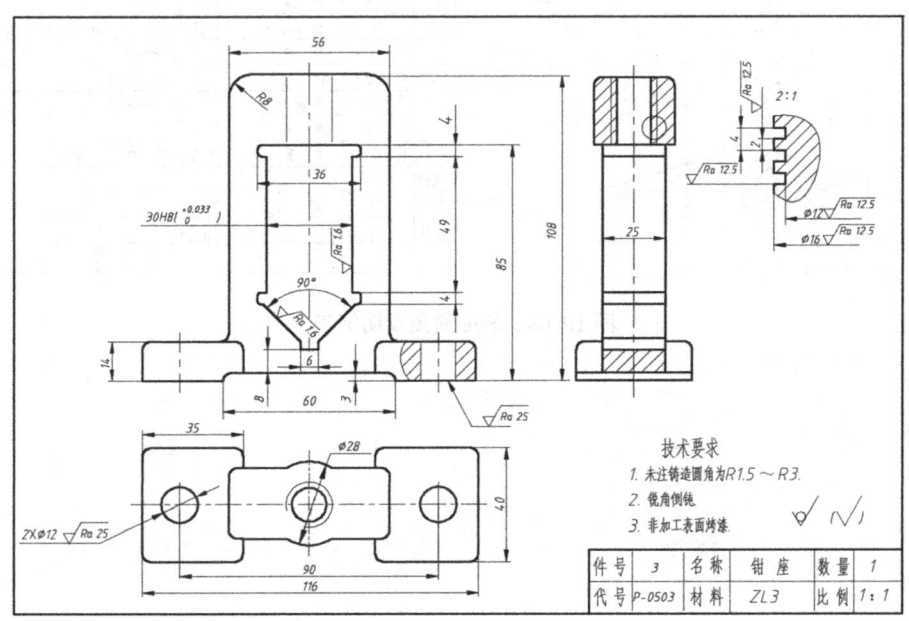

图 10-61 钳座

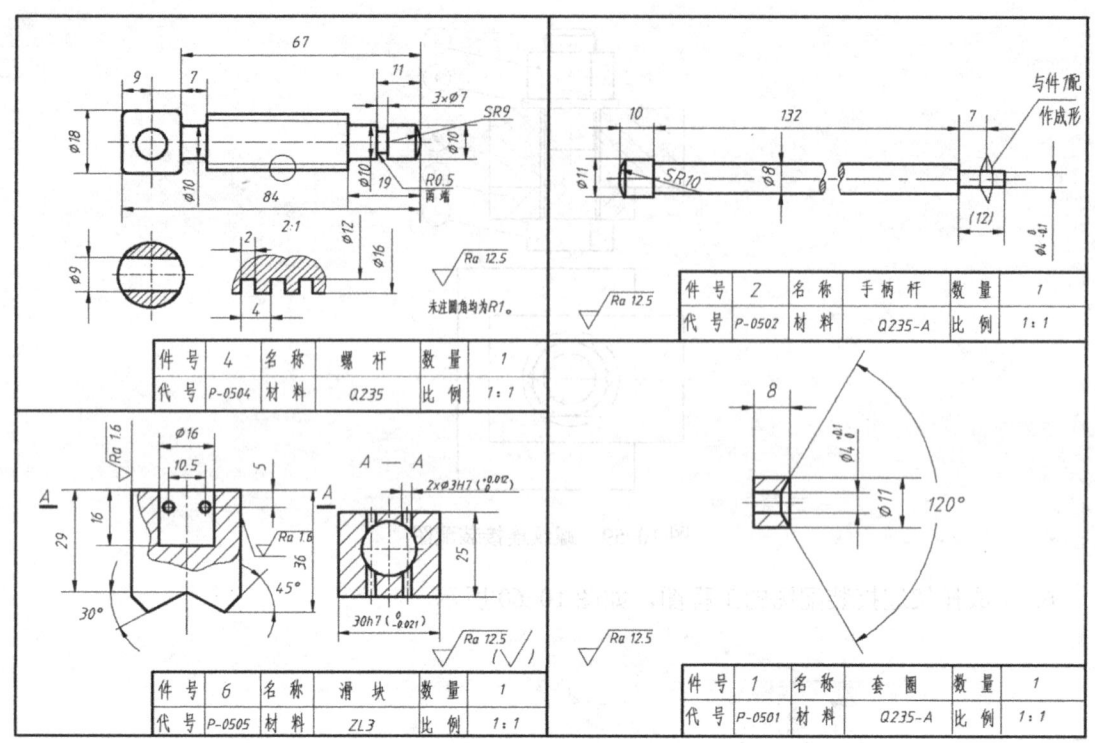

图 10-62 各个零件图

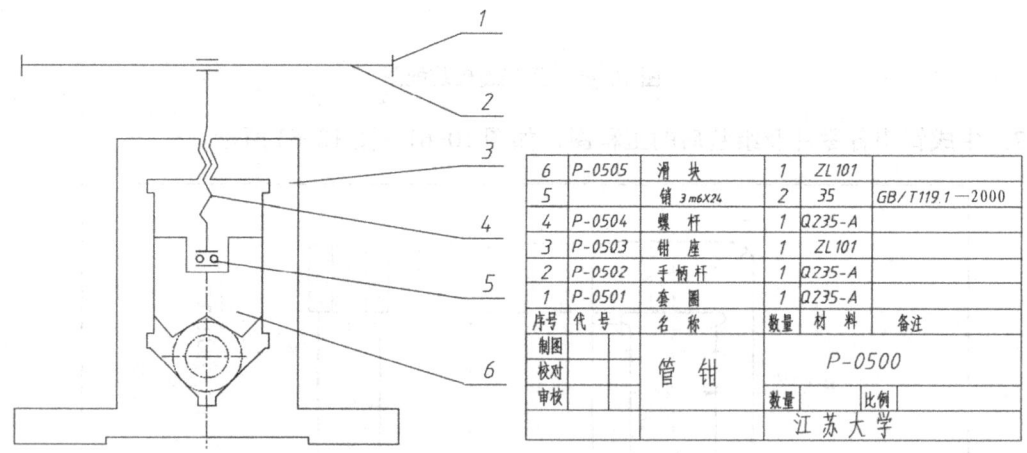

图 10-63 装配简图及明细表

第 11 章 综 合 应 用

11.1 渲染

1) 选择 "工具" → "插件" 命令, 弹出 "插件" 对话框, 如图 11-1 中①②所示。选中 "photoview 360"(左右两个复选框都选中), 如图 11-1 中③④所示, 单击 "确定" 按钮, 在顶部工具栏中就会添加 "渲染" 工具栏, 如图 11-1 中⑤⑥所示。

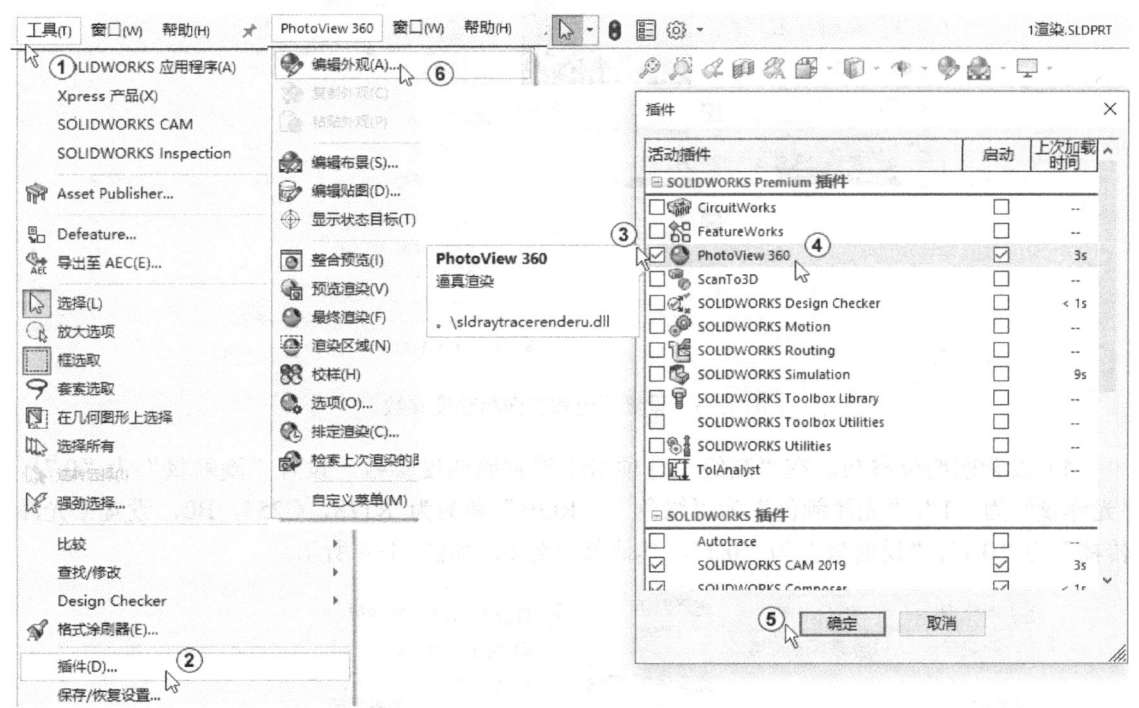

图 11-1 调出渲染工具栏

2) 给零件表面赋予绿色 "粗陶瓷" 外观。打开随书网盘上相应章节中的 "1 渲染.SLDPRT" 零件文件, 在 Feature Manager 设计树中展开 "实体" 文件夹, 选择 "切除-放样 1" 实体, 如图 11-2 中①所示。单击 "渲染" 选项组中的 "编辑外观" 按钮, 在 "外观、布景和贴图" 管理器中选择 "外观" → "石材" → "粗陶瓷" 选项, 如图 11-2 中②所示。双击 "含骨灰陶瓷" 外观, 如图 11-2 中③所示。

3) 设置颜色和表面粗糙度参数。在 "外观" 编辑管理器中设置颜色为 "绿色", "RGB" 参数为 R0、G192、B0, 如图 11-3 中①所示。在 "高级" 选项卡中设置表面粗糙度参数, 选中 "隆起映射" 复选框, 设置 "隆起强度" 为 "1", 取消选中 "位移映射" 复选框, 如图 11-3 中②③所示。

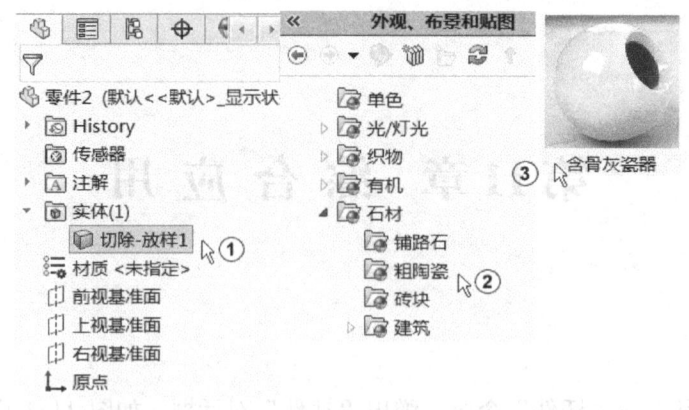

图 11-2 给零件表面赋予绿色"粗陶瓷"外观

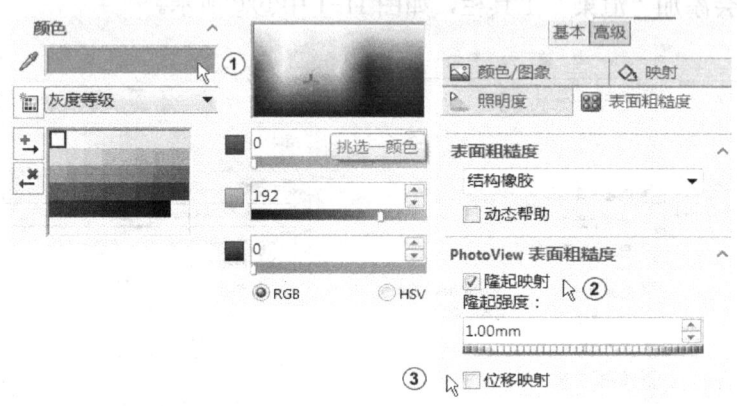

图 11-3 设置颜色和表面粗糙度参数

4)设置照明度参数。在"高级"选项卡中设置照明度参数。设置"漫射量"为"0.7","光泽量"为"1","光泽颜色"为"绿色","RGB"参数为 R128,G255,B0,设置"光泽传播"为"0.1","反射量"为"0.3",其他都设为 0,如图 11-4 所示。

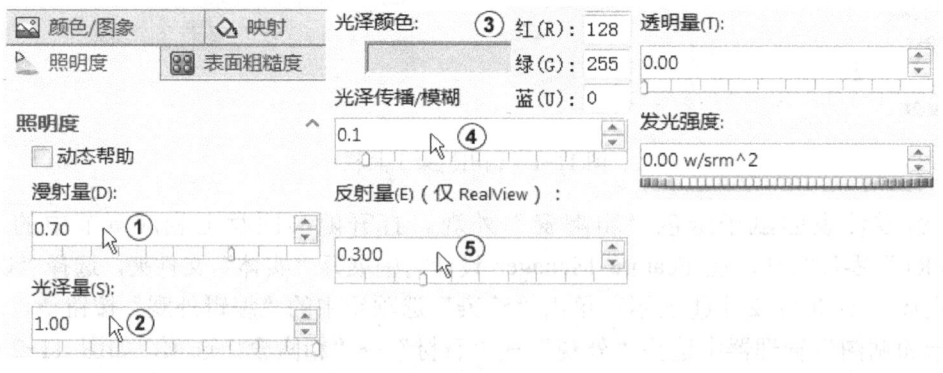

图 11-4 设置照明度参数

5)使用"DisplayManager"查看、编辑。单击"DisplayManager"按钮,单击"查看外观"按钮,不同设置的外观呈树顺序分排在管理器中,如图 11-5 中①所示。单击"布景、光源和相机"按钮,系统弹出"布景、光源与相机"属性管理器,可以对"布景""光源"和"相机"进行查看和编辑,右击"布景",在弹出的快捷菜单中选择"编辑布景"

选项，如图 11-5 中②~④所示。

图 11-5　使用 DisplayManager 查看、编辑

6）编辑背景。单击"编辑布景"后，系统弹出"布景"编辑管理器。选择"背景"为"图像"，单击"浏览"按钮，如图 11-6 中①②所示。在弹出的"打开"对话框中选择"工艺品背景 1"图片，单击"打开"按钮，如图 11-6 中②③所示。

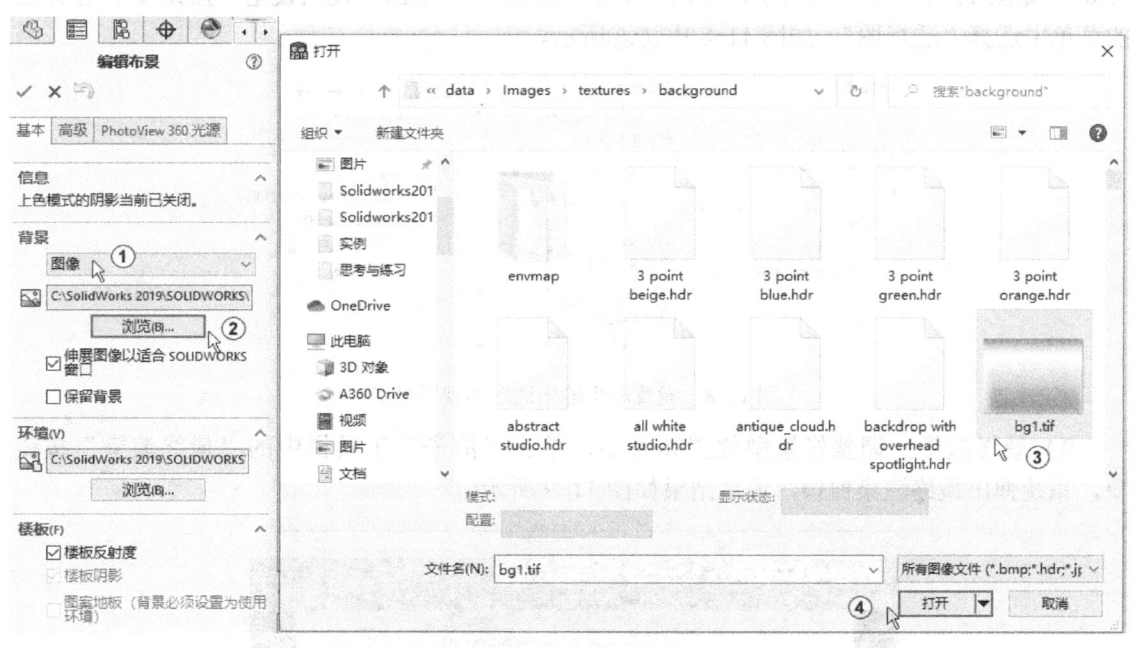

图 11-6　编辑背景参数

使用合适的图片作为背景衬托，能有效地提高模型的展示品位，使渲染效果更佳。

7）编辑楼板、PhotoView 照明度参数，设置光源。选择"PhotoView360"→"编辑布景"命令，在"楼板"选项中设置"将楼板与此对齐"为"XZ"，"楼板等距"为"0"，如图 11-7 中①②所示。单击"PhotoView360 光源"选项卡，设置"背景明暗度"为"1"，"渲染明暗度"为"2"，"布景反射度"为"1.5"，如图 11-7 中③~⑤所示。单击"确定"按钮✓。"光源"中的"布景照明度"就是 PhotoView 照明度。将"线光源 1""线光源 2"选中，并右击设为在"PhotoView360"中关闭，如图 11-7 中⑥所示。

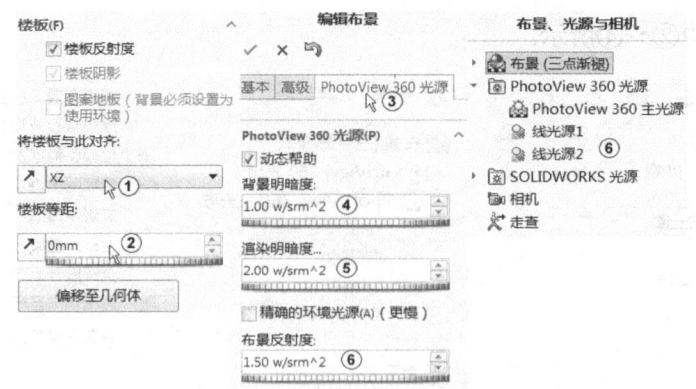

图 11-7 编辑楼板、PhotoView 照明度参数，设置光源

8）设置渲染输出选项和视图设定。单击"渲染"选项组中的"选项"按钮，设置输出图像大小为高"714"，宽"571"，如图 11-8 中①②所示。设置"图像格式"为"JPEG"。设置"预览渲染品质"为"良好"，"最终渲染品质"为"良好"，设置"灰度系数"为"1.6"，如图 11-8 中③～⑥所示，单击"确定"按钮。单击"视图设定"按钮，在弹出的菜单中选择"透视图"，如图 11-8 中⑦⑧所示。

图 11-8 设置渲染输出选项和视图设定

9）最终渲染。调整好模型位置和大小，单击"渲染"工具栏中的"最终渲染"按钮，系统弹出最终渲染窗口，最后结果如图 11-9 所示。

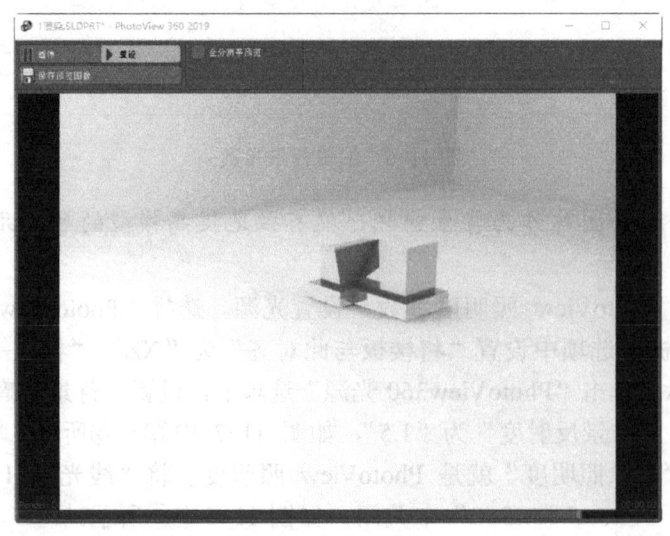

图 11-9 最终渲染

🌟经验 外观中的照明度参数和布景中的照明度参数，以及光源的设置都需要反复多次调试，才能最后确定取用哪些参数。灰度系数可以在渲染窗口中进行调整，调整灰度系数可以得到更加逼真的渲染输出图像。

11.2 动画

11.2.1 动画介绍

SolidWorks 动画使用基于关键点的界面。各个功能按钮安排十分紧凑，下面分别予以详细介绍。

所谓关键点，就是零部件的某个特定的状态。例如，在几何可变机构中，零部件依据自由度进行移动或者旋转，平移或者转动之后，它的空间位置状态就发生了变化。关键点就是零部件运动前后的两个状态。关键点不仅支持空间位置的变化，也支持模型材质、颜色、透明度等的变化。

生成关键点有以下三个步骤。
1）切换到动画界面。
2）根据机构运动的时间长度，拖动时间滑竿到相应的位置。
3）拖动装配体零部件，使其达到动画序列末端应达到的新位置。

动画界面如图 11-10 所示，其中①为工具栏，②为动画设计树，③为时间状态栏。

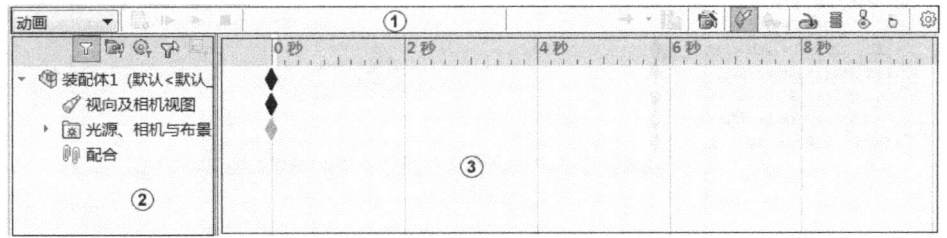

图 11-10 动画界面

其中时间状态栏中时间线被竖直网格线均分，这些网络线对应于表示时间的数字标记。数字标记从 00:00:00 开始，其间距取决于窗口的大小。例如，沿时间线可能每隔 1s、2s 或 5s 就会有一个标记。间隔的大小可以通过 🔍🔍🔍 按钮调整。

在整个时间栏中，可以看到关键点由过渡带连接。时间过渡带使用不同的颜色和形式来直观地区别不同的运动类型。从关键点之间连线的不同可以看出相应实现的功能。

零件的运动分为驱动运动和从动运动。驱动运动是主动运动，从动运动是通过装配体零部件之间的几何约束（通过装配体配合工具）根据主动运动而发生的。两个关键点之间可以同时存在外观的更改，因此各过渡带的图示可能存在复合。

11.2.2 动画实例

1）打开随书网盘上相应章节中的"2 曲柄滑块机构.SLDASM"装配体文件，单击"新建运动算例"按钮 🌟，出现如图 11-11 所示动画界面。

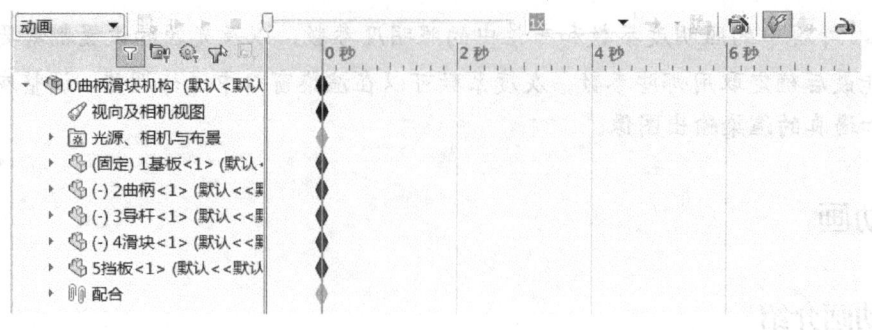

图 11-11　动画界面

2）拖动时间滑竿到 00:00:10 处，然后转到绘图区域，拖动驱动件"曲柄"，转动一定角度，如图 11-12 中①～③所示。此时在状态栏中出现两个关键点，如图 11-12 中④所示。

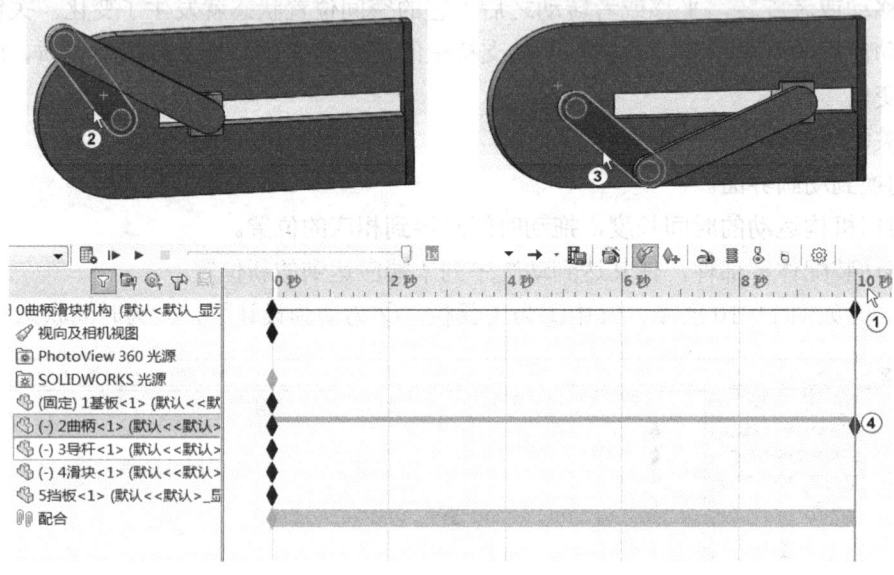

图 11-12　操作过程

3）单击工具栏中相应的按钮完成运动仿真。此时时间状态栏多出两条线，可分析出曲柄为主动运动，导杆和滑块被曲柄带动，作从动运动，如图 11-13 所示。

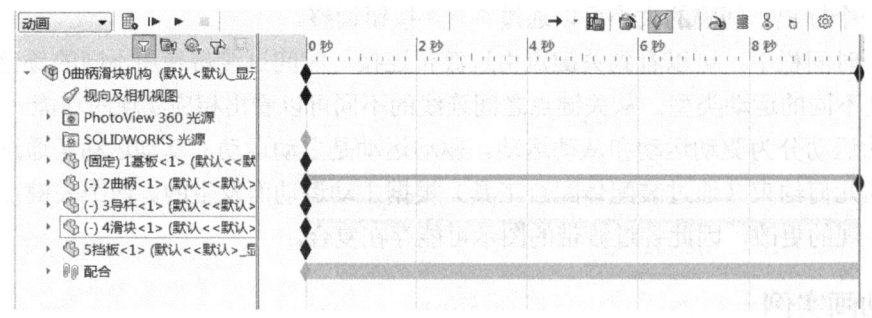

图 11-13　时间状态栏

4）保存动画。单击"保存动画"按钮，选择保存文件夹单击"保存"按钮，步骤如图 11-14 中①②所示。

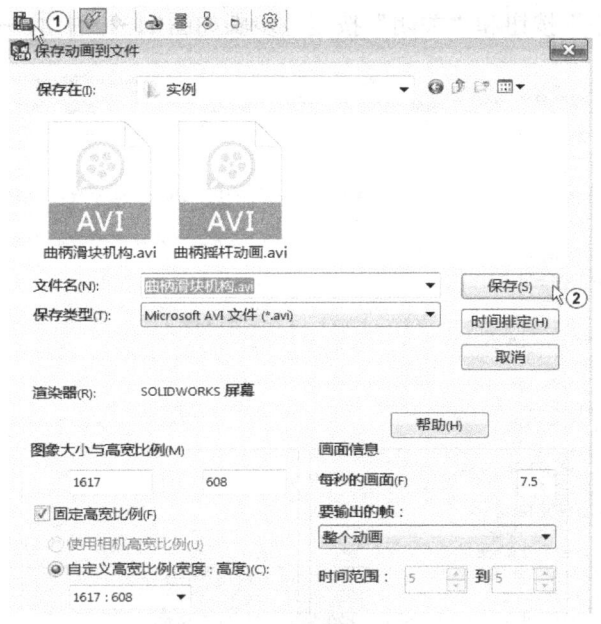

图 11-14 保存动画

11.3 静力学分析

SolidWorks 中可以对零件进行静力学分析，利用插件中的 simulation 模块，通过添加夹具和载荷来计算零件的应力应变情况。下面对一矩形梁进行静应力分析。

1）绘制 100×100 的正方形草图，并进行拉伸，拉伸长度为 1000，生成矩形梁。

2）添加插件。单击"SolidWorks 插件"按钮，再单击"SolidWorks Simulation"按钮，下方工具栏中出现"Simulation"按钮，再单击此按钮。步骤如图 11-15 中①～③所示。

3）添加新算例。单击"新算例"按钮 出现"算例"属性管理器，单击"确定"按钮 即可。如图 11-16 所示。

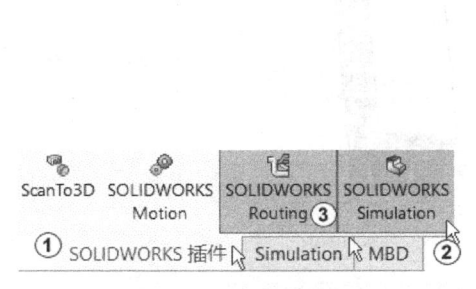

图 11-15 添加插件

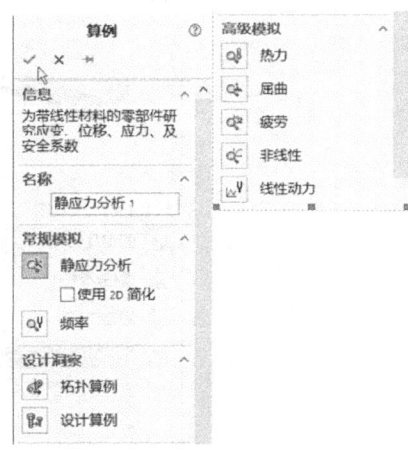

图 11-16 "算例"属性管理器

4）应用材料。单击"应用材料"按钮，在出现的"应用材料"属性管理器中选择合适的材料，单击"应用"按钮和"关闭"按钮。步骤如图 11-17 中①～④所示。

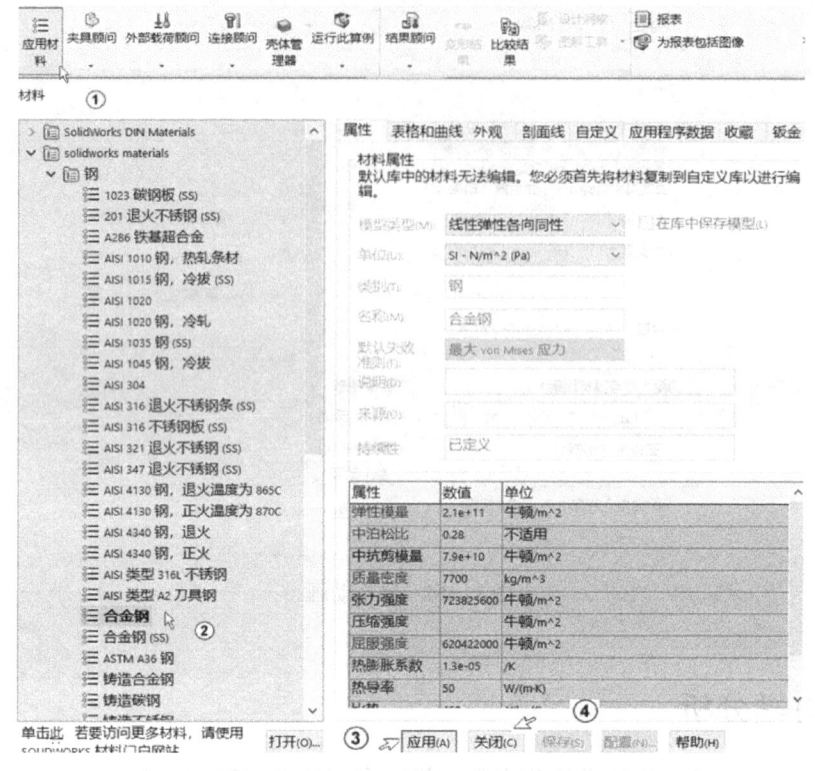

图 11-17 "应用材料"属性管理器

5）添加夹具。单击"夹具顾问"按钮，右侧出现互动属性对话框，在此单击"添加夹具"按钮出现"夹具"属性管理器，单击"固定几何体"按钮，选择零件的一个端面，单击"确定"按钮。步骤如图 11-18 中①～③所示。

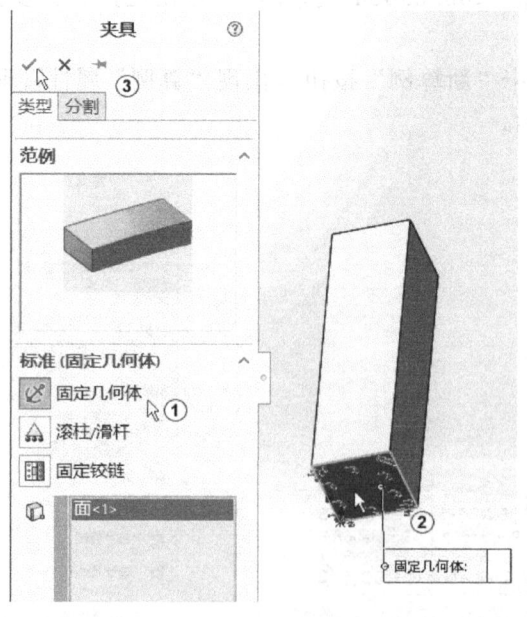

图 11-18 "夹具"属性管理器

6)添加载荷。单击"外部载荷顾问"按钮，在右侧出现的互动属性对话框中单击"添加载荷"按钮，出现"力/扭矩"属性管理器，单击"力"按钮，选择力的作用面，输入力数值的大小，单击"确定"按钮，如图 11-19 中①~③所示。

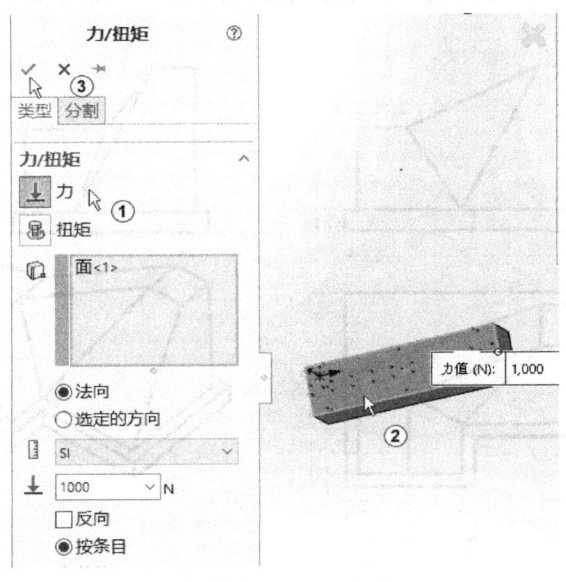

图 11-19　设置"力/扭矩"属性管理器

7)运行此算例。单击"运行此算例"按钮，即可查看计算结果。在结果一栏中观看应力、应变、位移等情况，运算结果如图 11-20 所示。

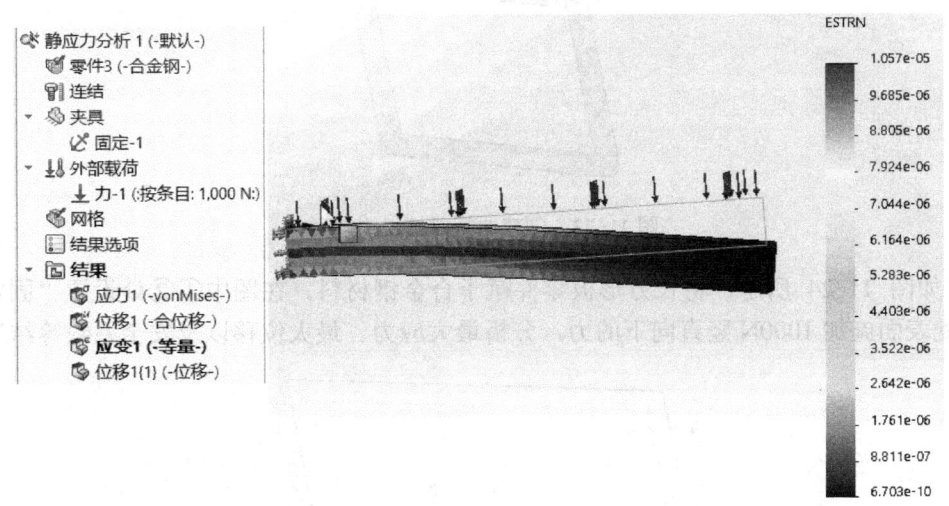

图 11-20　运算结果

8)生成结果报告。单击"报表"按钮生成结果报表，如图 11-21 所示。

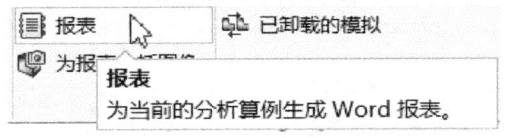

图 11-21　生成报表

237

11.4 思考与练习

1. 建立如图 11-22 所示的模型,并在其表面赋予材料,进行渲染。

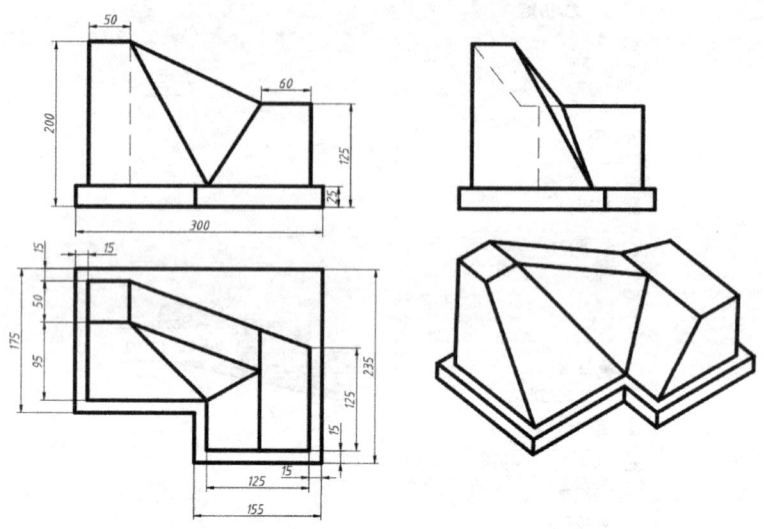

图 11-22 渲染图形

2. 建立如图 11-23 所示的曲柄摇杆机构。创建曲柄摇杆机构动画。

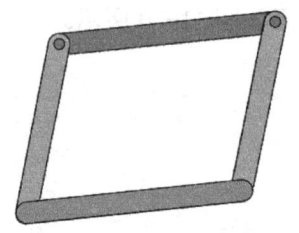

图 11-23 创建曲柄摇杆机构动画

3. 如图 11-24 所示,将长方形板零件赋予合金钢材料,在图中①②处设置"固定"约束,③处表面施加 1000N 竖直向下的力,分析最大应力、最大位移以及安全系数等结果。

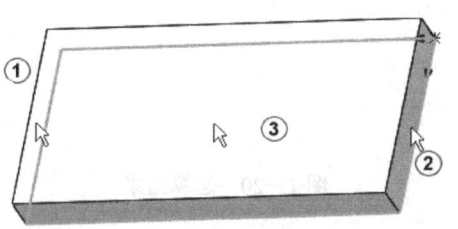

图 11-24 长方形板